平野　清 著

イチからわかる

牛の放牧入門

農文協

稼げる放牧の進め方　3ステップ

ステップ1　耕作放棄地に放牧する――農地を広く集めよう

周囲に電気牧柵を張り、放牧に馴れた牛を放します。
放牧は、耕作放棄地解消の最も省力的な手段の一つです。

Before

草丈2.2mを超える耕作放棄地。牛が見えないほど草が密生している

After

放牧開始1カ月後でだいぶすっきりしてきた。放牧は手間をかけずに農地を維持管理できる

＊耕作放棄地（野草地）の放牧は、黒毛和種の繁殖牛が適します。

ステップ2 牧草を育てる——放牧地の生産性を上げよう

耕作放棄地がきれいになったら、気候・地形に合った牧草を栽培。牧草は栄養価・収量・再生力が高く、野草地より多くの牛が放牧できます。草は短いほうが栄養価が高いので、常に草丈を短く維持するのがコツ。

⬆平らな土地は機械で草地を作る

機械で土を耕し、肥料と高栄養牧草の種子を播いた草地。写真のように短い高栄養牧草は濃厚飼料並みの栄養価があり、子牛・育成牛・搾乳牛に適する

⬅傾斜地はシバ型草地へ

傾斜地には、ノシバなどを植えてシバ型草地に（機械は不要）。牛の踏みつけにも強く長持ちし、地下茎が土を保持するためアゼ、法面も守られる（写真提供：農研機構 山本嘉人）

＊シバ型草地は、黒毛和種の繁殖牛が適します。

牧草の伸ばしすぎは×

長く伸びた草は栄養価が低く、牛に踏み倒されてムダになるなど、デメリットが多い。

6月中旬、トールフェスクが出穂して硬くなった。草が多すぎて牛が食べきれない

7月下旬、牛の食べ残したトールフェスクが枯れる。放牧地全体の栄養価が下がり牛の育ちが悪くなる。長い草が倒れると下敷きになった草が死んで裸地化し、雑草が侵入

8月末から放牧地の一部でエンバクを育てておく。他の草がなくなる10月末～1月までエンバクで放牧できる（依田賢吾撮影、以下Y）

ステップ3 冬も放牧する——放牧期間を長くしよう

秋にムギ類を育てておくと、晩秋から２～３カ月放牧できます。また、放牧地に簡易牛舎などを作れば、草のない真冬に補助飼料をあげるのも簡単。一年中放牧できるようになれば、省力・低コストで収益性の高い経営が実現できます。

⬆収益性バツグン！「周年親子放牧」

子牛や育成牛は高い栄養が必要。放牧地で良質な牧草を育てて、濃厚飼料を簡易牛舎であげる環境が整えば、親も子も一年中放牧できる。放牧地で肉牛繁殖が完結するので、コストや手間が大幅に減る（写真提供：農研機構 中尾誠司）

⬇簡易牛舎で冬のエサやりもラクラク

足場パイプと連動スタンチョンを組み合わせた低コストの簡易牛舎。草のない時期の補助飼料給与や種付けなどがラク（Y）

はじめに

放牧にはたくさんのメリットがある

この本はおもに、放牧に関心を持ち始めた方や、放牧の実施を検討されている方、放牧を実践しているが課題を持っている方へ向けた、放牧技術の入門書です。

牛が飼われている風景を想像したとき、それは草の上で牛がのびのびと過ごしている風景でしょうか。それとも、牛舎の中で牛が過ごしている風景でしょうか。前者が「放牧」、後者が「舎飼い」です。

放牧では、牛が歩き回って草を食べ、糞尿もまいてくれるなど、牛ができることは牛にしてもらいます。そのため、舎飼いと比べて人の作業が減ってラクになり、コスト削減もできます。さらに牛が強健・健康になる、耕作放棄地が解消できる、農地をラクに維持管理できる、アニマルウェルフェアやＳＤＧｓ対応がしやすいなど、たくさんのメリットがあります。

いっぽう、放牧はうまくやらないと、デメリットが生じる場合もあります。たとえば、放牧地に食べられる草がないと牛がうまく発育できなかったり、やせたり、時として外の草を食べるために脱柵することがあります。また、放牧固有の病気などもあります。これらに注意して牛や草を観察しつつ、必要に応じた対策を施す必要があります。

放牧は、放任ではありません。適切な放牧管理を行なうことで、メリットを増やしデメリットを減らすことができます。本著はその基礎的部分を中心に紹介しています。同時に、地域社会の方々にも放牧について理解していただくことを念頭においています。

本書の構成

放牧を取り入れた経営は多様性に富んでいます。どの程度土地を確保できるのか、放牧地はどのような地形か、どんな気候かなど、農家によって条件はすべて異なります。また、飼育する牛が乳牛か、肉牛かなどでも放牧のやり方は大きく変わります。

本書ではそれぞれの条件に合わせて、放牧を活用した経営を少しでもよくできるよう記載しました。

第1章では、放牧のメリットと、さまざまな放牧方法や注意点をまとめました。

第2章では、耕作放棄地から始める放牧（おもに肉牛の繁殖経営）を解説しました。

第3章では、放牧ならではの牛の飼育のポイントをまとめました。

第4章では、より収益性の高い放牧経営を行なうための牧草導入の基礎知識や、草の栄養価や生産性を最大限にする「集約放牧」のやり方を紹介しています。

各項目の詳細は、既存のマニュアルなども参考にしていただけるよう、その情報も巻末で紹介しています（202ページ）。

新たな担い手に向けて、写真や図を豊富にわかりやすく紹介

放牧は、昔は人里から離れたところで行なわれてきましたが、徐々に人里に近いところでも行なわれるようになりました。特に、耕作放棄地の解消と農地の粗放的維持管理ができる点は、近年注目されています。今後、農村の高齢者の方々のリタイアにより耕作放棄地がさらに増加することが予想されます。

いっぽう、「長い人類の歴史の中で、飢えに苦しまなかった時代はわずかであった[1]」といわれ

ています。世界的に人口は増加し続けるいっぽう、少子高齢化・労働人口減少が進むこの国で、次世代に食料を持続的に供給できる農地を残すためにも、放牧で牛に農地を省力的に管理してもらうことは効果的な一手段です。

このような背景から近年、さまざまな方面から放牧に新たに取り組まれる方もお見えになります。これまで畜産に関わってこなかった方々にも本書を役立てていただけるよう、写真や図を豊富にし、わかりやすく記述することを心がけました。

失敗を避けるには、基礎知識を身に付けよう

筆者は直近7年間ほど、さまざまな現場で草を作り放牧牛を飼う実証試験研究に携わってきました。耕作放棄地での黒毛和種雌牛による周年親子放牧技術の確立、公共育成牧場での草地改良と乳用種育成牛の増体向上、搾乳牛放牧草地改良などです。賢い研究者の道を歩んでいませんが「農家とともに歩まない技術は根付かない」と先達がおっしゃるので、[2][3]現地に根付く技術開発を目指し、七転八倒する日々を過ごしていました。

そんなある日「私たちの牧場を助けてくれ」とある牧場の方から言われたことがありました。筆者は農業試験場の一研究者でコンサルタントではなく、そのときの筆者も本業に忙殺され対応できず、忸怩たる思いをしました。

現場から来た問い合わせに応えられたときもあります。しかしその後、問い合わせ事項以外のところで失敗している事例にも多く遭遇しました。たとえば9月に播くべき種子を6月や2月に播いたなど。これは、イネの種子を4月に播く地域で1月や9月に播種するようなものです。知識がないと、この不自然さに気づくこともできません。放牧技術や基礎知識の普及は道半ばであ

り、何とかして農家が失敗を避けられる方法はないかと考えてきました。

本書が少しでも農家の皆さんの知識の基礎となり、現実のさまざまな問題に対応する際のヒントとなれば幸いです。

放牧は多様性に富むため、本書の内容と異なる放牧方法が決して間違っているわけではありません。そのような方々にも、部分的に利用できる技術があれば試していただき、よりラクにうまく放牧を活用した経営に繋げていただければと考えています。

さまざまな方が取り組む多様な放牧の実践と改善、そして次世代への農地の保全に本書が少しでも役立てば幸いです。

2021年5月

平野 清

●目次●

カラー口絵 (1)
はじめに 1

第1章 放牧の魅力とポイント

1 牛の放牧のメリット……12
作業がラクになる、コストが減らせる 12
草が旺盛に伸びる日本の気候を活用できる 14
SDGsの「持続可能な農業」に位置づけられる 14
牛が強健で健康に育つ 17
アニマルウェルフェアにも 18
草を高栄養で食べさせられる 19
耕作放棄地の再生、農地の省力的保全管理に 20
【コラム1】放牧でどれくらいコストが減らせる？ 23
イノシシの隠れ家をなくし、獣害軽減に 24

2 牛の飼育と放牧の基礎知識……24
牛飼いにはどんな経営の種類がある？ 24
牛はどんなエサを食べる？ 27
放牧にはどんなやり方がある？ 28
【コラム2】日本で飼育されているおもな牛の品種と放牧適性 32

3 放牧のメリットを生かすには……33
できるだけ放牧時間・期間を長くする 33
草の栄養価を考えて放牧する 36

4 耕作放棄地から収益性の高い放牧経営に移行するまでの3段階……41
広く耕作放棄地を集めて繁殖牛を放す 41
一部を改良草地にし、放牧期間を延長 41
子牛・育成牛も含めた周年親子放牧へ 42

5 放牧の注意点も知っておこう……43
放牧＝放任ではない 43
放牧特有の病気や害虫がある 43
毒草に注意 43
放牧ならではの作業がある 44
脱柵などのリスク 44
一定規模の土地を集める必要性 44

【コラム3】 放牧で環境保全ができる 45
【コラム4】 特色のある農産物の認証と放牧 46

第2章 耕作放棄地から始める、放牧のやり方

1 耕作放棄地では繁殖牛を飼育するのが基本 …… 50
2 土地の確保と放牧方式の検討 …… 51
土地を可能な範囲で広く集積する 51
放牧の頭数、期間、方法を検討する 53
3 どんな放牧施設が必要か …… 53
電気牧柵 53
ゲート 55
水飲み場 56
アブトラップ 56
スタンチョンなど 56
4 電気牧柵の設置 …… 57
法令を守り正しく設置する 57
全体の計画を立てる 57
電気牧柵を設置する 57
電気牧柵の設置の手順 58
【コラム5】 ポリワイヤーの張り方のコツ 62
漏電に注意 63
5 水と鉱塩の設置 …… 64
自動的に飲水供給するシステムが便利 64
水桶は置き場所に注意 66
鉱塩はスタンチョン横がおすすめ 66
6 牛を放牧に馴らす（馴致） …… 66
電気牧柵への馴致 67
青草への馴致 67
スタンチョンへの馴致 68
人への馴致 68
7 初めての放牧で気を付けること …… 69
牛の運搬 69
放牧未経験牛は、電気牧柵が見えるところに放牧 69
8 日々の放牧管理 …… 70
電牧の電圧はこまめに確認する 70
雑草・毒草を除く 71
補助飼料を給与する 71

9 害虫対策……72
マダニ対策はバイチコールを月1回 72
アブトラップでアブを捕殺 73
10 草が足りないときは……74
草が足りないときの牛の行動を見逃さない 74
牧草ロールの給与の仕方 75
補助飼料はどれくらいやるか 77
【コラム6】牧草地で草が足りないとき・あまるとき 78
11 牛の捕獲・移動方法……79
スタンチョンで捕獲は簡単 79
【コラム7】足場パイプで追い込み場所を作る 80
毎日決まった時間に放牧牛を呼び寄せるには 82
牛ごとに決まったスタンチョンに入れる手順 83
12 耕作放棄地の放牧直後の問題……84
ゴミが出てくる 84
クズの茎が地表面を覆っている 84
13 木の処理と日陰の確保……86
14 耕作放棄地がきれいになった後の三つの選択肢……87
①野草地放牧を継続する 88
②草地を造成する 91
③シバ型草地にする 94
15 放牧のメリットを最大限に引き出す「周年親子放牧」……96
舎飼いに比べ最大4割のエサ代減 96
マニュアル群をウェブで公開 97
【コラム8】周年親子放牧でラクラク規模拡大（栃木・瀬尾 亮） 98

第3章 放牧での牛の飼い方のコツ

1 牛の栄養の過不足を見極める……104
牛の体型で栄養状態を診断する 104
牛が十分に草を食べているか見分ける方法 105
【コラム9】簡単に体型を見分ける方法 106
2 繁殖管理……107
牛の体型管理と飼料の調整 107
黒毛和種の繁殖牛はタンパク過剰に注意 108
放牧地での発情発見・管理のコツ 108
種付け作業 110
リハビリ放牧 110

3 放牧地での牛の分娩管理……111
4 子牛の管理……112
人への馴致 112
子牛に栄養価の高いエサを与える方法 113
体重のモニタリング 113
離乳はしなくてもいい 114

第4章 牧草と草地管理の基本――集約放牧を中心に

1 放牧の四つのパターン……116
定置放牧（連続放牧） 116
輪換放牧 117
ストリップ放牧 118
小規模移動放牧 119
2 草地の状態を知ろう……120
草地の四つの状態 120
3 地形や気候に適した牧草種を選ぶ……122
地形と牧草種 122
気温と牧草種 123
草種の解説 124
草種や季節ごとの草の生産性 131
草の種類と栄養 134
草種の選び方の例 134
4 草地のいろいろ……135
放牧地 135
採草地 135
兼用草地 135
5 牧草地を作る基本手順……136
耕作放棄地からの造成か、草地更新で 136
完全更新と簡易更新の選び方 137
更新を成功させるコツ 138
6 シカに注意――獣害管理……141
草がないのはシカのせい？ 141
シカ被害の有無を確認する 142
シカ被害の損害額を調べる 143
シカ対策の実際 143
7 放牧地の雑草対策……145
放牧地で使える除草剤は限られる 148
雑草を侵入させない管理の基本 148

牛舎の牛糞は高温発酵させる　153
雑草侵入後の対策　154
要注意雑草の例　156
①ワルナスビ　156／②チカラシバ　157／
③アメリカオニアザミ　158／④ワラビ　158／
⑤シバムギ　159
【コラム10】牧草と雑草、両方で名前が出る草種　159

8 短草利用のコツ……160
草の伸びる勢いと、牛の食べる勢いとの
バランスをとる　160
短草利用のメリット　162
長草利用のデメリット　163
春先は早めに入牧し、早めに全牧区を一巡させる　165
【コラム11】シロクローバは短草利用で維持しよう　166
放牧強度を適切にする二つの方法　168

9 施肥管理の方法……169
高栄養牧草には肥料が不可欠　169
地域ごとの施肥基準を基本に　169
施肥のタイミングとポイント　170
土壌診断で適切な施肥管理を　172
グラステタニーの予防　174
早春施肥を増減して、スプリングフラッシュを
コントロール　175
被覆肥料は施肥回数を減らせる　175
できれば施肥前に雑草対策を　176
施肥しないシバ型草地も　176
鶏糞利用でコスト削減　176
【コラム12】牛糞堆肥の連用で水はけを改善　177

10 草と牛のバランスがとれているか、調べてみよう……179
牛はどれだけ草を食べている？　179
ライジングプレートメーターの使い方　180
牧区ごとの平均草量を測り、多い牧区から放牧　181
草地の植生を診断する方法　182
「草地診断」とは？　184
【コラム13】山地酪農と牛の品種　185
【コラム14】放牧で牛乳や牛肉の機能性がアップ　186

放牧Q&A

Q1　ニオイ問題や地下水汚染はないの？　187
Q2　ゼロから牛を飼う場合、
　　何から始めればいい？　188
Q3　牛をどうやって動かしたらいい？　190
Q4　藪にいきなり牛を放して大丈夫？　192
Q5　放牧を経験している牛がいないときは？　192
Q6　水田に放牧した後、田んぼに戻せる？　193
Q7　放牧したら下痢をする？　194
Q8　もし牛が脱柵してしまったら？　194
Q9　積雪地帯で冬の放牧はできる？　196
Q10　放牧で牛の肥育はできる？　197
Q11　シバ型草地で栄養は足りてるの？　198
Q12　公共牧場に肉牛は預けられないの？　198
【コラム15】商用電源のない放牧地での
　　IoT機器利用の注意点　199

おわりに　201
おすすめ資料リスト　202
参考文献一覧　210
資料：各地域における放牧草の播種時期と
　　利用期間の目安　214

本文中の（1）等は、参考文献（210ページ）がある記述です

本文イラスト　岩間みどり

第1章 放牧の魅力とポイント

放牧にはさまざまなメリットと可能性があります。
牛の放牧に関心を持った方に、
ぜひ知っていただきたい内容をまとめました。

1 牛の放牧のメリット

作業がラクになる、コストが減らせる

放牧では、基本として牛ができることは牛にしてもらいます。その分、牛舎で飼うときと比べて作業がラクになりコストが減らせます。

牛ができることは大きく二つあり、一つは草地に生育している草（エサ）を自ら食べること、もう一つは草地に糞尿を散布還元することです。

牛舎で牛を飼うとき（舎飼い）は、牛が草を食べるまでに、たくさんの機械作業が必要です。まず、草地で育てた牧草をモアで刈り取り、刈り取った生草をテッダで反転させながら乾かし、列状に集め、ロールベーラでロール状に丸め、それをラッパで密封します。それをグラブベーラでトラックに積み、牛舎まで運搬します。ロールは牛舎や倉庫で保管し、毎日グラブベー

表1－1　放牧のメリット

●作業がラクになる、コスト削減になる

・エサやり作業が大幅に減る（日々必要なエサの運搬、給与、清掃）

・糞尿処理が大幅に減り、堆肥化施設や機械がいらない
（日々の処理、堆肥化施設と管理、圃場運搬・散布）

・牧草の収穫作業が減る、収穫機械のコストも下がる
（収穫機械のモア、テッダ、ベーラなど購入・管理・保管）

●牛が強健になり、健康も改善

・安産、繁殖障害解消、四肢発達、消化管発達

・心肺機能強化、耐用年数が延びる（健康に関するコスト削減）

●農地の保全になる

・耕作放棄地解消、農地の粗放的維持管理、獣害軽減

●自給粗飼料（草）を高栄養状態で給与できる（19～20ページ）

●アニマルウェルフェア、SDGsなどへの対応ができる（14～18ページ）

※公共牧場を利用すれば、作業を外部化できる

耕作放棄地が増えて
広い土地で放牧しや
すくなってきたよ

ラで牛舎に運搬して開封し、場合により他の濃厚飼料などと混ぜ合わせ、牛の前に並べて給与します（草を購入する場合もあります）。

また、牛舎で排泄された牛の糞は、手作業や機械で集め、ホイールローダーなどで定期的に切り返して発酵させ堆肥化し、マニュアスプレッダなどで圃場へ運搬し散布します。

いっぽう放牧で牛を飼うと、牛は自分で歩いて草を食べ、歩きながら糞尿を草地に散布してくれます。人が機械で行なう作業のほとんどを、牛が自分でやってくれるのです。そのため、毎日の飼料給与作業や収穫調製作業が大幅に少なくすみ、機械関連費用（燃料代・メンテナンス経費）なども減ります。

放牧には、日々の見回り、牧柵管理、放牧特有の病気対策などの作業が必要ですが、それを差し引いても全体の作業は舎飼いに比べてラクになります。

放牧でここがラクになる

草が旺盛に伸びる日本の気候を活用できる

日本は温暖で雨も多いなど気象条件に恵まれており、多くの地域では農地を放っておくと、すぐ野草（雑草）に覆われ、その後森林へと遷移していきます。草が旺盛に伸びる気候を生かし、野草などの植物資源を最大限活用できるのが放牧です。また、そこに牧草を植えて施肥管理などを行なうことにより、さらなる生産性の向上を図ることができます。

ところが実際には、日本の牛のエサは、現状で半分以上は海外からの輸入に頼っています。２０１９年の時点の飼料自給率[1]は、**粗飼料**で77％、**濃厚飼料**で12％です（図1－2）。濃厚飼料は88％も海外に頼る構造になっています。経営別では、肉牛の**繁殖経営**で約5割、**肥育経営**で約8割、乳牛の北海道で約5割、都府県で約6割を海外に頼っています。海外のエサの価格は、国際相場や、海運価格、為替市場の影響を受けるので、不安定なコスト要因にもなります。

日本の畜産の特徴でもある、エサを輸入して畜産物を生産する「加工型畜産」は、産業発展の一つの形として間違っているわけではないと筆者は考えます。輸入飼料による加工型畜産か、自給飼料による持続型畜産か、ゼロか１００かではなく、それぞれの経営が、できるだけ自給飼料を多く活用した持続的な畜産体系としていくことが、今後必要と筆者は考えます。これまでは海外から食料や飼料を十分に購入できましたが、世界的に人口が増加し続ける中で、この先50年同じように海外から購入し続けられるか保証できないからです。

なお、農林水産省では、国産飼料基盤に立脚した生産への転換を進めており、この中に放牧の推進は位置づけられています。

ＳＤＧｓの「持続可能な農業」に位置づけられる

放牧には、土－草－家畜の農業生態系の循環をもとにした持続型農業としての側面があります。

放牧であれば化石燃料を利用せずに草を食べさせることができ、糞尿を圃場へ還元できます。しかも、草が生えている場所で牛が草を食べ、そこに糞尿を

粗飼料：草など繊維質の飼料。
濃厚飼料：穀物など栄養価の高い飼料、トウモロコシ、大豆粕など。
繁殖経営：母牛を飼い、子を産ませる経営。おもに肉牛で行なわれる。
肥育経営：子牛を太らせ出荷する経営。

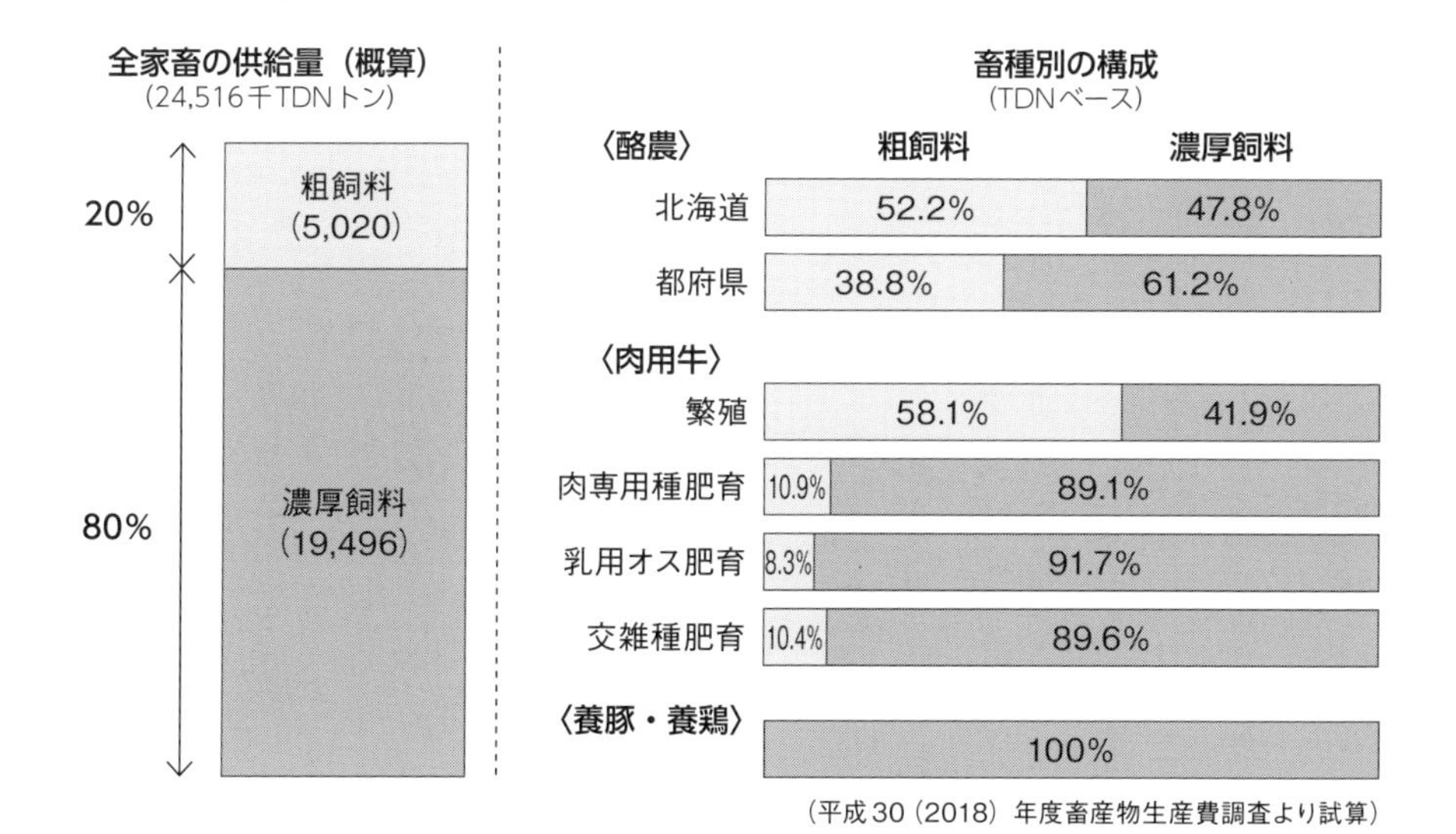

図1－1　粗飼料と濃厚飼料の割合

TDN（Total Digestible Nutrients）：家畜が消化できる養分の総量

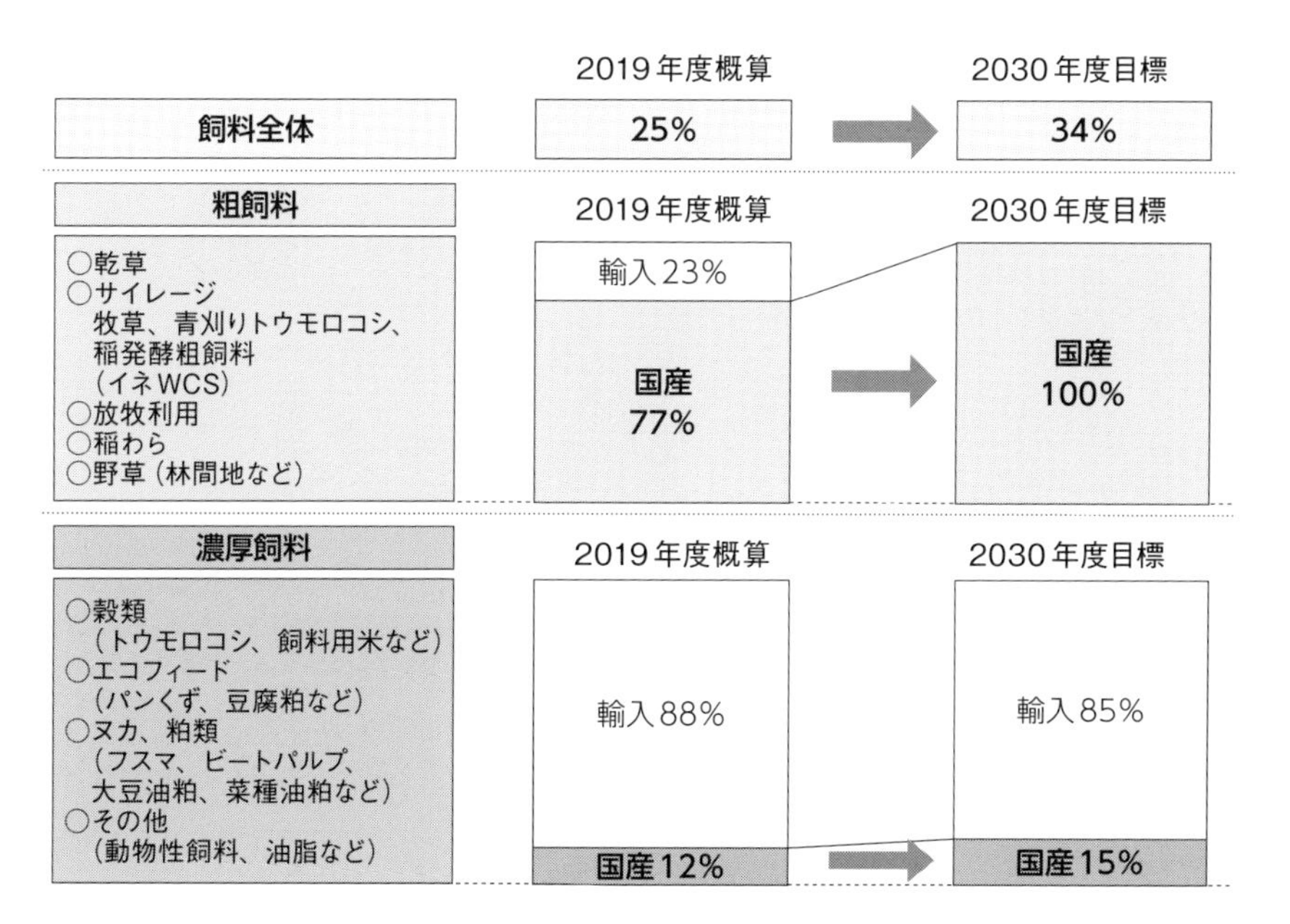

図1－2　日本の飼料自給率

牛が食べるエサは、繁殖牛の5割以上、肥育牛の8割強を輸入飼料に依存している

「飼料をめぐる情勢」（農林水産省、2021）

還元するという、極めて小さい範囲での物質循環が成立しています。これは持続可能な開発目標（SDGs）の目標2（飢餓をゼロに）の「持続可能な農業を推進する」に相当します。もともと、牛は人が食べられない草資源を利用できます。放牧をして世界的な飢餓がすぐにゼロになるわけではありませんが、放牧は持続可能な農業を促進する身近な一つの手段です。

また、日本には半自然草地と呼ばれる野草地があります。火入れや放牧・採草利用といった人の営みにより、長年にわたり維持管理されてきました。これも持続型農業の一つの形となります。

たとえば、阿蘇や九重のススキ草原は、1000年続いているといわれる持続型農業体系の一つです。

草原では3月に火入れが行なわれます。地上部のススキの枯れ草や雑草の種子が燃えつくされ養分となり、枯れ草が新芽を覆うことがなくなります。春にはススキの新芽が萌芽し、ススキ草原が再生しま

火入れと放牧による阿蘇の半自然草地の維持

①火入れ時の様子。放牧により残存したススキの草量が少ないため、火の手も小さく、火の制御が容易

②火入れ後の様子

③火入れにより余分な未熟有機物や雑草種子が取り払われ養分となり、褐牛が埋まるほどのススキ草原になった

SDGs：持続可能な開発目標（Sustainable Development Goals）。2015年の国連サミットで採択された、2030年までに持続可能でよりよい世界を目指す国際目標。17のゴール・169のターゲットから構成される。

す。このススキ草原に春から秋にかけて牛を放牧します。牛によりススキは短く食べられるので、次の火入れ時の火の手は小さくなり、火の制御が容易になります。

また日本の気候では、何もしないと土地は樹木に覆われていきますが、火入れと放牧により樹木の侵入が制限され、草地が維持されます。このような半自然草地では、固有の生物種が生息するなど、生物多様性も保全されています（火入れにより種子発芽が促進されるマメ科植物クララ、クララのみをエサとするオオルリシジミなど）。

牛が強健で健康に育つ

舎飼いでは牛は一日中牛舎内で過ごします。放牧では外を自由に動き回り、運動することができます。この運動が、牛が放牧により強健で健康に育つ基本となります。産次年数（子牛を産む回数）の増加、安産、繁殖障害（妊娠しにくくなる状態）の解消、四肢の発達、消化管の発達、心肺機能強化などが放牧効果としてあげられており、医療関係費が減ることが報告されています。

事例として、関東北部の酪農農場へ放牧を導入した結果、医療関係費が放牧導入前の64％まで削減された報告があります[2]。また、北海道の酪農家46戸の調査では、繁殖関係の疾病治療回数（治療回数／頭／年）が、昼夜放牧農家で0・22回で、通年舎飼い農家0・40回より有意に少ない結果となっています[3]。北海道97戸の調査では、代謝および消化器病、すべての病気の総計で、昼夜放牧農家は同規模の通年舎飼い農家に比べて疾病受診回数が有意に減少する傾向が報告されています[4]。

また、長期不受胎牛を放牧することにより、全頭ではありませんが受胎させることができた報告もあります[5]（リハビリ放牧と呼ばれる）。須藤[6]の調査報告によると、放牧利用割合が多い牧場では、乳

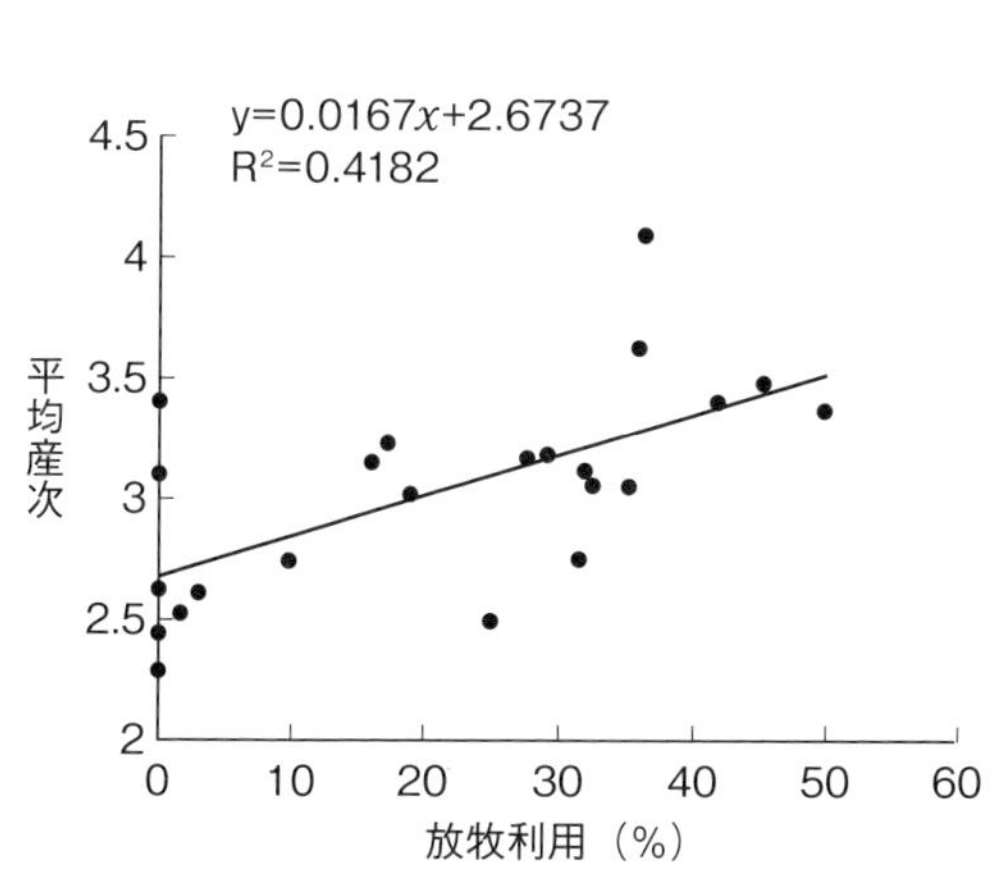

図1－3　平均産次と放牧利用割合（須藤、2018）

牛の平均産次（子牛を産む頭数の平均）が長くなる傾向があるといわれています（図1−3）。

放牧すれば100%の牛が健康になるわけではありませんが、全体の傾向としては放牧により牛が強健で健康に育ちます。

日光浴によるビタミンD増加は、カルシウム吸収に寄与するとされています。公共育成牧場で放牧される育成牛が足腰強く健康に育つ要因として、単なる運動という点以外にも、日光浴ができていることも貢献しているかもしれません。

アニマルウェルフェアにも

アニマルウェルフェア[7]とは、家畜を中心とした動物への倫理のことで、「快適性に配慮した家畜の飼養管理」を意味します（詳しい資料を203ページで紹介）。家畜を快適な環境下で飼養することにより、家畜のストレスや疾病を減らすことができ、生産性の向上や安全な畜産物の生産にも繋がります。日本を含む多くの国が加盟しているOIEでは「動物が生活及び死亡する環境と関連する動物の身体的及び心理的状態[8]」と定義づけ、アニマルウェルフェアに関するさまざまな勧告を採択しており、世界的にアニマルウェルフェアへの対応が求められています。

アニマルウェルフェアの状況を把握する上で、役立つ指針とされているのが、以下の「五つの自由」です。

①飢え、渇きおよび栄養不良からの自由
②恐怖および苦悩からの自由
③物理的および熱の不快からの自由
④苦痛、傷害および疾病からの自由
⑤通常の行動様式を発現する自由

アニマルウェルフェアの指針には、牛一頭当たりの飼養スペースを十分に確保することが書かれていますが（五つの自由の⑤に相当）、放牧は一頭当たりの飼養スペースを広く確保する上で役立ちます。

また、「有機畜産」というJAS基準が2005年にできました（詳しくは46ページ参照）。その基準には、アニマルウェルフェアの考え方の一部を内包しています。きちんとした放牧飼養は、アニマルウェルフェアに配慮した家畜飼養と合致する飼養方式です。

もちろん放牧すれば即アニマルウェルフェアを満

OIE：国際獣疫事務局（World Organisation for Animal Health）。世界の動物衛生の向上を目的とする政府間機関。

たせるわけではありません。放任はアニマルウェルフェアに反します。たとえば、放牧地に炎天下を避けられる日陰がない（③に反する）、牛をきちんと観察せず病気を放置する（④に反する）、放牧地でエサが不足しているのに給与しない（①に反する）などの牛を放置する行為があげられます。アニマルウェルフェアにとっても、きちんとした放牧管理を行なうことが必須です。

草を高栄養で食べさせられる

牛のエサは「粗飼料」と「濃厚飼料」に分類されます。

粗飼料は、草など繊維質の多い飼料のことをいいます。草食動物である牛にとっての主食にあたります。具体的には、青刈りトウモロコシなどの飼料作物、牧草、イネ（飼料イネ、稲わら）、野草などの植物資源を乾かして乾草にしたり、発酵させて**サイレージ**にしたり、あるいは生草のまま給与します。放牧草は、粗飼料を生のまま給与するという分類になります。

濃厚飼料は、炭水化物やタンパク質などの栄養価の高い飼料で、粗飼料に足りない栄養を補う目的で給与されます。具体的には、穀類（トウモロコシ子実、飼料用米）、米ヌカやフスマ（コムギの精麦後に出る粕）などのヌカ類、大豆油粕やビートパルプ（砂糖の原料となるビートの搾り粕）などの粕類、**エコフィード**などがあります。

放牧で牛が食べる草は、粗飼料にあたります。ふつう、エサの栄養価は粗飼料よりも濃厚飼料のほうが高いので、放牧では、栄養価の低い草ばかり食べさせているから生産性が低い、とか、放牧を古い飼養体系だというイメージを持つ方もいらっしゃいます。しかしこれは、ある意味で間違いです。

実際には、粗飼料の栄養価は草種により大きく異なります。一般に野草は栄養価が低く、栽培種として改良された牧草は栄養価が高い傾向にあります。また、牧草の中でも栄養価は大きく異なります。その年に最初に刈る「一番草」では、濃厚飼料に近い栄養価（TDNで70％近く）になるイネ科牧草もあります。この高栄養のイネ科牧草を、何度も再生させながら背丈が短い状態で食べさせると、濃厚飼料に匹敵する栄養価になります（TDNで70％超え）。

サイレージ：牧草など水分含量の多い飼料を密閉環境に詰め込んで乳酸発酵させ、長期貯蔵できるようにした飼料。
エコフィード：食品製造副産物や食品廃棄物・残渣から作られる飼料。牛にはおから、キノコの廃菌床、野菜くずなどが使用されている。広義ではジュース粕などの粕類も含む。

TDNとは、飼料中の牛が消化できるエネルギー量で、イメージとしてはカロリーに相当する概念です。CPは飼料中のタンパク質の量を示す値です。

たとえばマメ科牧草であるシロクローバは、TDN含量だけでなく、CPすなわちタンパク含量が濃厚飼料並みに高いのが特徴です。さらにマメ科はカルシウム含量も高いことから、高栄養のイネ科牧草を短く利用し、マメ科牧草と組み合わせることにより、栄養価の高いエサを低コストで効率的に牛に採食させることが放牧では可能です。

うまく放牧を活用すれば、濃厚飼料への依存割合を減らし、コスト削減に繋げることができます。

耕作放棄地の再生、農地の省力的保全管理に

荒廃農地（耕作放棄地）対策の事例について、農水省の2016年の資料[9]では四つのパターンを示しています。

①企業参入による取組事例
②新規就農者による取組事例
③放牧による荒廃農地解消事例
④**農地中間管理機構**による荒廃農地解消事例

放牧以外は作目が明示されていませんが、じつはこのことは、放牧が耕作放棄地解消の強力な手段であることを示しています。

耕作放棄地とはいえ、もともと区画整理された農地で、大型農業機械による効率的な作業ができるなど、条件のよい農地であれば、さまざまな作目で企業参入、新規就農、農地中間管理機構などによる土地集積と利用が期待できるでしょう。

逆に、段々畑や棚田跡、果樹園や茶園跡、小面積の平らな農地と山地が入り組んだ地形など、大型農業機械による効率化が困難な条件の悪い農地では、放牧が効果的です。多少の地形の起伏にかかわらず、放牧牛は自ら歩き回り、耕作放棄地に生息する幅広い植物種の草資源を採食し、人が利用可能な畜産物へ変換することができるからです。

再生の際のコスト面でも、放牧にはメリットがあります。耕作放棄地を再生させる際、地上部の植物はふつう雑草として除去する対象になるため、除草剤散布やフレールモアによる細断処理などを行ない、そのための薬剤・機械のコストが必要になります。

TDN：可消化養分総量（Total Digestible Nutrients）。飼料中のTDNの割合を％で表したり、エネルギー量をTDNkgという単位で表したりする（1 TDNkg＝4.41Mcal。Mcalはメガカロリーでkcalの1,000倍）。
CP：粗タンパク質含量（Crude Protein）。
農地中間管理機構：全都道府県に設置されている「信頼できる農地の中間的受け皿」（農林水産省ウェブサイトより）。

平らな土地が少なく条件がよくないところ
→放牧での再生に向く

平らで広い、条件のよいところ
→機械での再生ができる
(いろんな作目OK。大規模集積による企業参入にも)

耕作放棄地をどんな方法で再生する？

果樹園跡の耕作放棄地を放牧により再生利用しているところ

いっぽう、耕作放棄地再生を牛にしてもらうと、薬剤・機械コストがかからないだけでなく、草が牛のエサとして生かされ、エサ代を減らすこともできるのです。

耕作放棄地を再生した後、どうやって農地を利用し続け、農業で持続的にお金を生み出し続けるのか?――これにも放牧は役立ちます。そこで引き続き放牧することにより、農地を維持しつつ家畜生産を行なうことができるのです。

また、耕作放棄地の中でも、すでに雑草の種子が大量に地面の中に入っている状態（雑草のシードバンクが形成された状態）であったり、木が多く生えたりするところを、元の農地として利用できるように戻すためには、多大な労力が必要となります。

耕作放棄した農地を元に戻すのにかかる費用について、一つの研究[10]をご紹介します（図1－4）。耕作放棄後、復田に必要となるコストは年を追うごとに増加します。特に木が生え始めると（図中のk）、それを除くためにバックホーなどの重機による除根などが必要になり、コストがさらに高くなっていくことが示されています。放牧の場合では、一部の木は牛の日除けとして使えますが、太陽光を効率よく利用するためには、多くの木を除去する必要があります（86ページ参照）。

放牧は耕作放棄地の解消の強力な手段ですが、可能であれば耕作放棄される前に放牧利用を開始し、農地を省力的保全管理することが、その後の農地への復帰を考えたときによいでしょう。

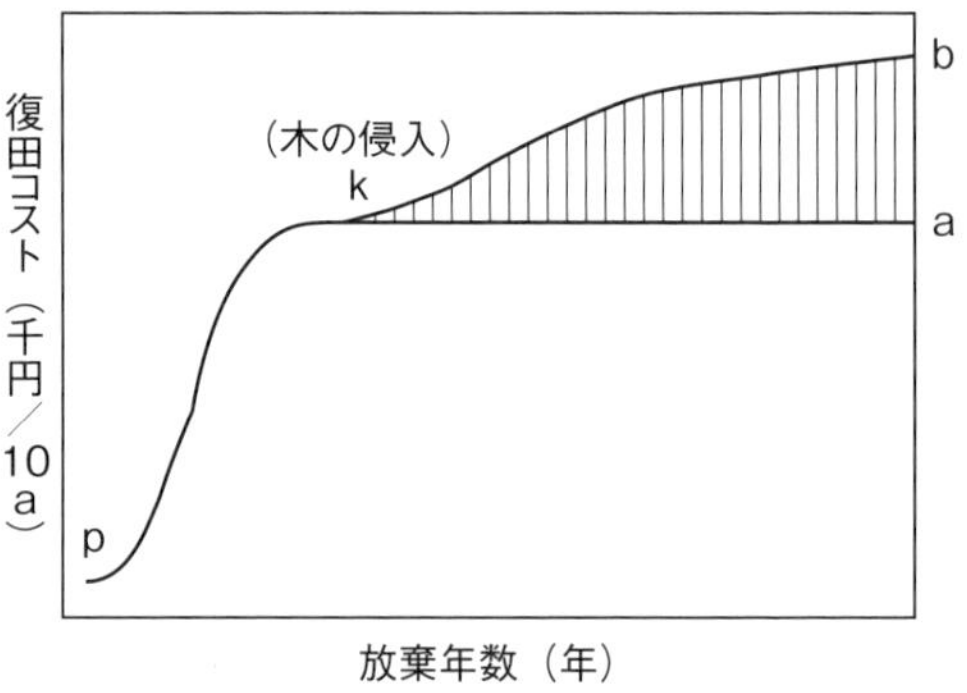

図1－4　木本類が侵入した場合の復田コストの経年変化予測（有田ら、2003）

＊p-k-aは木本類が侵入しない時
p-k-bは木本類が侵入する時

放牧依存度：放牧を取り入れた牧場経営全体の中で、牛が食べる全飼料の中で、放牧草が占める割合（エサの中で放牧草に依存する割合）。

放牧でどれくらいコストが減らせる？

放牧は、舎飼いの経営に比べて、具体的にどれくらいコストが減らせるのでしょうか。ここでは、農林水産省の2018年資料「公共牧場・放牧をめぐる情勢」[11]から紹介します。

図1−5は、放牧によるコスト削減効果の試算です（上は酪農経営、下は肉牛繁殖経営）。放牧によるコスト削減効果は、酪農経営で約2割（搾乳牛一頭当たり13万4000円）、繁殖経営で約3割（子牛一頭当たり23万5000円）の削減となっています。

放牧によるコスト削減効果は経営により大きく異なり、基本的に「一頭当たりの放牧可能面積が大きい」（**放牧依存度**が高い）ほど、コストは削減できます。たとえば、千田（2016）の報告[12]では、舎飼い、さまざまな放牧期間の経営、周年親子放牧の経営を比較評価し、放牧期間の最も長い周年親子放牧で、子牛一頭当たりの労働時間や生産コストが最も少ないとしています。

うまく農地を集積でき、一頭当たりの放牧地の面積を十分に確保して放牧できる場合は、コストの削減に大きく役立ちます。

酪農経営（集約放牧）

	飼料費	労働費	その他経費	合計
舎飼い	333	168	291	792千円/頭（100）
放牧	289	132	237	658千円/頭（83）

約2割のコスト低減（134千円/頭の削減）

0 100 200 300 400 500 600 700 800

注：2016年度畜産物生産費（牛乳生産費北海道50～80頭規模）による搾乳牛通年換算一頭当たり
〈前提条件〉経産牛55頭規模、個体乳量8,100kg/頭、放牧期間5～10月（6カ月）

肉用牛繁殖経営

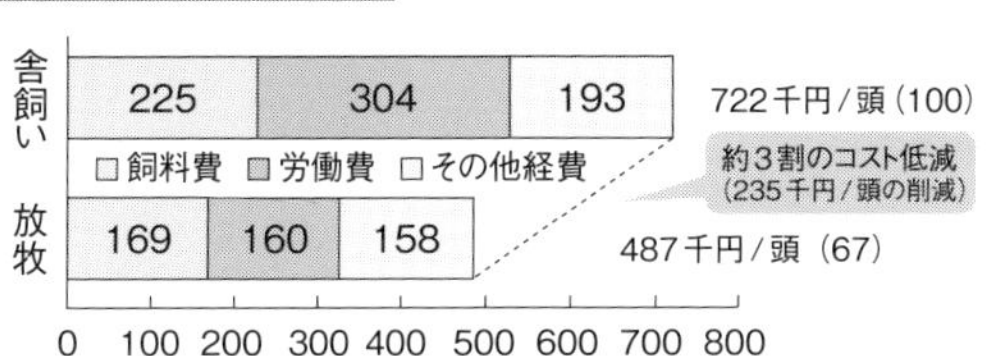

注：2016年度畜産物生産費（子牛生産費2～5頭規模未満）による子牛一頭当たりの生産費を試算
〈前提条件〉繁殖雌牛2～5頭規模、放牧期間：5～10月（6カ月）

図1−5　放牧によるコスト削減の試算
「公共牧場・放牧をめぐる情勢」（農林水産省生産局、2018）より

イノシシの隠れ家をなくし、獣害軽減に

イノシシは、茂みに隠れて人里近くに来て、農作物を食い荒らすなどの被害を及ぼします。放牧により、農地の地上部を採食させると、イノシシが隠れる茂みがなくなり、近くに来づらくします。

耕作放棄地に多いクズの根もイノシシの重要なエサですが、放牧するとクズも早急に衰退します[13]。放牧による耕作放棄地解消ですべての獣害が解決するわけではありませんが、イノシシの隠れ場所と食料を奪うことで、一定の軽減効果があります。

2 牛の飼育と放牧の基礎知識

牛飼いにはどんな経営の種類がある？

畜産は、日本の農業総産出額9兆558億円の36％を占めている産業です（2018年）。農業の中で農産物の各区分が占める割合は、米19％、野菜26％、果実9％、その他10％ですので、産出額としては現時点で最も高くなっています[14]。その畜産の中で牛が占める割合は47％（肉牛は24％、乳牛は23％）で、他に豚・鶏（鶏肉・鶏卵）などがあります。

牛飼いの経営形態はおもに三つに分かれます。肉牛での「繁殖経営」「肥育経営」と、乳牛を飼う「酪

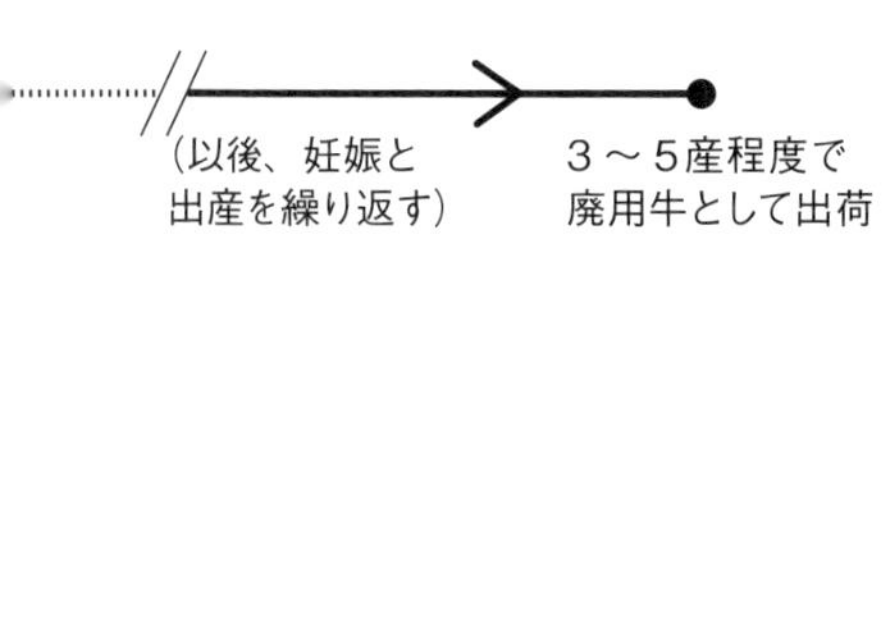

（以後、妊娠と出産を繰り返す）

5～10産程度で廃用牛として出荷

（以後、妊娠と出産を繰り返す）

3～5産程度で廃用牛として出荷

農経営」です。

①肉牛の繁殖経営・肥育経営

雌牛を飼って子牛を産ませ、子牛を約9カ月齢まで育てた後、子牛市場で子牛を販売し、収益をあげます。肉牛の肥育経営では、子牛市場で買ってきた子牛を肥らせ、黒毛和種去勢牛（オス）は29カ月齢前後、乳牛のオスは22カ月前後でそれぞれ販売し、収益をあげます。繁殖経営と肥育経営の両方を行なう一貫経営をしている方もいます。

肉牛の放牧には基本的に繁殖経営が適します（後述）。地域で肉牛が放牧されていると、地域ブランド牛肉ができると考える消費者の方もいるそうですが、牛肉生産には肥育過程が必要なため、そう簡単にはいきません。

②乳牛の酪農経営

生まれたメスの子牛を育て、妊娠させ子牛を産んでもらい、産後に出る生乳を販売して、収益をあげます。乳牛が一度の出産で生乳が出る期間はおおよそ305日で、次の妊娠出産を経ないと、次の生乳生産ができません。

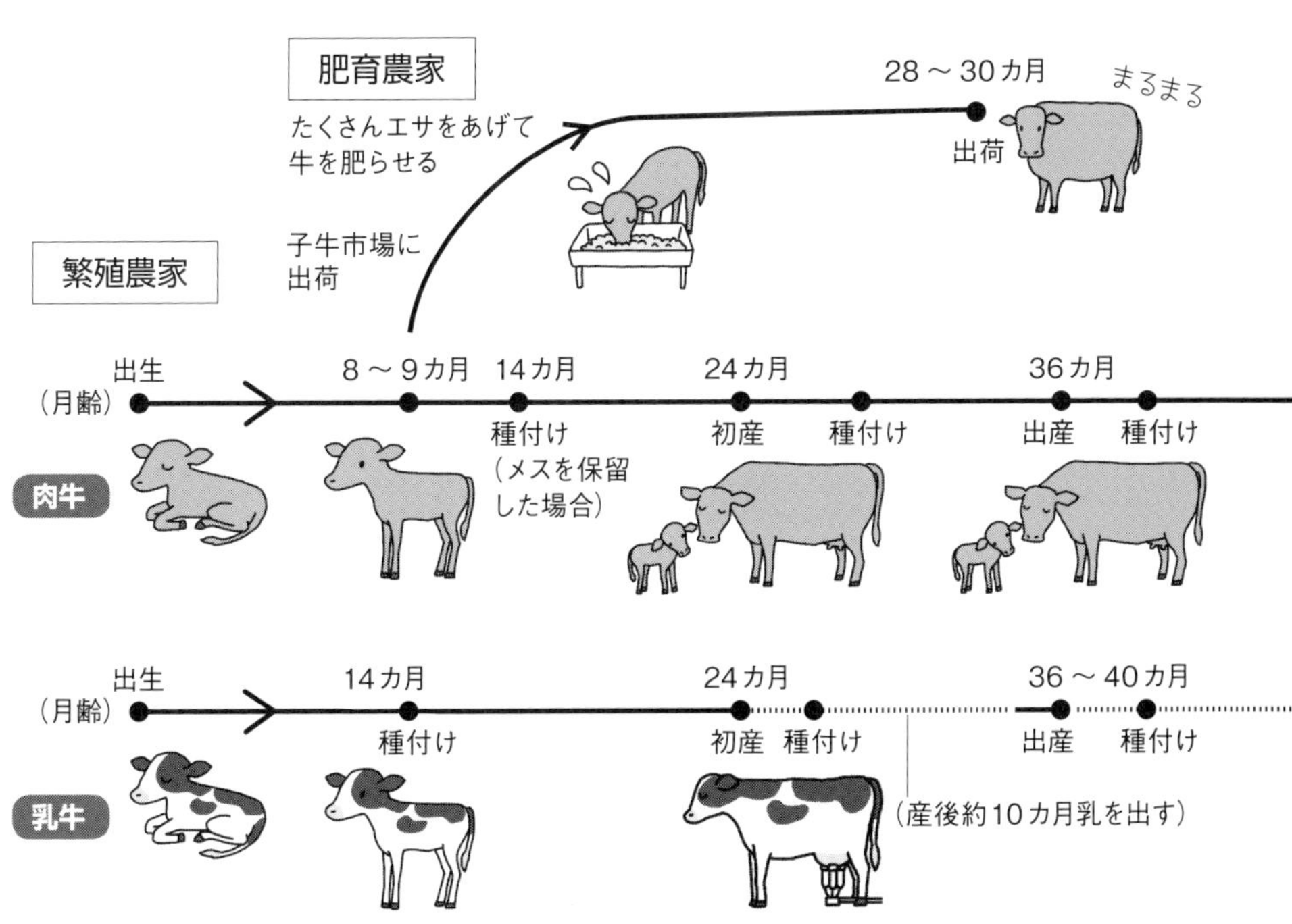

肉牛の一生、乳牛の一生

③牛の繁殖と寿命

牛の場合、メスが子牛を出産すると、一定期間後に21日周期で排卵があり、その際に発情という現象が起こります。歩き回ったり、牛どうしで乗り合ったりします。その発情を人が発見し、一定時間内に人工授精（種付け）を行ない、無事に妊娠すると、乳牛で約２８０日、肉牛で約２８５日を経た後に子牛を出産します。この繁殖が無事に行なえて、初めて生乳を搾ったり、子牛の生産ができます。

また、酪農経営および肉牛の繁殖経営は、母牛を外部から購入して自分のところへ連れてくることもあります（導入といわれます）。ただしコストが高いことから、自分のところで生まれた子牛を2年間ほど育てて親牛とする方法が多くとられています。

一生のうち子牛を産む数は、乳牛は平均で２・５産[15]であり、肉牛は約４・５産といわれています[16]。年を経た牛（種が付きにくい牛、病気がちな牛、血統が悪い牛、扱いづらい牛）などは淘汰します（肉牛として販売）。牛が年齢を経ると乳量が減る、種が付きづらくなるなどの問題が生じることがあるからです。ただし、放牧では牛が健康な生活ができることから牛の耐用年数が延びる傾向にあるといわれています。

④エサと糞尿処理

大人になると、乳牛は約６８０kg（60カ月齢）、黒毛の雌牛は約４５０kg、雄牛は約７９５kg（出荷時）と大きくなります。毎日体重の約１・５～３・５％（乾物換算）の量のエサを朝晩2回に分けて食べます。また、ほぼ飲食した量の糞尿が出ますが、その処理が必要となり、日々の作業時間とコストがかかります。ここは、放牧で減少させることができる部分です。

⑤放牧の影響

通常の肉牛の肥育では脂肪交雑（サシ）を入れるため、約13カ月齢から25カ月齢の期間、エサの中のビタミンAを少なくします。放牧草にはビタミンAが豊富に含まれるため、もし放牧草のみで肥育した場合は脂肪交雑がそれほど入らず、赤身中心の肉になります。脂肪交雑は牛肉の格付け（A５とかA３などの牛の評価基準）、ひいては販売価格に大きく影響するため、通常は舎飼いで濃厚飼料を多給して肥育します。

なお、子牛時代を放牧で過ごし、粗飼料多給で歩き回って育った牛は、胃腸が発達し足腰が強健になるため、肥育の後期にエサの食い止まりがなくなる、足腰が立たなくなることがないなどといわれることがあります。北海道で繁殖経営している春日牧場の牛は、過去に最終的な肥育の成績がよかったことから、関東地区の複数の特定牧場が指名して子牛を購入しているそうです。

牛はどんなエサを食べる？

①四つの胃袋を持つ牛は、草を微生物の働きでエネルギー源にできる

人間は雑食で、肉、穀物、野菜など幅広く食べることができますが、稲わらや草は食べられません。植物に含まれるセルロースという硬い細胞質を消化できないからです。牛は草食動物ですが、じつは自分では稲わらなどのセルロース類を消化できません。牛の胃袋はドラム缶ほどの大きさにもなり、中が四つに分かれていて、その中の第一胃には大量の微生物や原虫などが棲んでいます。それら微生物たちがセルロース類を分解し、牛が消化できる成分に変えてくれているのです。微生物が草を消化しやすいように、牛は第一胃の内容物（稲わらなど＋微生物）を口に戻して唾液と混ぜてよく噛む「反芻」を行ないます。ヒツジやヤギなどの他の草食動物も、消化器官に微生物を棲まわせることで、草の栄養を分解・吸収しています。

②飼育現場では粗飼料・濃厚飼料を与える

14ページで説明したとおり、牛のエサは草などの粗飼料と、穀物などの濃厚飼料に分かれます。ふつう毎日2回、粗飼料と、濃厚飼料を組み合わせて牛に給与します。

1年365日の間に、肥育牛は1日1kgほど、年間で約365kg肥る必要がありますが、繁殖牛は子牛の体重（約30kg）＋α分肥ればよいので、肥育牛のほうがエサをたくさん必要とします。

エサの給与量がイメージしやすいように例を示します。たとえば、500kgの牛が体重2％の乾物量（エサの水分をゼロと仮定した場合の重さ）のエサを食べるとすると、一日当たり乾物量で10kgのエサを食べる計算になります。もし牛が40頭なら、乾物量で400kgのエサを毎日365日給与することに

なります。実際には粗飼料は水分を含むのでもっともっと重くなります。

牛舎でエサをやる場合は、牛舎近くの飼料保管場所から牛舎へ牧草ロールなどを持ってきて、ロールを開封し、中の牧草を牛のエサ場の前まで持っていく作業が必要です。この部分が機械化されている牛舎はよいでしょうが、そうでない牛舎では結構な作業量となります。この粗飼料に加え、配合飼料や、サプリメントを別途給与していくことになります。

飼料は地域の牧草地や水田などで育てた自給飼料を用いる場合と、海外から輸入した飼料を購入利用する場合がありますが、自給飼料の場合、草の収穫時期には刈り取り調製作業や、刈り取った牧草の保管場所も必要です。

③放牧をうまく活用すると、エサの収穫・給与が格段にラクになる

放牧では、牛が自分で草のあるところへ歩いて行き、自分で食べてくれます。牛ができることは牛がしてくれますので、その分は大変ラクになります。

牛舎と放牧を組み合わせて飼うときも、放牧した分だけ牛舎でのエサの給与量が減らせるので、日々の作業がラクになります。一年を通じて必要なエサの量も減るので、牧草地で収穫調製する必要量（作業量や機械コスト）や保管場所も減ります。

自給飼料の刈り取り調製作業の中には、刈り取り後に1～2日間草を乾かす工程があり、この間に雨が降られないよう天気を気にしながら作業する必要があります。牧草地の面積が大きいと、刈り取りから梱包までの間に急な雨などに降られてしまう場合や、収穫適期に刈り取り作業が終わらず刈り遅れる場合もあり、牧草の品質が悪くなります。放牧草地の面積と依存度が大きく、その分採草地の面積が少なく採草作業量も少なくなれば、より良質な粗飼料が作れる可能性が高くなります。

放牧にはどんなやり方がある？

放牧にはいろいろなやり方があり、それらの呼び名もさまざまです（表1－2）。

ここでは、畜種と、畜種に適した場所によるおもな三つの放牧の方法について説明します。

①「肉用種」の「繁殖牛」の「耕作放棄地放牧」

耕作放棄地に生える野草は、牛のエサ用に改良された牧草より、栄養価が低い傾向にあります（37ページ参照）。そのため、一日1kg肥る必要のある肉牛の肥育牛には基本的に向きません。いっぽう、肉牛の中でも、お母さんである繁殖牛は、肥る必要はありません（逆に肥りすぎのほうが、妊娠する上で弊害となります）。そのため、肥らないほうがいい肉牛の繁殖牛と、栄養価の低い耕作放棄地の野草は、とてもよい組み合わせなのです。

ふつう野草は冬には枯れてしまいますが、冬はエサを放牧地で給与すれば、一年を通じて繁殖牛を外で放牧できます（周年放牧）。

耕作放棄地放牧では、おもに繁殖牛の妊娠確認が終わった頃から出産2カ月前を目安に放牧に出すのがふつうでした。出産2カ月前～出産～種付け～妊娠確認までは、通常よりも多くの栄養が必要となるため、牛舎で飼う方がほとんどです。しかし近年、この期間も放牧地で飼養する、「周年親子放牧」という方法の取り組みが、いくつか見られています（96ページ参照）。

②「乳用種」の「育成牛」の「公共牧場放牧[17]」

全国各地には「公共牧場」と呼ばれる牧場が約688カ所あります（2019年当時）。地方公共団体、農協、牧野組合などの団体が運営しており、乳牛や肉牛を農家から預かって放牧で育てたり、粗飼料の生産を行なっています（詳しい資料を208ページで紹介）。主流は「公共育成牧場」で、そこでは、乳牛の育成牛を放牧で育てています。この公共育成牧場の活用により、農家は育成牛を飼うための牛舎スペースで搾乳牛を飼うことができ、牛舎を増やさなくても牛乳生産量（売り上げ額）を上げることが

耕作放棄地は放牧でどう変わるか

7月放牧開始。牛の体が埋まるほどの草

約1カ月後、草をきれいに食べつくした

できます。

公共牧場では、おもに高栄養の牧草を栽培して放牧を行ない、足腰の丈夫な牛を育てます。牧場によっては預かっている間に人工授精・受精卵移植などで種付けをし、分娩前まで預かってくれたり、草の少ない冬季にも預かってくれたりする（周年預託）ところもあります（公共牧場については198ページも参照）。

③「乳用種」の「泌乳牛」の「牧草地放牧」

子牛を産んで乳を搾れるようになった搾乳牛の中でも、実際に乳を出している期間の牛を「泌乳牛」と呼びます。乳が出なくなってから次の出産までの期間の牛は「乾乳牛」といいます。

泌乳牛は大量の乳を生産するために、高い栄養価のエサを必要とします。この期間に放牧で飼う方法も行なわれています（放牧酪農）。草の生育が優れる春から秋の期間に放牧飼養する体系です（詳しい資料を208ページで紹介）。

表1－2　いろいろな放牧方法の名称とやり方

毎日牛舎に牛が帰る（おもに酪農）	
昼夜放牧	搾乳時間以外、ずっと放牧する方法
昼間放牧	日中の半日間、放牧する方法
夜間放牧	夜間の半日間、放牧する方法。日中暑い夏に行なわれることが多い
時間制限放牧	一日数時間、時間を決めて放牧すること
一定期間放牧する（おもに肉牛の繁殖牛）	
季節放牧	春から秋にかけて草が伸びる数カ月間放牧する。公共牧場、肉牛の繁殖牛放牧で多い
周年放牧	一年中放牧すること
冬季放牧	草が伸びなくなる冬にさまざまな工夫で放牧すること。外で乾草・濃厚飼料・サイレージを与えたり、9月に寒地型牧草を播種して冬の放牧地にするなどの手法がある。季節放牧に冬季放牧を加えることで、周年放牧が実現する
2シーズン放牧	肉牛（去勢牛）が生まれてから出荷されるまでの約29カ月の間に、2回夏季放牧する形式。サシは少ないが、飼料代を大幅に減らせる
土地の利用の仕方による放牧方法の違い	
輪換放牧	放牧地をいくつかの区画に区切って、一定期間ずつ順番に移動させながら草を食べさせる方法。おもに栄養価の高い牧草地での集約放牧で行なわれる
定置放牧	放牧地を大きく囲い、一つの区画で利用する方法。連続放牧とも
ストリップ放牧	帯状に放牧地を細く区切り、少しずつ牧柵を前進させながら草を食べさせていく。草の踏み倒しや食べ残しなどのムダを少なくできる
小規模移動放牧	耕作放棄地などの、点在する小区画の放牧地の一つに少頭数の牛を入れ、草がなくなったら次の放牧地へと短期間で移動させていく放牧

放牧の時間・期間を長くするほど、コスト・手間が減る

草種の特徴を理解して放牧することが大事

府県でのさまざまな取り組みもありますが、多くは北海道で行なわれ、おもに高栄養の寒地型牧草（37ページ）で放牧します。「集約放牧」（116ページ）という効率のいいやり方で放牧すると、牧草を柔らかく栄養価の高い状態に維持できるため、高栄養を必要とする泌乳牛でも相当の割合の栄養を草で満たすことができます。労力や購入飼料も削減できます。

公共牧場で乳牛の育成牛を放牧している様子
（山梨県　八ヶ岳牧場）

家畜を組み合わせて放牧する方法	
親子放牧	親子の牛を同時に放牧する方法。分娩も放牧地でさせる場合が多い
クリープ放牧	高栄養の子牛専用草地で、子牛のみを放牧する方法。電気牧柵を125cm程度の高さで張り、子牛のみ電牧の下を通ってクリープ草地へ行けるようにする
先行後追い放牧	一つの放牧地に2種の牛群を順番に放牧し、草地の利用率を高める方法。まず、高栄養を必要とする搾乳牛や育成牛を放牧し、栄養価の高い葉先部分を食べさせる。その後、高栄養を必要としない乾乳牛や肉用繁殖牛を放牧し、先行放牧の牛群が食べなかった栄養価の低い草を食べさせる
混合放牧	牛やヤギなどの異なる家畜を一緒に放牧する方法。食べる草の種類や状態が違うため、草の利用効率を高めることができる
放牧地の場所による呼び方	
水田放牧	転作田や遊休水田などを草地化し、繁殖牛などを放牧すること。水はけの悪い土地では、耐湿性のある牧草を導入する
耕作放棄地放牧	耕作放棄地でおもに肉牛の繁殖牛を放牧する方法
林間放牧	林地に家畜を放牧すること。半永久的に森林を利用するには、牛一頭当たり放牧面積10～15haが必要。林地放牧、林内放牧とも
桑園跡放牧	遊休農地となっている桑園跡地に牛を放牧すること。牛が下草や桑の葉を食べてくれる
山地酪農	山地・傾斜地においてシバなどの在来草を利用して放牧を主体とする酪農を行なうこと。山の斜面にシバを移植してシバ草地を造成し、放牧牛に短く採食させることでシバ放牧地の管理をさせる
その他	
周年親子放牧	肉牛の繁殖経営で、母牛から子牛まで一年中放牧すること
集約放牧	牧草を輪換放牧など効率のいい方法で食べさせ、生産性の高い放牧を行なうこと

日本で飼育されているおもな牛の品種と放牧適性

肉牛

以下の4種が「和牛」として飼養されています。黒毛和種（全国）、褐毛（あかげ）和種（熊本県、高知県）、日本短角種（おもに東北地方）、無角和種（山口県）。黒毛和種が全体の95%を占め、松阪牛などのブランド牛の多くも黒毛和種です。放牧適性は褐毛和種、日本短角種が優れるといわれていますが、黒毛和種も繁殖牛は問題なく放牧できます。

ただし、黒毛和種の肥育牛については、放牧ではサシ（脂肪交雑）が入りにくいという問題点があります。黒毛和牛はきめ細かなサシが特徴ですが、サシを多く入れるためには、肥育牛にビタミンAの少ない乾草などを与えて、血中のビタミンAを少なくする必要があるのです。生の草にはビタミンAが豊富に含まれているため、放牧では生育途中のビタミンAの制御ができず、赤身中心の肉になるため、通常の格付け評価で流通させる上では向きません。直売やブランド化など、特別な売り方が確保できている場合は別です。

ホルスタイン種（斉藤牧場）

ジャージー種（神津牧場）

乳牛

日本で飼育される乳牛の多くは、白と黒の模様でおなじみのホルスタイン種です。体が大きく、乳量が多いのが特徴です。ホルスタインよりも小柄で茶色のジャージー種は、脂肪分が多くコクのある乳を出すことで人気があります。小柄で灰茶色の体のブラウンスイス種は、乳タンパク質の高い乳を出し、チーズの原料として向いているといわれます。

どの牛種でも放牧は問題なくできます。ただし、高栄養の牧草は繊維分が少ない傾向にあり、集約放牧で高栄養牧草への依存度を高めると、ホルスタイン種では**乳脂率**が下がる傾向があります。乳脂率を上げるには繊維分の多い飼料を別に与える方法がありますが、同じエサを食べてもホルスタイン種より乳脂率が高くなるジャージー種などを用いる場合もあります。

また、丘陵地など起伏に富んだ土地や、放牧面積の多い（放牧依存度が高い）土地で放牧する際は、小柄で傾斜地にも適応しやすく、放牧草だけでも脂肪分の多い乳を出すジャージー種やブラウンスイス種が向きます（203ページに資料）。

3 放牧のメリットを生かすには

放牧は牛にできることは牛にしてもらうのがメリットですが、そのメリットを生かすためには、次の2点が必要となります。

・できるだけ放牧時間・期間を長くする
・草の栄養価を考えて放牧を管理する

できるだけ放牧時間・期間を長くする

放牧を経営にとりいれている農家でも、24時間365日、常に放牧している例はじつは少ないのです。牛の頭数に対して放牧地の面積が少なければ放牧できる日数・時間は限られますし、冬に草が生えない期間は牛舎で飼うところも多いのです。

とはいえ、放牧のメリットを最大限生かすには、さまざまな工夫によって、なるべく放牧の時間や期間を増やすことが重要です。放牧に依存する割合が高いほど、コスト削減や労力削減などの効果も大きくなっていくからです。

放牧と舎飼いの組み合わせとしては、大きく分けて次の2パターンがあります。

①牛舎と放牧地を毎日往復する方法（おもに酪農）

搾乳牛の放牧では、通常朝夕2回の搾乳作業が必要です。そのため、放牧は搾乳施設のある牛舎の近くにある放牧地で行ない、牛が歩いて放牧地と牛舎を往復できるようにする必要があります。牛の頭数に対する放牧地の面積や、その季節の草の量を考えて、次の三つのパターンを選びます。

・時間制限放牧（一日数時間）
・昼間放牧・夜間放牧（半日）
・昼夜放牧（搾乳時間以外ずっと）

放牧地の面積が十分あれば、昼夜放牧を行なえます。放牧地面積が少ない場合には、時間制限放牧を選びます。

季節によっても放牧のパターンを変えます。牧草

乳脂率：牛乳に含まれる脂肪分の比率。日本では、販売する牛乳は乳脂率3.0％以上を満たさなければならないと規定されている。おもにエサに含まれる繊維質が乳の脂肪分の材料になる。

の一日当たり生産量が極めて高い春には昼夜放牧を行ない、逆に牧草の生産量の低い秋には時間制限放牧を行なう方法があります。また、夏は暑いので昼間は牛舎で涼んでもらい、放牧は夜間のみ行なう（夜間放牧）農家もいます。

②一定期間放牧し続ける方法

搾乳牛は毎日牛舎に戻って乳を搾る必要がありますが、それ以外の牛はそのような制限がないので、牛舎から離れた場所で一定期間放牧し続けることができます。放牧の期間により大きく次の3パターンがあります。

・季節放牧（数日～数カ月、通常夏季限定：乳用種育成牛の公共育成牧場による預託、黒毛和種繁殖牛）
・周年放牧（一年中、通常黒毛和種繁殖牛）
・周年親子放牧（一年中、通常繁殖牛）

季節放牧より周年放牧のほうが、周年放牧より周年親子放牧のほうが、より放牧を活用した方式となります。

・季節放牧

乳牛であれば、乳が出ない期間（育成牛や乾乳

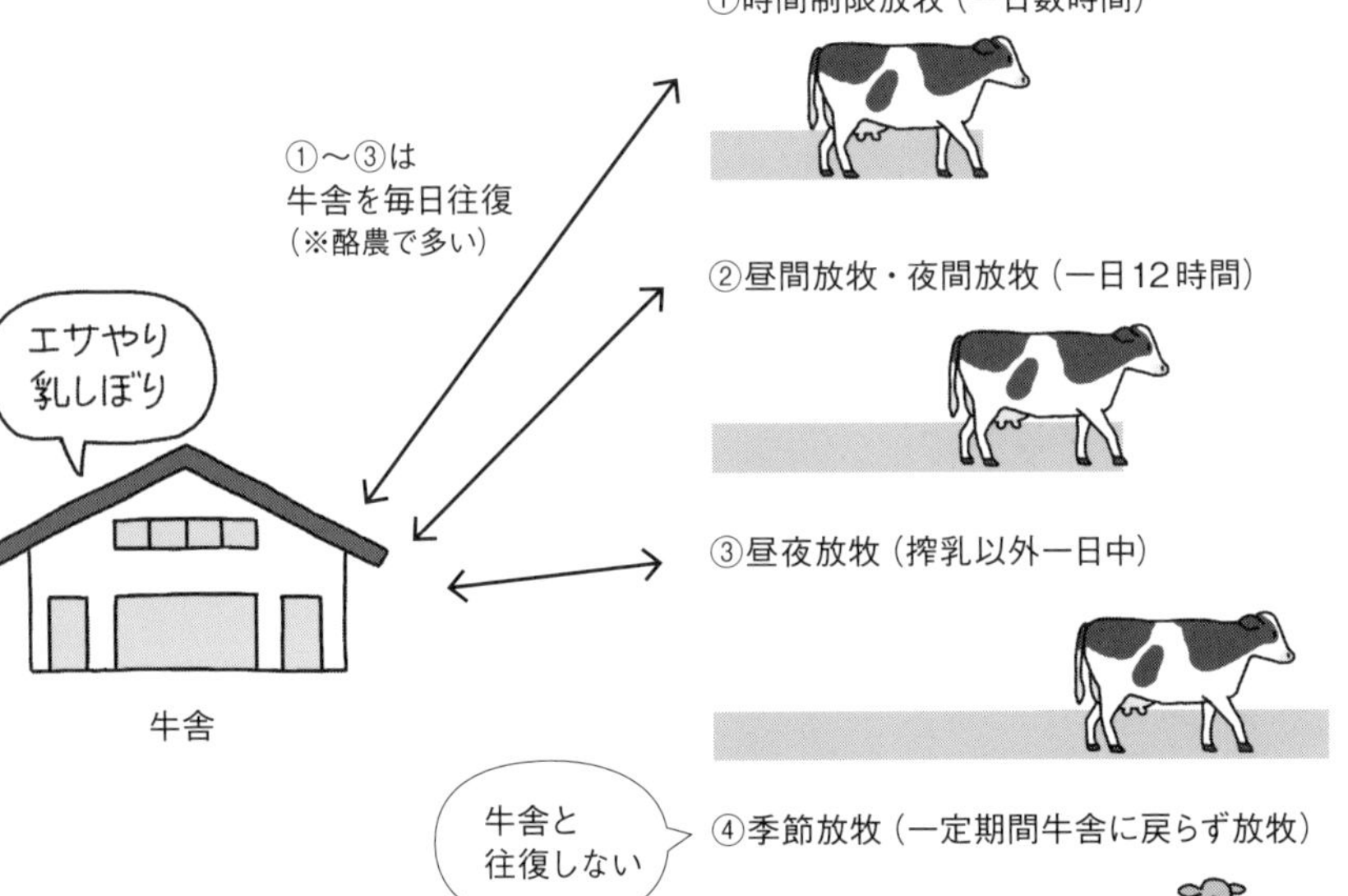

放牧の方法と放牧時間の違い

牛）、肉牛であれば、妊娠確認後から出産約２カ月前までの期間は、搾乳やお産の介助・種付けなどの通常牛舎で行なう必要がありません。これらの牛を春～秋にかけて放牧します。

また、耕作放棄地などでの放牧は、野草が伸びる春～秋の期間に行なわれます。これらのように、数カ月から半年間程度放牧をすることを季節放牧と呼びます。季節放牧では、放牧していない期間は全頭牛舎に戻る必要があります。

・**周年放牧**

おもに肉牛の繁殖牛で行なわれる方法で、冬も含めて一年中放牧地で飼います。春から秋にかけて生える草に加え、草の少なくなる秋に利用する放牧地を確保しておいたり、放牧地の一部に飼料用ムギ類などを播いておき、秋の終わりから少しずつそれらを食べさせたりして、通常の季節放牧よりも放牧期間を約２～３カ月延長することが可能です（地域による）。それらも食べ終えて、放牧草がほぼなくなる冬の３～４カ月間は、放牧地で牧草のロールなどを給与すれば、一年中放牧すること（周年放牧）が可能となります。

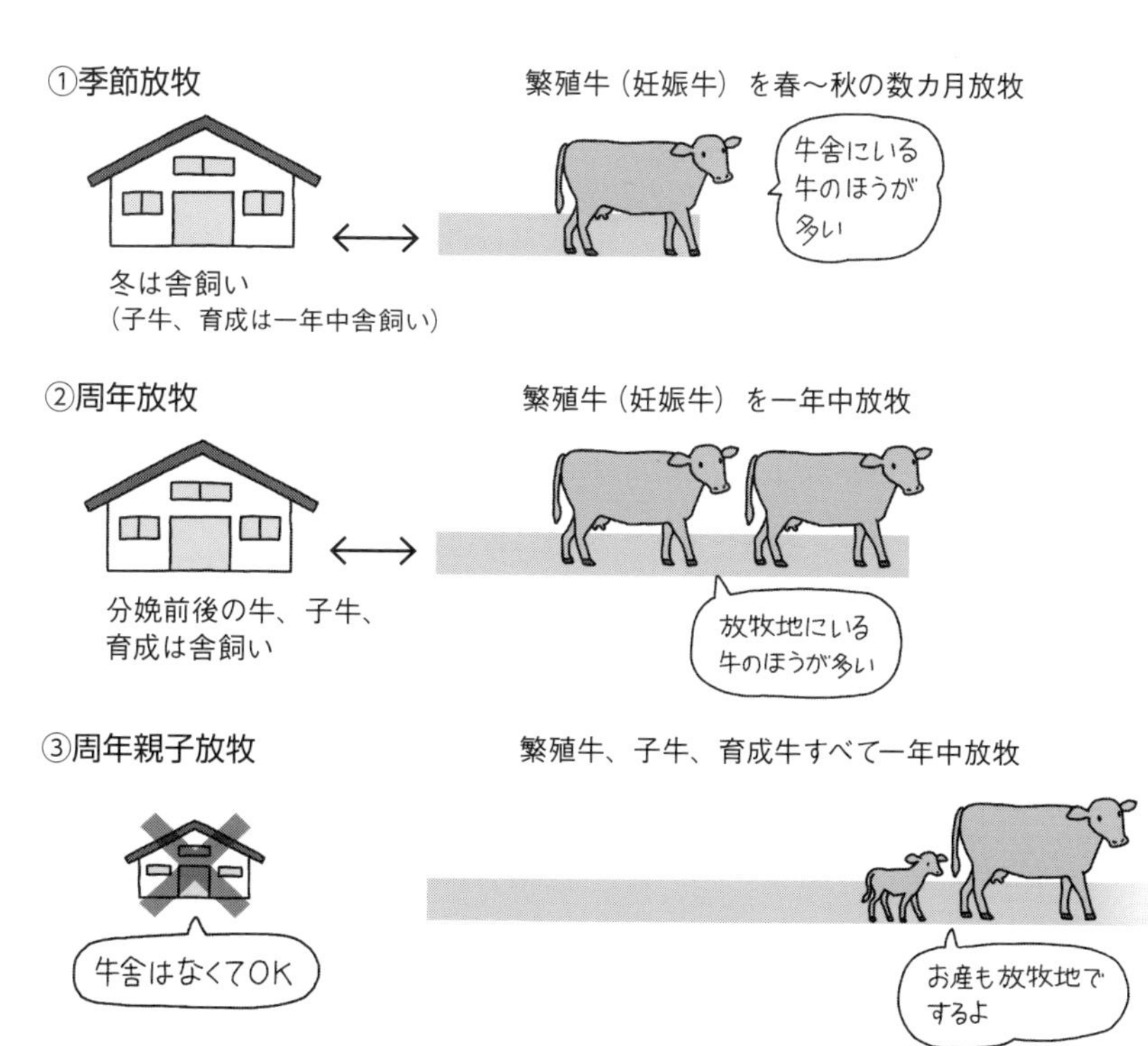

一定期間放牧し続ける方法

放牧地で飼料給与するためには、飼料を運んだり配ったりするなどの作業が必要となりますが、糞尿処理の手間はかかりません。しかも、季節放牧のように牛を放牧地で集めて運搬車に乗せて牛舎へ戻すなど移動の手間も必要がありません。

そして、周年放牧には、冬季に全頭を牛舎に戻さなくてもよいため、牛舎で飼える頭数以上の牛を飼うことができるというメリットがあります。現状の牛舎を新たに大きくしたり建て増したりすることなく、牛の頭数を増やし規模拡大ができます。また、季節放牧では、放牧できる期間が牛の放牧適期（妊娠確認後〜妊娠2カ月前頃）かつ草の放牧適期（春〜秋）に限られますが、周年放牧では草の適期を気にせず、牛の適期に放牧地で飼養することができます。これにより、牛舎内は「出産直後から出荷までの子牛」と、「出産前2カ月〜妊娠確認までの繁殖牛」に絞ることができます。

・周年親子放牧

放牧地で最小限の施設などを用いて、親も子も周年放牧する方法です。分娩前後の繁殖牛と子牛を牛舎で飼う周年放牧と違い、基本的にお産も次の種付けも放牧地で行ない、子牛も放牧地で育てるために牛舎も必要ありません。限られた資金で牛飼いを始める際に適した方法で、牛舎施設への投資が抑えられ、増頭へ資金を回せるので早期の経営安定に繋げられます。ただし、生まれた子牛を人に馴らしたり成長に必要な補助飼料を与えたり、放牧地で分娩させ、発情を発見し、種付け、妊娠確認まで行なう必要があるため、そのためのノウハウも必要になってきます。さらに、牛の頭数に対する十分な放牧地面積が必要です（数ha〜十数ha）。

周年親子放牧は、「放牧期間を長くする」という放牧メリットを現時点で最も活用した飼養体系と考えられます（詳しくは96ページ）。

草の栄養価を考えて放牧する

①野草と牧草の栄養価の違い

放牧で食べさせる草は、草種や食べさせ方によって栄養価が大きく異なります。次の3点がポイントになります。

a　草の栄養価は牧草≧野草

b　寒地型牧草・マメ科牧草の栄養価が高い

一番草：その年の最初に収穫する牧草のこと。栄養価（特にTDN）が高い。
出穂期：草の穂が出始めた時期。穂の成熟段階によって出穂期、開花期、結実期などと区別される。

c　牧草は放牧で短く使うと栄養価が高くなる

a　草の栄養価は牧草＞野草

図1－6のグラフは、草の種類ごとの栄養価（TDN、カロリーに相当）を示したものです。牧草の中でも冷涼な気候を好む「寒地型牧草」という種類は栄養価が高いのが特徴です。その寒地型牧草でも栄養価（TDN）の高くなる**一番草**の**出穂期**は、軒並みTDNが60％を超えます。いっぽう、野草のTDNは50％前後の数値であり、寒地型牧草の一番草出穂期と比べてTDN含量で10％ほど低くなります。このように、通常は牧草のほうが野草よりも栄養価が高いことを覚えておきましょう。

b　寒地型牧草・マメ科牧草の栄養価が高い

寒地型牧草は栄養価が高く、その中でもペレニアルライグラス、チモシー、イタリアンライグラスという種類は、TDN65％を超える高栄養となっています。さらに、マメ科牧草のシロクローバはTDNで70％を超えます。このように、牧草の中でも草種により、栄養価は変動します。

c　牧草は放牧で短く使うと栄養価が高くなる

図1－7で、寒地型牧草のオーチャードグラスの

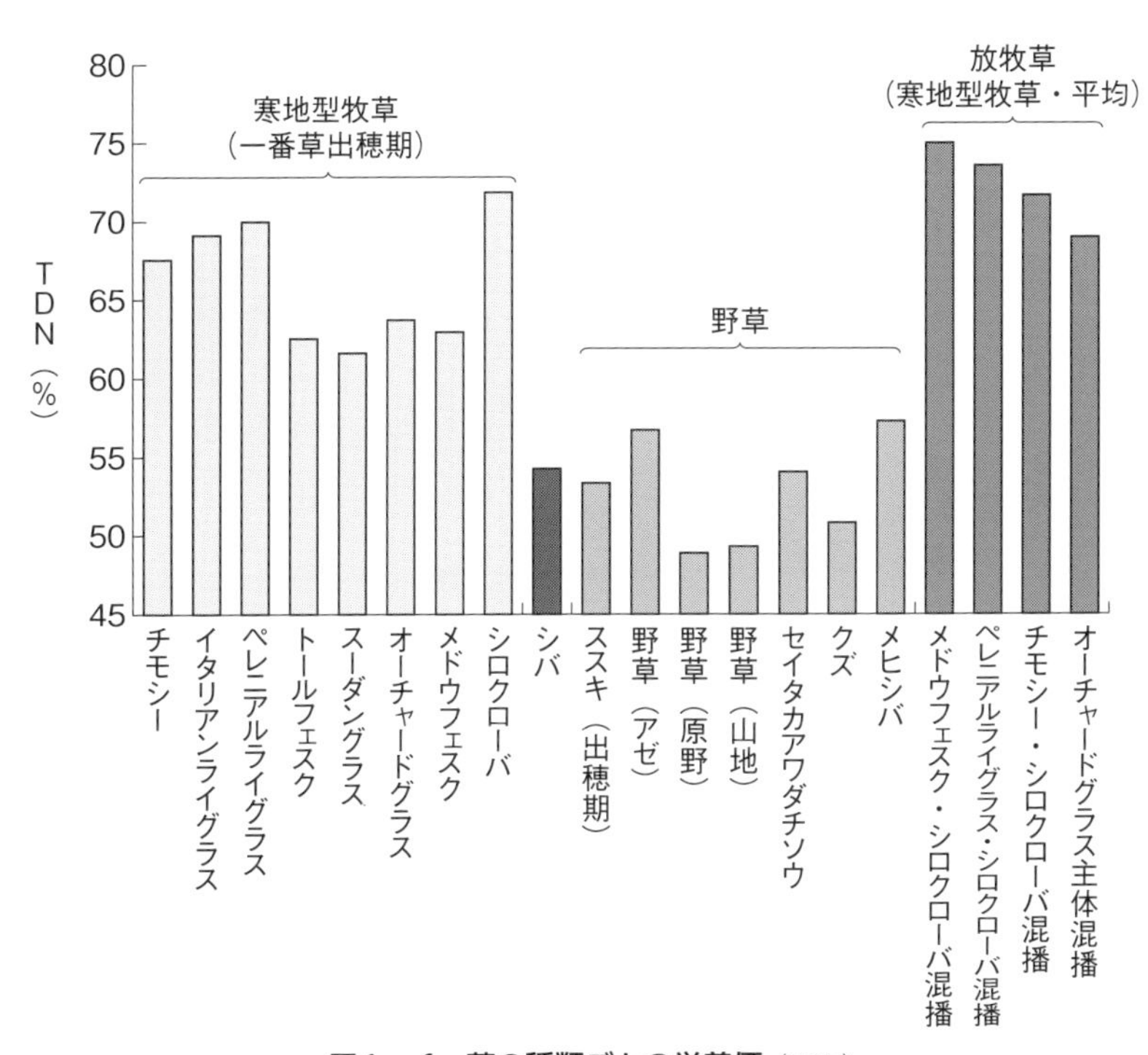

図1－6　草の種類ごとの栄養価（TDN）
日本標準飼料成分表（2009）、日本飼養標準（乳用牛）（2006）より作図

いろいろな段階の栄養価（ＴＤＮ）を比較しています。草の高さが30㎝のときは、ＴＤＮは70％を超える高栄養となりますが、その後の出穂・開花といった生長にともない栄養価は低下し、結実期（穂が熟して硬くなってきた時期）ではＴＤＮで50％を下回る値となります。このように、牧草（特にイネ科牧草）は、草が短いうちに放牧で食べさせると最も栄養価が高くなります。

また、高栄養の短草のイネ科牧草と、栄養価の高いマメ科のシロクローバを組み合わせて育てると、放牧草はＴＤＮで70％前後の高い値となります。これは濃厚飼料と同じ程度の栄養価です。放牧をするときは、常に草が短いときに食べさせるように管理をすると、同じ面積でも多くの栄養を牛に与えることができます（詳しい方法は第４章を参照）。

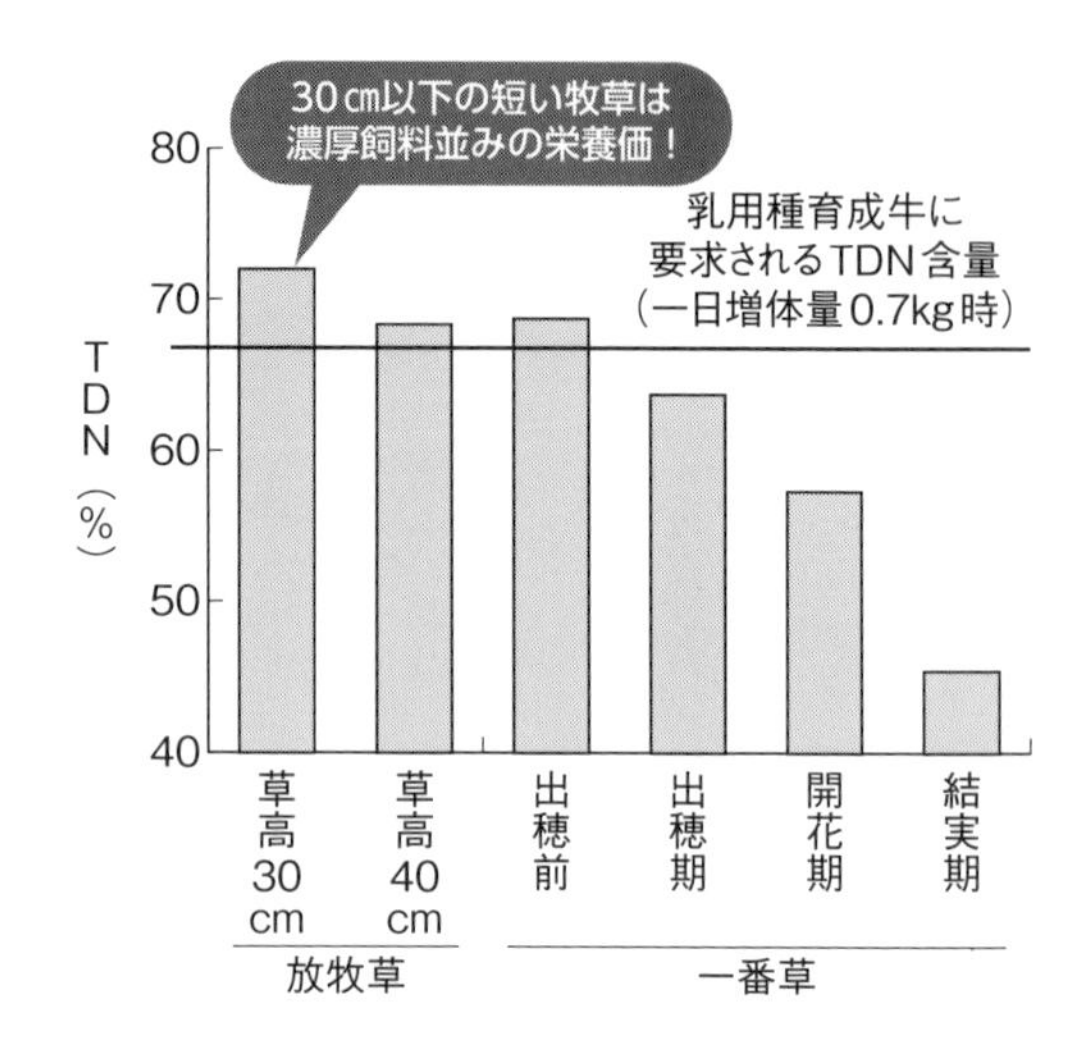

図１－７　寒地型牧草の各時期における栄養価の比較
日本標準飼料成分表（2009）、日本飼養標準（乳牛2009）より作図

長く伸びて結実した牧草。栄養価が低く、育成牛が腹いっぱい食べても肥れない

このように短い草は栄養価が高く、育成牛や搾乳牛に適する

②耕作放棄地なら繁殖雌牛、牧草地なら育成牛・乳牛

牛（特に繁殖雌牛）は、人と同じく、生まれてから大人になるまでは体重がどんどん増えますが、大人になると体重の増加が止まります。

体が成長し、体重が増えている子どもの期間は、まだ胃袋が小さくても大きくなる必要があるため、栄養価の高い飼料が必要です。いっぽう、体重の増加が止まった大人では、胃袋は大きいのですが大きくなる（肥る）必要がないため、栄養価の低い飼料が適します（図1－8）。

各体重の牛に必要な飼料中の**TDN含量**を示したのが図1－9です。成長が盛んな乳牛の育成牛（子ども）は、TDN含量は60～70％近くが必要で

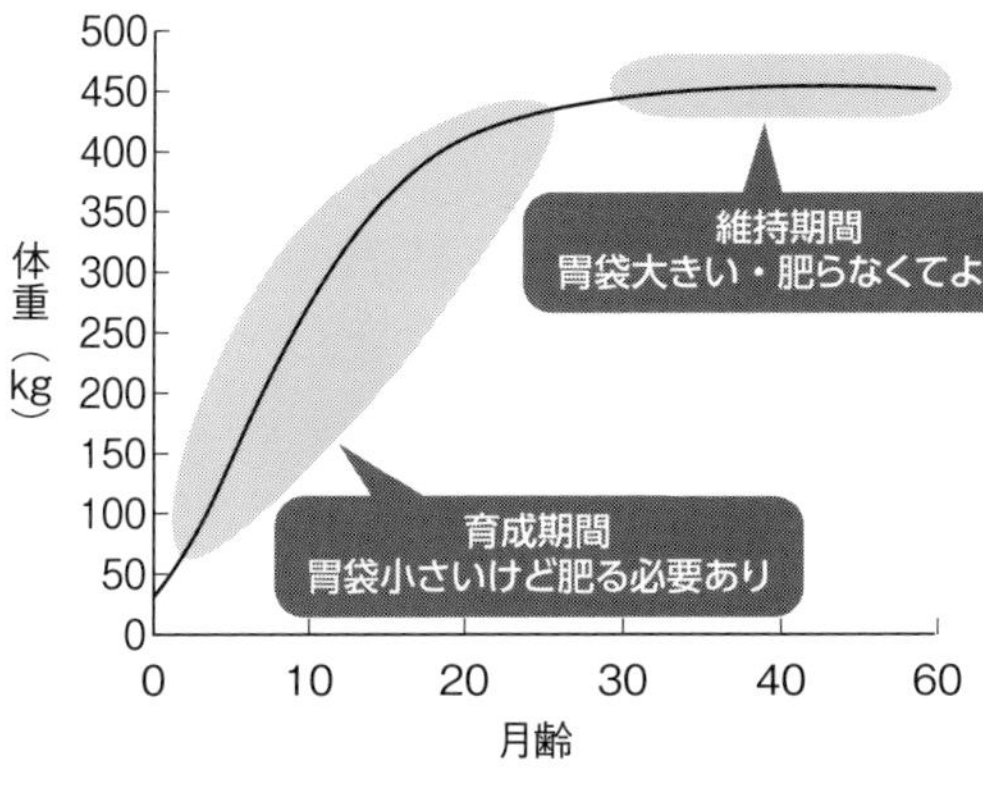

図1－8　繁殖雌牛の育成期間と維持期間の増体

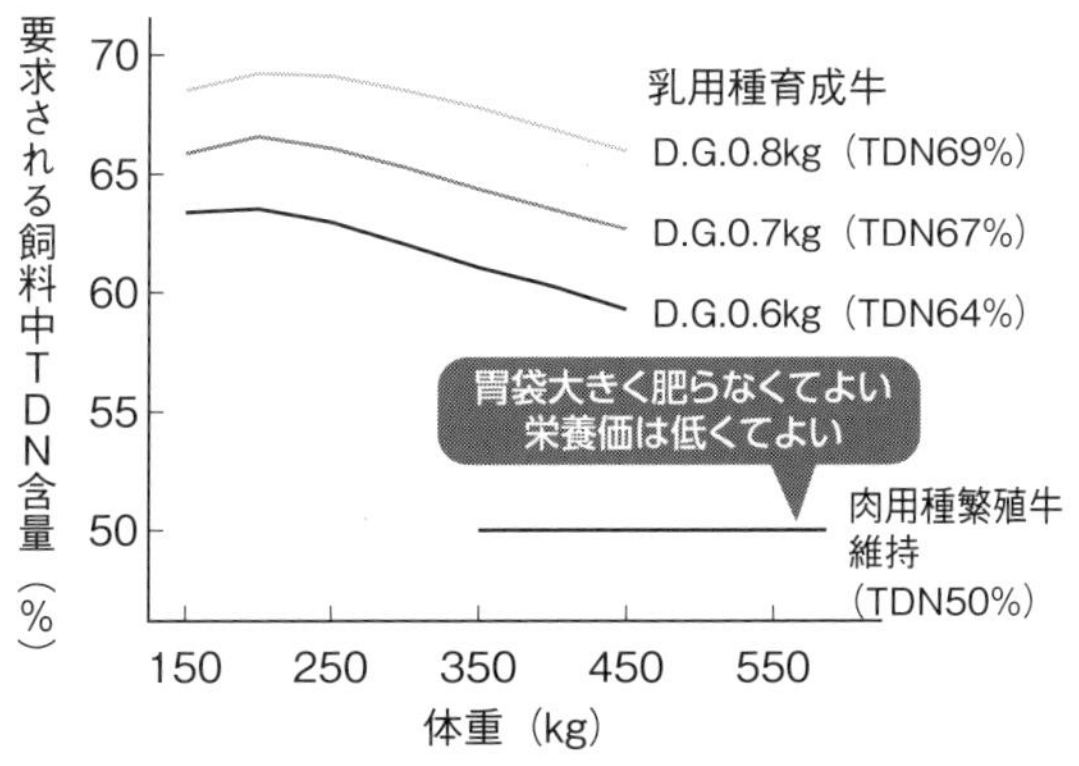

図1－9　育成牛・繁殖牛に必要な飼料の栄養価（TDN含量）
D.G.は一日当たりの増体量
（日本飼養標準（乳牛2006、肉用牛2008）より作図）

TDN含量：飼料中に含まれるTDNの割合（％）。これが大きいほど、エネルギー量の高いエサとなる。

す。これに対し、肉牛の繁殖牛（大人の雌牛）の体重維持に必要なＴＤＮ含量は50％となります。先ほどの草の栄養価と比較していただければわかりますが、乳牛の育成牛の生育には、寒地型牧草の短草利用（ＴＤＮ70％前後）による放牧管理が適しています。いっぽう、繁殖雌牛は、野草（ＴＤＮ50％前後）の放牧が適します。

　このように、牛の種類や成長ステージにあった草の利用が、放牧を活用する上で必要です。

③草が足りないなら補助飼料で補える

　放牧地で不足する栄養分は、補助飼料を与えて満たすことになります。

　肉牛の繁殖牛については、草がなくなったら補助飼料として粗飼料を給与し、それでも栄養価が不足する際には濃厚飼料を給与することが基本となります。なお、繁殖牛を高栄養の牧草を生やした放牧地で飼うときには、栄養価が足りても繊維分が不足するときがあります。そういうときには、補助飼料として稲わらが向きます（稲わらは栄養価が低く繊維分が豊富）。牛の種類・生育ステージや体形に合わせて、補助飼料の種類や量を調整します。

　搾乳牛の放牧の場合は、高栄養牧草種の放牧草はＴＤＮに対してタンパク質が比較的豊富なので、補助飼料の濃厚飼料はトウモロコシなどＴＤＮが高い飼料を多めにする。放牧草がよすぎて（ＴＤＮ・タンパク質含量は高いが）繊維分が不足し乳脂率が下がるときには、繊維分の補給のため補助飼料としてサイレージなどを給与するなど、栄養のバランスがとれるように調整します。

放牧地で草のロールを与える
（「らくらくきゅうじくん（75ページ参照）」を使用）

移動式**スタンチョン**で補助飼料を与える

スタンチョン：牛が小さいすき間に頭を入れることで1頭ずつ固定できる柵。おもにエサやりで使用。

4 耕作放棄地から収益性の高い放牧経営に移行するまでの3段階

ここでは、耕作放棄地と相性のよい肉牛（黒毛和種）の繁殖経営について、大まかな流れを説明します。

手軽なのは、野草放牧を続けることです。放っておくと野草が再生してくるので、ある程度伸びたら牛を入れて食べさせます。

トラクタなどの機械で作業できる平坦な土地なら、

広く耕作放棄地を集めて繁殖牛を放す

まず、できるだけ広い面積の耕作放棄地を集めます。周囲を電気牧柵で囲い、放牧地の中に水桶と**鉱塩**（66ページ参照）を準備した後、放牧経験のある繁殖牛を放牧します。繁殖牛は藪になっている各種野草をよく食べます。野草がなくなったら、牛を他の耕作放棄地などへ移すか、牛舎へ移動します。

一部を改良草地にし、放牧期間を延長

牛が地上部を食べつくした後には、いくつかの選択肢があります。

放牧で草をすべて食べさせた後、肥料をまいてトラクタのロータリで耕す

8月末、動力散布機で牧草（ライムギ）の種子を播き、堆肥などで覆土する

鉱塩：食塩などのミネラルをブロック状に固めたもの。草だけでは必要な塩分ミネラルが補給できないため、いつでも鉱塩を食べられるように設置しておく必要がある。

耕して牧草の種子を播くのもおすすめです。放牧地の生産性を上げ、放牧期間も長くできるためです。通常、野草地で放牧できる期間は春から秋の約半年間ですが、晩夏にムギ類を作付けすると、晩秋から初冬の3カ月弱の期間、放牧を延長することができます（下の写真）。残りの3カ月間程度は、放牧地で飼料給与すると、周年放牧が可能となります。

子牛・育成牛も含めた周年親子放牧へ

前記の繁殖雌牛（お母さん）の周年放牧に加え、子牛・育成牛（子どもたち）も放牧する周年親子放牧という形があります（詳しくは96ページから説明）。繁殖雌牛は野草地も活用できますが、子牛・育成牛には栄養価の高い牧草の利用が適します。

できるだけ放牧時間・期間を長くし、草の栄養を考えて放牧管理することにより、放牧のメリットを最大限生かした低コストで省力化した繁殖経営体系を作れます。

ムギ類を10月末から1月上旬まで放牧で食べさせる（写真はエンバク。依田賢吾撮影、以下Y）

親子を一緒に放牧する

5 放牧の注意点も知っておこう

放牧=放任ではない

放牧にはデメリット、つまり注意すべき点もあります。放牧は牛を草地に放し、人が何もしないことではありません。放牧特有の病気や害虫の対策が必要ですし、エサがない状態では健康的には育たず脱柵のリスクが高まります。また、牛を放牧地から牛舎や他の放牧地へ運搬する作業も手間がかかります。

注意点を知り、対策をとり、デメリットを最小限にすることが必要です。以下にデメリットと対策の概要を示しますが、詳しくは第2章で解説します。

放牧特有の病気や害虫がある

放牧特有の病気として、ピロプラズマ病があり、媒介するダニを退治するため、定期的に牛の背中に薬剤を塗布する必要があります。また、吸血性のアブは、**牛伝染性リンパ腫**ウイルス（BLV）を伝播するため、アブトラップを設置するなどの対策が必要です。

毒草に注意

放牧地に毒草が生えていることは経験上ほとんどないのですが、それでもワラビのような牛にとっての毒草が放牧地に生える可能性はあります。通常、牛は生えている毒草を食べないため、毒草はそのまま残ります。ただ、放牧地内に毒草以外に食べられる草がなくなると、それまで食べなかった毒草も牛が食べ始めることがあります。また、毒草を刈り払って放牧地内に置いておくと、その刈り草を牛が食べることがあります。

放牧地内で牛が食べない草は早めに何の草かを確認し、もし毒草であれば牛が食べないように刈り払い、放牧地の外へ持ち出しましょう（毒草については206ページで詳しい資料を紹介）。

牛伝染性リンパ腫：旧病名は牛白血病。体表面のリンパ節や体腔内リンパ節が腫れ、削痩、元気消失、眼球突出、下痢、便秘などの症状が起こる疾病。牛伝染性リンパ腫ウイルスの感染により引き起こされる。

放牧ならではの作業がある

放牧では日々の見回りも必要です。牛の様子や草の様子を確認し、毎日テスターなどで牧柵の電圧を測定し、３kV以下にならないよう確認します。水飲み桶に新鮮な水がきちんと入っているか、鉱塩を牛が自由になめられるようになっているか、なども確認が必要です。

脱柵などのリスク

牛は、放牧前に電気牧柵、青草、人、スタンチョンなどに馴らしておく（馴致）必要があります。そうして放牧した後は、きちんと牧柵の電圧を管理していれば、牛は基本的に脱柵しません。適正な牧柵電圧が確認でき、食べる草・飲む水がきちんと草地にあり、牛がゆったり食べて過ごしていれば問題ないのです。

ただ、牛が牧柵の外の草を頑張って食べようとしていたり、人が来たら全頭がすごい勢いで走り寄ってきたり、エサを給与したらガツガツ食べたりするなど、牛が十分に食べられていない状態にある場合は、空腹により脱柵するリスクが高まっているおそれがあるので、早めに転牧・退牧・飼料給与などの対応をする必要があります（74ページ参照）。

一定規模の土地を集める必要性

牛が十分に草を食べるために、放牧には牛に見合った土地面積が必要となります。日本草地畜産種子協会の放牧畜産基準では、成牛（24カ月齢以上の大人の牛で体重５００kgを想定）換算一頭当たりの放牧面積として、栄養価と生産性の高い牧草地では半日の放牧期間（夜間放牧または昼間放牧）で15ａ以上／頭、昼夜放牧で25ａ以上／頭、ノシバなどに代表される生産性の高くないシバ型草地で45ａ以上／頭とされています。このことから、一日中放牧（昼夜放牧）する場合には、牧草地で成牛４頭／ha、シバ型草地で２頭／ha程度が一つの目安となります。

耕作放棄地放牧では、小規模移動放牧という形があるので、一つひとつの放牧地はもっと少ない面積の農地であっても、草がなくなったら次の放牧地へ行くという形もあります。この形は、耕作放棄地の解消には絶大な効果がありますが、離れた農地間の牛の移動に労力がかかることから、可能な限り土地を集積し牛の移動を少なくすることが、効率的な放牧畜産経営にとっては重要な点となります。その際、黒毛和種の繁殖牛の放牧は、区画整理された平坦な農地に限らず、茶園跡地、果樹園跡地、棚田、段々畑のような傾斜地を含めて取り組むことができることから、さまざまな地目・地形の農地を広く集積することが適します。

放牧で環境保全ができる

生物多様性を保持し、温室効果ガスも抑える

放牧で牛が草を食べると、太陽光が地際まで届くようになり、多様な植物が生息できるようになります。その中には、先述した阿蘇・久住のススキ草原で生息するクララとオオルリシジミのように、希少な植物種や昆虫種が生息できるようになる事例があります。また、放牧牛により草地に広く散布された糞は、糞虫やミミズなどの各種分解者の生息場所となります。このように、放牧は生物多様性の保全に役立つという側面があります。

温室効果ガス抑制効果についても、いくつか知見が得られています。たとえば、我が国の草地では、堆肥の施用をすると地球温暖化係数はマイナスの値となり、温室効果ガスを抑制する効果があることが知られています[18]。また、草地に化学肥料のみを使用した管理でも、他の作目と比べて平均値として温室効果ガス排出が少ない傾向にあり、温室効果ガスを抑制する調査事例が多いことが知られています[19]。

エシカルな畜産物生産になる

「エシカル消費（倫理的消費）」とは、よりよい社会に向けて、地域の活性化や雇用などを含む人や社会・環境に配慮した消費行動をいいます。環境へ配慮した放牧を含む飼養体系で育てられた畜産物は、エシカルな畜産物に該当すると考えられます。

コラム 4

特色のある農産物の認証と放牧

放牧認証

日本草地畜産種子協会による認証制度。放牧に取り組む牧場のうち、放牧面積や放牧期間について一定の要件を満たす牧場を「放牧畜産実践牧場」として認証し、そこで生産される畜産物も認証し、放牧畜産基準認証マークを付けて販売できます。2009年より開始され、乳牛・肉牛の基準があります。

アニマルウェルフェア畜産認証

アニマルウェルフェア畜産協会による認証。アニマルウェルフェアの「五つの自由」を守り、動物・管理・施設の各ベースの評価項目を80%以上クリアした農場を認証し、認証された畜産物については認証マークを付けて販売できます。

2016年から開始され、執筆時点では乳牛について認証が行なわれています。

有機JAS認証

国による有機食品のJAS（日本農林規格）に適合した生産が行なわれていることを、登録認証機関が検査し、認証する制度。認証された農場のみ有機JASマークを付けて販売できます（逆に有機JASがない農産物・加工食品に有機・オーガニック・類する紛らわしい表示を行なうことは法律で禁止されています）。

有機JASには内訳として「有機農産物」「有機加工食品」「有機飼料」「有機畜産物」の四つが制定されていますが、有機畜産ではその四つすべてを考慮する必要があります（エサの部分で有機農産物・有機飼料の部分が関係し、畜産物出荷の時点で有機加工食品の部分が関係するからです）。

有機JASが想定する有機農業は「農業の自然循環機能の維持増進を図った農業生産方法」とされていますが、畜産に関してはその枠に留まらず、有機畜産基準が制定された2005年当時から、アニマルウェルフェアに関する考え方も内包されています（牛一頭当たりの飼養面積基準が決められているなど）。

放牧をすることで、一頭当たりの家畜飼養面積を十分に確保することができますし、放牧地は無農薬・無化学肥料での管理が他の作物より手間がかからないので「有機飼料」の基準を容易に満たせます。放牧と有機JASの認証は相性がいいといえます。有機JASは海外への畜産物輸出に対しても通用する基準です。

通常の畜産物と同じ販売経路で生活できる形も考える必要あり

「よいもの・特色あるものを作れば、必ず全量売れる」とは限りません（全量売れてほしいところですが）。たとえば、肉牛は一頭を屠畜すれば、一頭につき約480kg⑳程度の肉が取れます。牛一頭からは、ロースなど高価格で取引される部位のみでなく、脂身などほとんどお金にならない部位もあり、解体・運搬・冷蔵保存などもお金がかかります。一部を加工食品にするのもコストがかかります。売り先が決まっていればよいのですが、そうでなければ全量が売れるとは限りません。

特徴的な牛乳を作る際にも、その販売先まできちんと考える必要があります。牛乳の流通も、一日一頭29kg㉑搾れると仮定すると、30頭で約870kg、50頭で約1450kgの牛乳が毎日産出されます。この牛乳が集乳車で運搬され、滅菌・パック詰めなどの加工がされますが、通常はその過程でさまざまな酪農家の牛乳が混ざるため、特徴ある牛乳ではなくなります。

したがって、特徴のある畜産物に取り組む際には、売り先・売り方を考えておく必要がありますし、たとえ全量が特徴のある畜産物として売れず、そのほとんどが通常の畜産物と同じ流通経路であったとしても、生活できる形を考えておく必要があると、筆者は考えます（放牧を活用して新規参入した方の中には、「畜産は通常の販売経路が担保されている」ことをメリットだとおっしゃる方もいます）。

放牧畜産基準認証マーク（認証が得られた畜産物等に使用が認められる）

アニマルウェルフェア畜産認証のマーク

有機JAS認証のマーク

日本草地畜産種子協会
放牧畜産基準認証制度
→

アニマルウェルフェア畜産協会認証制度　→

農林水産省有機食品の検査認証制度　→

第2章
耕作放棄地から始める、放牧のやり方

耕作放棄地で初めて放牧に取り組む方に向けて、進め方や注意点についてまとめました。

1 耕作放棄地では繁殖牛を飼育するのが基本

耕作放棄地では繁殖牛を飼育するのが基本となります。第1章でも説明した通り、耕作放棄地に生えている野草は栄養価が低いので、一年に子牛1頭分肥ればよい黒毛和種の繁殖牛と相性がいいからです。黒毛和種の育成牛や肥育牛など、一日1kg近く肥る必要がある牛や、一日に29ℓ程度の乳を出す乳牛は、耕作放棄地の野草では栄養不足になってしまいます。

また、繁殖牛の放牧は、耕作放棄地の面積が小さくてもできます。搾乳牛を飼うときは、お金のかかる搾乳施設が必要となります。投資を回収するためにある程度以上の頭数を飼う必要があり、それにあわせて放牧地面積も多く必要となります。繁殖牛の放牧では基本的に施設が必要ないので、放牧地の面積に合わせた頭数を放牧すればいいですし、小規模移動放牧（119ページ）などの技術で、より小さい面積を一定期間ずつ移動させながら飼うこともできます。

草が2m以上伸びて見通しがきかない耕作放棄地

放牧を始めると、草が減ってスッキリとしてきた

とはいえ、山地酪農のように、高栄養でないシバなどの半自然草地で搾乳牛を放牧している事例もありますので、耕作放棄地で繁殖雌牛以外の飼養ができないわけではありません。

2 土地の確保と放牧方式の検討

土地を可能な範囲で広く集積する

耕作放棄地がそれほど多くなかった頃には、小規模移動放牧と呼ばれる放牧体系をとる事例が多くありました。これは、2頭程度の繁殖牛を数十a程度の農地に放牧し、草がなくなったら次の農地へと、順番に移動して回っていく形でした。農地の集積が難しく、1カ所の放牧地の面積が少ない場合は、今でもこの形が有効と考えられます。

近年は耕作放棄地が増加しているので、数haから十数ha規模の比較的まとまった耕作放棄地を確保して放牧する事例が見られるようになってきました。

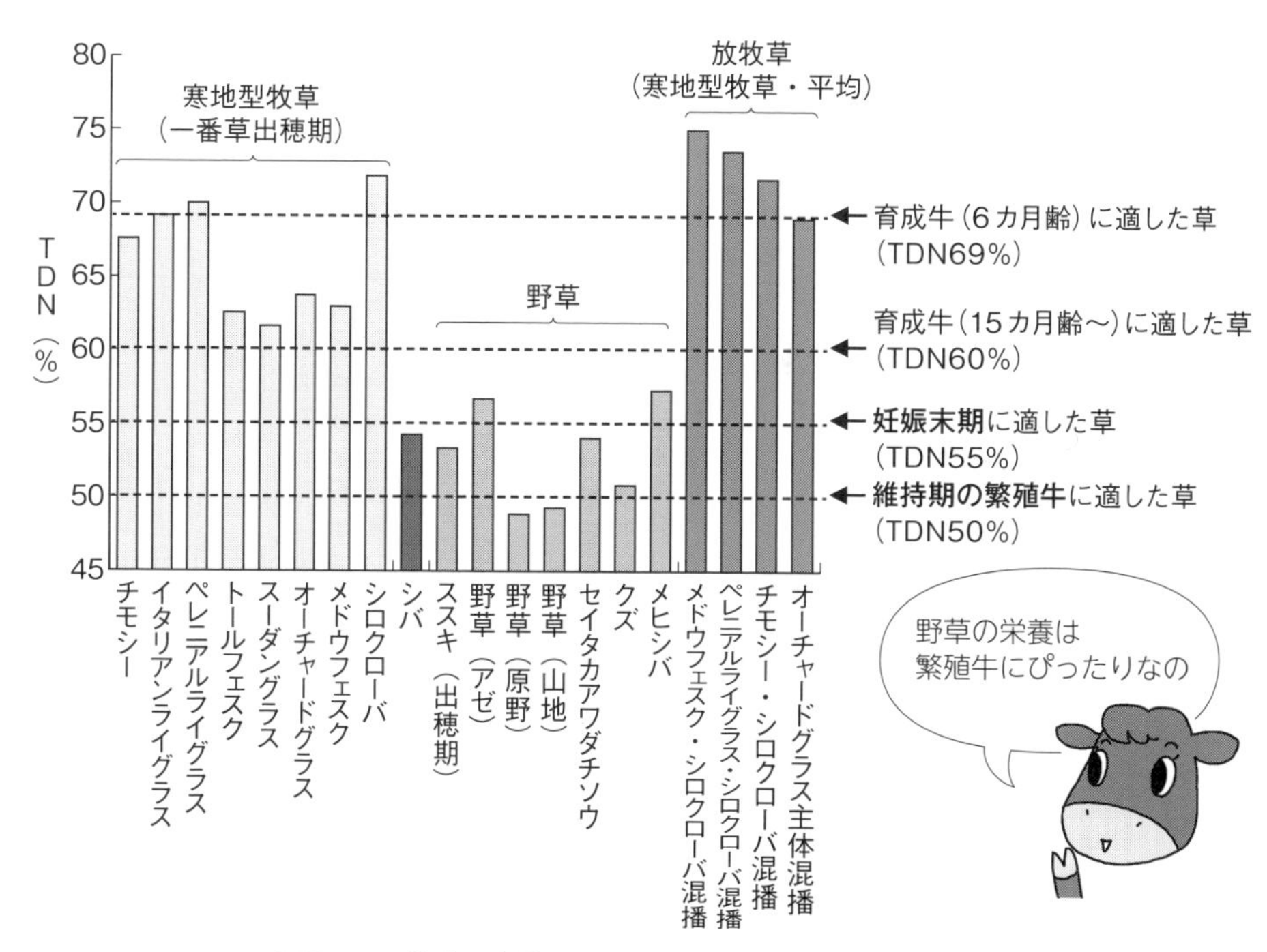

図2－1　乾草の栄養価と黒毛和種の雌牛が求める栄養
（草の値は日本標準飼料成分表2009年版、日本飼養標準・乳牛（2006年版）から引用。牛の値は日本飼養標準・肉用牛（2008年版）より、各ステージの牛の生育に必要な養分量／乾物摂取量をもとに算出）

家畜を飼って生活していくためには、それなりの頭数（十数頭〜数十頭）を飼う必要があります。山本（2020）[1]は周年親子放牧による繁殖経営規模のおおよその目途を、放牧地20ha、繁殖牛40頭としています。大面積の耕作放棄地を確保して、そこで多くの繁殖牛を飼うことは、現代の時代状況にも合い、理にかなっています。

一頭当たりの放牧面積が広いほどコストも減らせるので、できるだけさまざまな耕作放棄地・農地を広く集め、可能なら林地を含めて広く囲う計画を立てます。林地は牛の日除け、休息場所として活用できますし、牛が下草を食べてくれるので、人が林地内に入りやすい状態に管理してくれます。

初めて放牧を行なう場合、当初は地域の方々の理解が得られず、

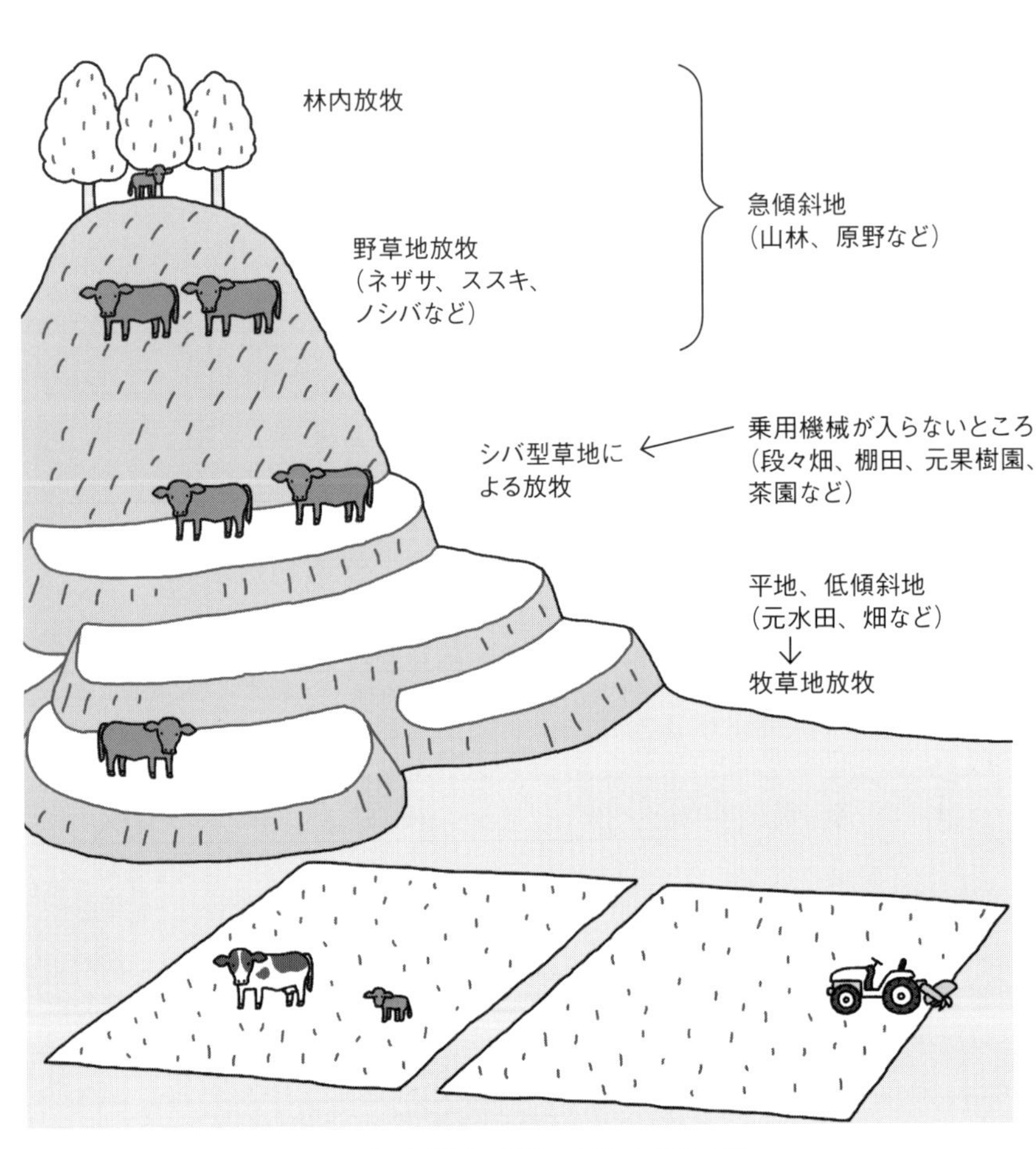

さまざまな地形の農地に適した放牧方法

土地が思うように集まらないこともあります。そういった場合でも、できる面積で放牧を行ない耕作放棄地がきれいになっていく過程を見てもらうことで、放牧のよさをわかってもらえ、だんだんと土地を提供してくれる人が増えていくことがよくあります。市や県の関係機関の協力を得ながら、根気強く地域の皆さんと話し合っていきましょう。

放牧の頭数、期間、方法を検討する

放牧に使用できる面積の目途がたったら、放牧する牛の頭数、放牧のやり方や期間を検討します。

傾斜地や段々畑であれば親牛2頭／ha程度、平地であれば親牛は4頭／ha程度が一つの目安です。

野草が伸びる春〜秋の期間だけの放牧にするのか、冬の期間も購入飼料を放牧地で与える周年放牧にするのか、放牧のやり方も検討しておきます。これらを検討する際は、農研機構がウェブで無料公開している「周年親子放牧導入支援システム」と、「牧草作付け計画支援システム」も役立ちます（経営状況の年次変化予測と、飼料費を低くする牧草作付け計画づくりが可能）。

3 どんな放牧施設が必要か

放牧地が決まったら、必要な施設をリストアップし、それぞれの配置を考えていきます。

電気牧柵

放牧地全体を電気牧柵で囲い、牛が放牧地の外に脱走しないようにします。1秒から2秒に一度、数kVの電気がパルス状に流れます。牛が鼻先などで電気牧柵の線に触れると感電して強い刺激を感じます。一度電気牧柵に触れると、以降は近づかないようになり、牛が放牧地の外に出るのを防ぎます。

放牧地の面積（外周の距離）に適した出力の電気牧柵器を設置します。詳細は、「4　電気牧柵の設

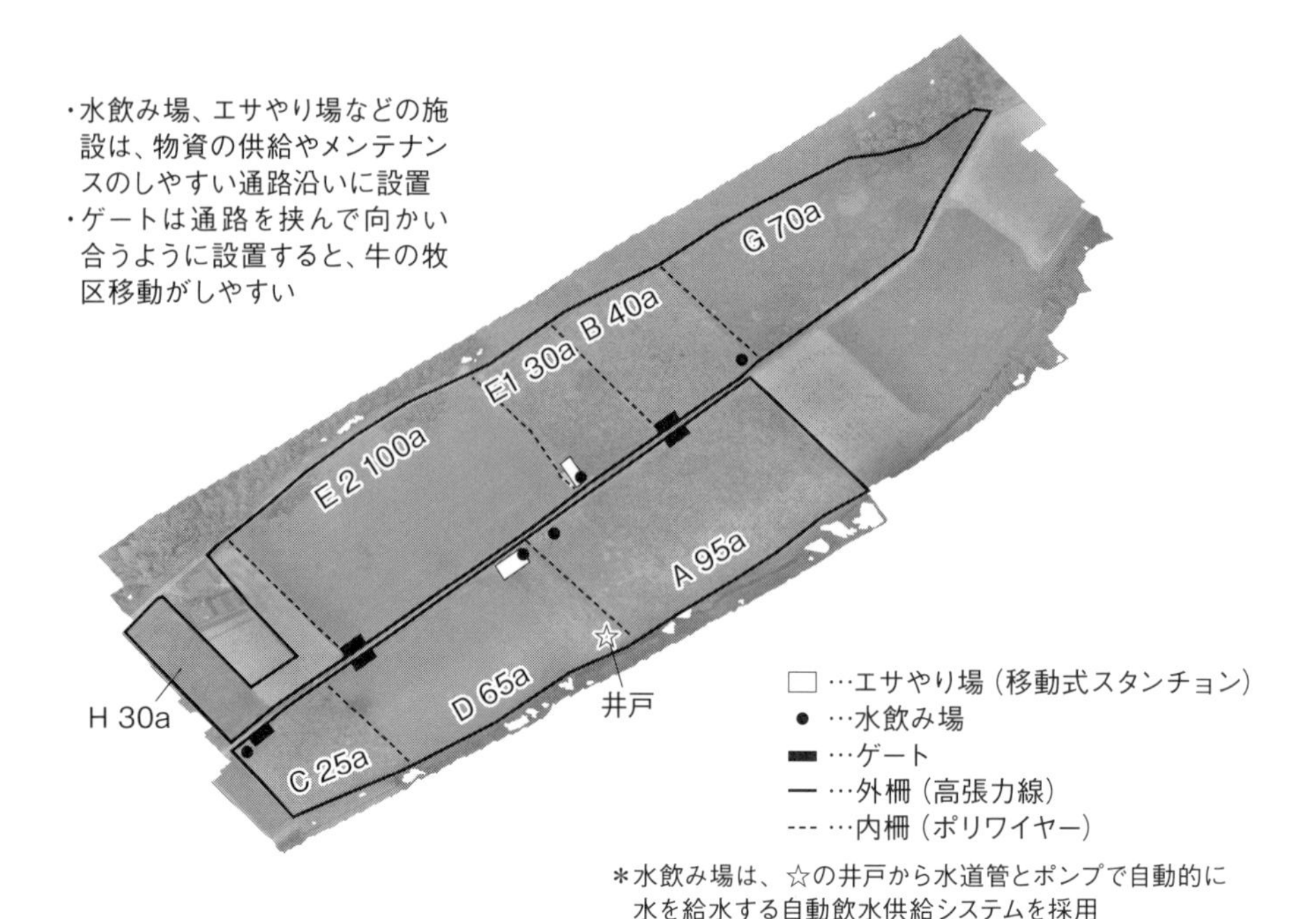

図2－2　放牧施設配置の例

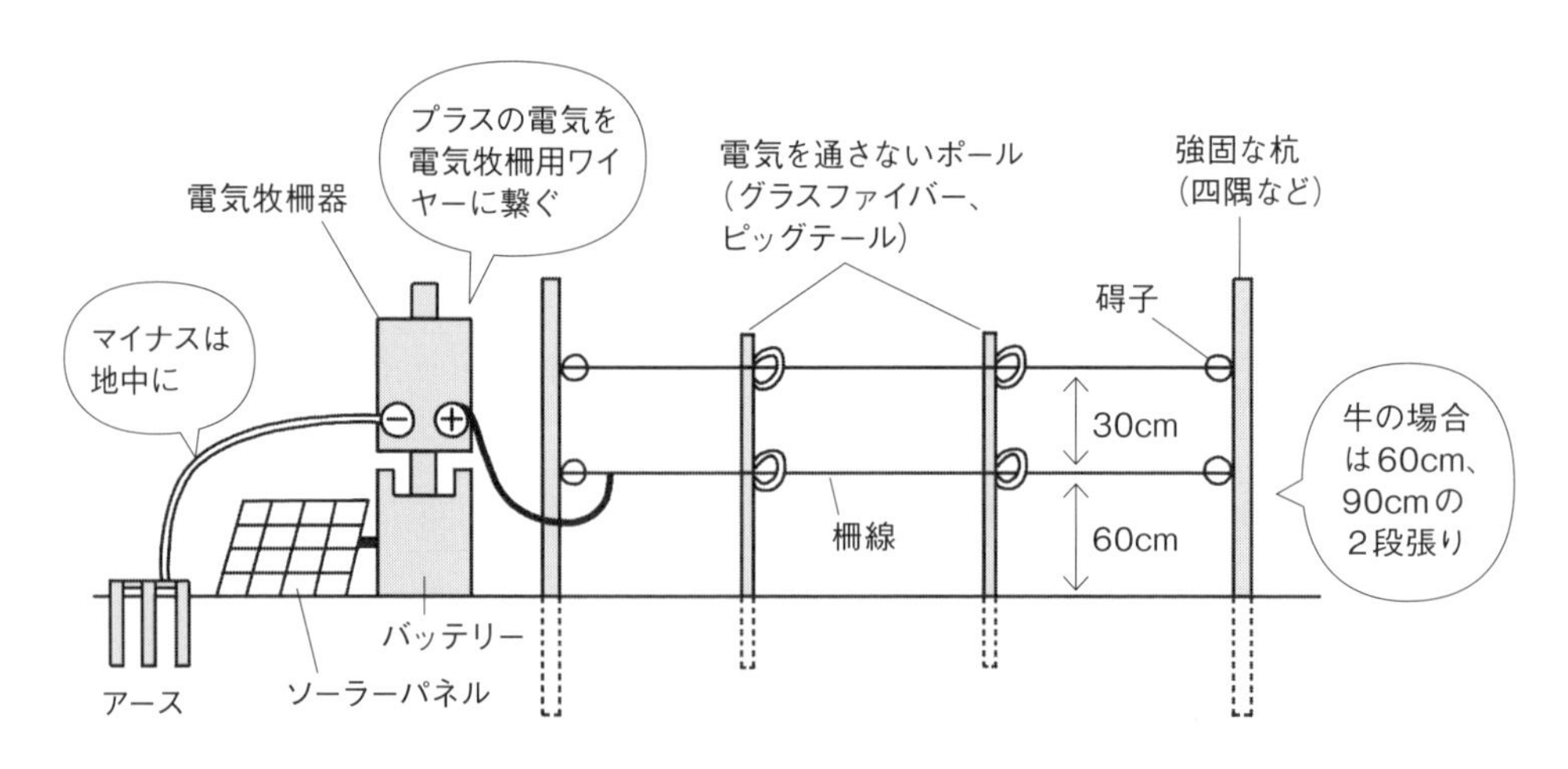

電気牧柵に必要な資材と設置の基本

置」の項目（57ページ）を参考にしてください。牛が電気牧柵を覚えるように、放牧前に馴らしておく必要もあります。また、草が電気牧柵に触れると漏電して効果がなくなってしまうので、注意が必要です。電気牧柵の一番下の段を地上60cmとし、牛に電気牧柵の下の草を食べてもらいましょう。これがうまくいかないときは、電気柵周りの定期的な草刈りも必要です。

電気牧柵には、放牧地の内外を仕切る「外柵」と、放牧地の中を仕切ったり、通路を作ったりするときに使う「内柵」があります。

ゲート

電気牧柵を設置する際、道路や通路沿いに「ゲート」を数カ所設置しておくと便利です。放牧地内に人や牛が出入りできるようにするためのもので、バネ状になった「スプリングゲート」などが使用されます。

ゲートは、スタンチョンなどの牛の捕獲施設の近くに一つあると、スタンチョンで牛を捕獲した後に、近くのゲートから道路に出すことができますし、牛

スプリングゲート。通路を挟んで向かい合うように設置（Y）

このようにゲートを移動すると、隣の牧区へ牛を移動できる（Y）

①牧区間の移動に

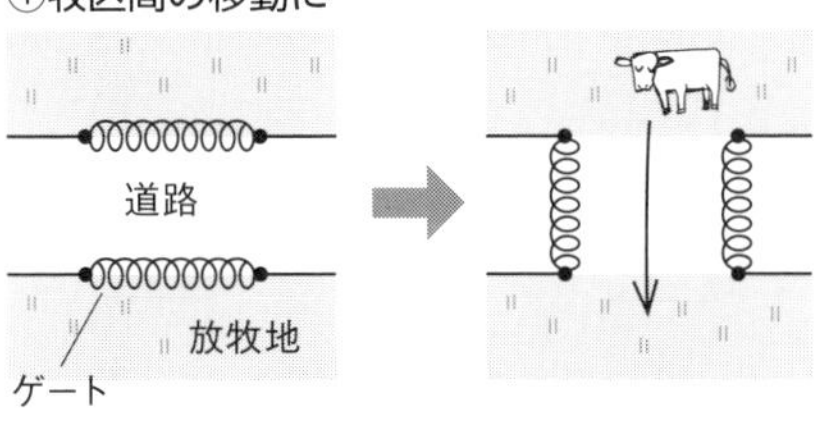

道路に面して2つの牧区がある場合、向かい合わせにゲートを作ると、牧区間の移動通路が作れる（左の写真）

②道路に放牧して牛に草刈りしてもらう

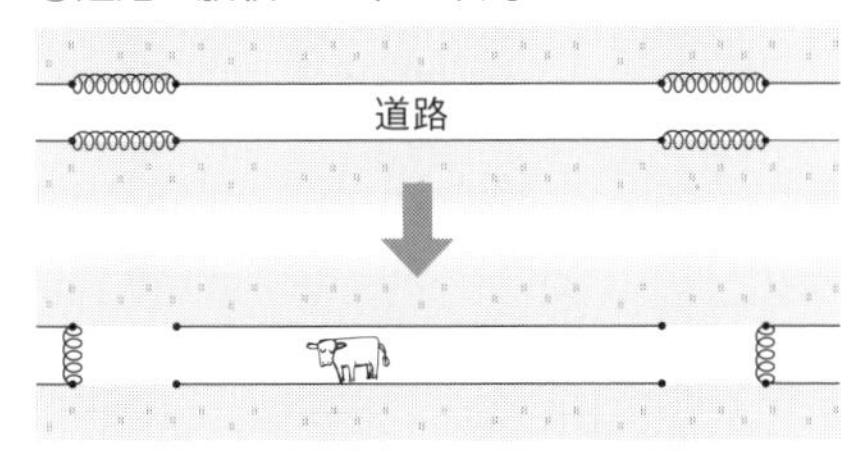

道路（通路）に草が生える場合、道路の両端をゲートで封鎖し牛を道路に入れて草を食べてもらうことができる

図2－3　ゲートの活用例

の治療や繁殖管理で人が出入りする際にも便利です。また、道路を挟んで二つの放牧地が隣接している場合は、両放牧地のゲートの場所を、道路を挟んで対面させて配置すると、放牧地間の牛の移動が容易になります（前のページ）。

水飲み場

最初はコンテナなど、水を貯められる身近なものでOKです。廃材の風呂桶を使う場合もあります。通路に近いところにポリタンクを設置し、ホースなどで水飲み場に繋ぎ、高低差で水飲み場へ水が行くようにすることもあります。水洗トイレで利用するフロートスイッチを桶の内側に設置し、水が入りすぎるのを防ぎます。フロートスイッチの上にはカバーを設置し、牛に壊されないようにします。

アブトラップ

放牧衛生で問題となるアブを捕まえる道具です。アブは牛伝染性リンパ腫ウイルス（BLV）を媒介するので、可能な限り駆除したほうがいい害虫です。詳しくは、害虫対策の項目（73ページ）を参照してください。

スタンチョンなど

放牧地で牛を捕獲する施設が必要です。捕獲はおもに定期的な衛生管理、病気の治療時や移動させるときに必要となります。連動スタンチョンがあると捕獲がラクです。足場パイプで牛の追い込み場所を作る場合もあります（80ページ）。牛と人の関係が極めて良好で、放牧地に飼い主が行けば牛が寄ってきて、放牧地の真ん中で飼い主が牛の鼻環を手で捕まえることができれば、捕獲の点では施設は必要ありません。

捕獲のための施設は、補助飼料を個別に給与するときに使う場合もあります。連動スタンチョンがあると、複数の頭数を一気に固定できるため、一頭ずつの牛の栄養状態に合わせて補助飼料の給与量を調整できるので便利です。

なお、簡易牛舎などの固定型の飼料給与施設を設置する際は、設置場所を行き止まり道路（袋小路）の奥などにします。これなら衛生管理区域として、人や車が自由に出入りできなくすることができます。

4 電気牧柵の設置

法令を守り正しく設置する

電気牧柵（以下、電牧と略記することもあります）は、資材や設置のための労力が少なく、これがなくては耕作放棄地放牧は考えられないほど優れた道具です。しかし、正しく設置しないと人が感電すると死傷するおそれもあります。正しく設置して、感電の危険を可能な限り減らす必要があります。品質の確かな電気牧柵専用の製品を購入し、法令を守り設置することをまず気を付けてください。

全体の計画を立てる

まずは、土地をどのように利用するのか、水飲み場、ゲート、電気牧柵をどこに配置するか、図を描いて計画を立てます（詳しくは54ページ参照）。「牧柵整備計画支援ツール」（下のリンク先）を用いると必要資材の種類と量と価格を算出してくれます。業者によっては、その計画を見て必要資材の見積もりを出してくれるところもあります。計画に沿って、資材を購入します。

電気牧柵を設置する

ここでは、高張力線（フェンシングワイヤー）を使って外周を張るときの事例を示します。

設置する時期は、可能であれば農閑期の冬季が適します。農家にもよりますが、春から秋までは農繁期で基本的に忙しいからです。また、春から秋にかけては、雑草の生育も旺盛なので、場合によっては電気牧柵設置作業直前に、牧柵部分の下草を刈る・ユンボなどで草を押し潰すなどの作業が必要となります。冬なら、雑草刈りの必要がありません。

放牧開始は、耕作放棄地の野草地であれば、田植え後の5～6月以降が適します。どのような牛を放牧するかによりますが、牛を入れるときは、牧柵が

牧柵整備計画支援ツールはこちら→

牛にはっきり見えるように、牧柵より草が低い状態（60 cmより下）が望ましいです。牛から牧柵がまったく見えない状態での放牧開始は、脱柵の危険があるため最初は避けたほうがよいです。放牧の経験豊富な牛ばかりで、電気牧柵によく馴れている牛群なら、もっと野草の草高が高くてもまったく問題ありません。これから逆算すると、イネの種播き前には牧柵設置が終わっておくことが理想です。

電気牧柵の設置の手順

(1) 張力のかかる四隅などに強固な杭を設置する

電気牧柵を張ったときに、テンション（張力）のかかる四隅（または地形に即して、牧柵が折れ曲がる場所）にコーナー支柱として、**Y型ポスト**などの強固な杭を打ちます。また、牛が出入りするゲートも、張力がかかるところなので、強固な杭を利用します。打ち込みには通常ランマー（支柱ハンマー）が使われますが、小型のショベル機（ミニショベル）などを使うと作業が早くすみます。打ち込んだら、地面から60 cm

表2－1　電気牧柵の設置に必要な資材・器具

資材	
電気牧柵用ワイヤー（電牧線）（高張力線またはポリワイヤー）	放牧地の外周分×２段
コーナー支柱（Ｙ型ポストまたは木柱、足場パイプ）	放牧地の角の数、ゲートの数
グラスファイバーポール（またはピッグテールポール）	10ｍに１本
碍子	（Ｙ型ポストの数＋ポールの数）×２段
クリップ（グラスファイバーポール用）またはポール用碍子（小）（ピッグテールポール２段張り柵）	グラスファイバーポールの数×２ （またはピッグテールポールの数×１）
緊張具	ワイヤーのたるみを締める道具。100ｍに１個
電気牧柵器	電圧を発生させる機械
バッテリー	電気牧柵器の電気を蓄電する
ソーラーパネル	電気牧柵器の電源
アース	動物から地面に流れた電気を電気牧柵器に戻す
設置に必要な器具	
ワイヤー繰り出し機	高張力線を張るときに必要
ランマー（支柱ハンマー）	Ｙ字ポストを深く打ち込む際に使う
ミニショベル	Ｙ字ポストを深く打ち込む際にあると便利

Y型ポスト：Yの形をした鋼製の柱。木製の柱よりも軽くスリムで強度がある。
碍子：電線と、電線を支える柱との間を絶縁する器具。

と90cmのところに、**碍子**（がいし）を取り付けます。

(2)電気牧柵用ワイヤーを張る

その土地の最も高いところに、高張力線と、ワイヤー繰り出し機を設置します。そこから、高張力線の先を持って、歩いて土地を囲うように一周します。電線は、基本的にコーナー支柱よりも放牧地の内側に張るようにします。万が一電牧線が牛に押されたときに、ポールが押さえになるためです。ただ、電牧は心理柵のため、漏電防止などきちんと管理されていれば、牛が触ったり押したりすることはありません。

(3)ポールの設置

強固な杭と杭の間に、電線を支えるポールを設置します。**グ**

コーナー支柱の打ち込み方

コーナー支柱を抜くときは、杭抜き器を使うと抜きやすい

コーナー支柱をランマーで打ちつける

ランマー（支柱ハンマー）。高い打点をハンマーより無理なく打ち込める

ミニショベルがあれば、バケットで杭を打ち込んでもいい（手でコーナー支柱を地面に挿し、バケットで押し込む）

ミニショベルのバケットを使ってコーナー支柱を抜くこともできる

グラスファイバーポール：ガラス繊維を束ねた細いポール。FRP支柱ともいう。軽くてしなやかで強度があり、表面は絶縁性がある。さびたり腐食したりしにくい。

ラスファイバーポールなどを使い、約10m間隔で打ち込みます。そこに、高張力線を取り付けるクリップを高さ60cmと90cmで取り付けます。その後、すべてに高張力線を通します。

①高張力線を、Y型ポストの碍子と、グラスファイバーポールのクリップに通します。ゲートの碍子に、高張力線を張り気味で結びます。最後に、高張力線に**緊張具**を取り付け、たるみをなくします。

②2段張りのときは、もう一周高張力線を回して、杭などに取り付けます。

③電気牧柵器を取り付けます。バッテリーとソーラーパネル、電気牧柵器とアースを、規定通り接続します。稼働させて、3kV以上の電圧が来ていることを確認してください。

(4) 放牧地の内側の仕切り線にはポリワイヤーが便利

電気牧柵の牧柵線は、おもに「高張力線」と「ポリワイヤー」の2種類があります（表2−2）。高張力線は強度があるので、外柵として張るのに適し

表2−2　高張力線とポリワイヤーの違い

高張力線	名称	ポリワイヤー
金属線（鋼線に亜鉛やアルミを加えた特殊合金メッキなど）	素材	ポリエチレンと金属線が編み込まれた構造
・腐食しにくく、切れにくいなど恒久性が高く、ある程度の物理的な強度が加わっても脱柵を防ぐことができる ・寿命が長い	長所	・柔らかいので扱いやすく、ペンチなどを使って簡単に切断できる ・リールに巻いて回収するのが簡単 ・価格が手ごろ
・硬くて巻きにくいので、張った後の回収・再利用がしにくい ・ポリワイヤーよりも価格が高い	短所	・物理的な強度がない ・高張力線より寿命が短い
放牧地の外柵、ゲートなど。恒久柵として	使い道	放牧地内に一時的に通路を作ったり、牧区を区切ったり、牛を追い込む囲いを作る際などに利用（地域によっては外柵にも利用）

緊張具：ワイヤーを一部巻きとることで余分なたるみをなくし、フェンスの強度を高める道具。約100mに1カ所程度設置するとよい。

左の線がポリワイヤー、右が高張力線。道路と牧草地の間にポリワイヤーを内柵として張ることで、簡易通路を作った

ポリワイヤーは簡易な仕切り作りに便利

ポリワイヤーは、放牧地の内側でさまざまな仕切りを作るときに便利に使える。

牧草地に肥料をまいた後に牛に入らせないようにする区切りとして（禁牧区を作る）

ストリップ放牧（伸びた牧草を、帯状に少しずつ食べさせる）の境界線として

冬場に放牧地で牧草ロールを食べさせるときの柵代わりに（未開封のロールは2段にワイヤーを張って牛に食われないように。開封ロールの周りは1段）

放牧地の一部に高さ125cmの1段張りで囲みを作り、子牛だけが入れる子牛用給餌スペースを作る

放牧に慣れた牛の場合、外柵にポリワイヤーを使う例もある

コラム 5

ポリワイヤーの張り方のコツ

ポリワイヤーを牧区の仕切りなどに使うときには、ピッグテールポールなどを支柱にして張り、ワイヤーの一部を外柵線に接触させて通電します。ピッグテールポールは1本では強度が弱いため、負荷のかかる場所には斜めに筋交いを入れましょう。

ピッグテールポールとポリワイヤーを巻いたリールは、矢印のところを足で踏むと、自立する

ポリワイヤーの張り方

①ポリワイヤーを巻いたリールを始点に立てて、ロックを外す

②リールから引き出したポリワイヤーの先端をピッグテールポールに結び、まっすぐ目的地まで歩く

③目的地にピッグテールポールを立てる。強度を増すため、もう1本のピッグテールポールを始点に逆らうように斜めに立てて筋交いにする

④リールの方向へ歩いて戻りながら、ピッグテールポールを約10mに1本程度で立て、ポールの輪にポリワイヤーを通す（筆者は一歩の歩幅が約70cmなので、15歩に1本立てる）

⑤ポリワイヤーの一部を、電気の通っている外柵に接触させる

⑥リールをロックし、余ったポリワイヤーを巻きとってピンと張る

*ポリワイヤーを90度曲げるときも、45度で筋交いを入れる

ています。太さは２・０㎜のものが取り回しがしやすいです。

いっぽう、ポリワイヤーは、柔らかくて取り回しがしやすいのが特徴で、おもに内柵として、放牧地の中を区切ったり、牛を追い込む囲いを作るなど、一時的な区切り作りに適しています。地域として積雪の中でポリワイヤーを使う必要があるときには、白色以外の色を用いる事例があります。白色のポリワイヤーは積雪の白色と区別が付きにくいからと、利用者は言っていました。

漏電に注意

電線に草などが触れると漏電してしまい、触れても痛みを感じなくなります。漏電は脱柵の原因となりますので、できれば**ライブライト**などのテスターを電線に設置しておき、漏電していないかを毎日チェックしてください。

ライブライト：電線に常時ぶらさげておくテスター。電気牧柵の通電時に光る。

A 他の放牧地で放牧している間（休牧期間）に、牧柵の下の草が伸びて漏電

【解決法】牧柵の下草を刈り払ってから牛を入れる。できれば定置放牧（広い一つの牧区でずっと放牧する）に変更して牧柵下を常に食べてもらう

B 暴風雨で放牧地外側の雑草が倒れ込み漏電

【解決法】暴風雨直後は必ず牧柵全体を見回り、牧柵に引っかかっている雑草を刈り払う。刈り草は電牧下に置けば牛が食べて片付けてくれる

C 牛が食べない草（ワラビ）が伸びてきて漏電する
【解決法】刈り払って駆除する

D 暴風雨で木の枝が電牧の上に落ちてきて漏電
【解決法】枝を切る

通電テスターのライブライト。電牧線が通電していると光る

5 水と鉱塩の設置

自動的に飲水供給するシステムが便利

放牧地には、牧区ごとに水飲み場が必要です。飲み水として使えるきれいな小川や湧き水、井戸があるなら、そこから太陽光発電を用いたポンプで水を汲みあげて利用する方法があります。人力で水を運ぶ手間がかからないので、とてもラクで便利です。

放牧地周辺にそういった水源がない場合は、最初は廃材の風呂桶を、放牧地の道路に面する場所に置いておくとよいでしょう。軽トラに水のタンクを積んで水道水を貯め、放牧地まで水を運搬し、道路から風呂桶に高低差やサイフォンを利用するなどして牛が水を一定量以上飲むと、水桶に自動的に給水される仕組み。
毎日の水汲みの必要がなくなり、とてもラク。

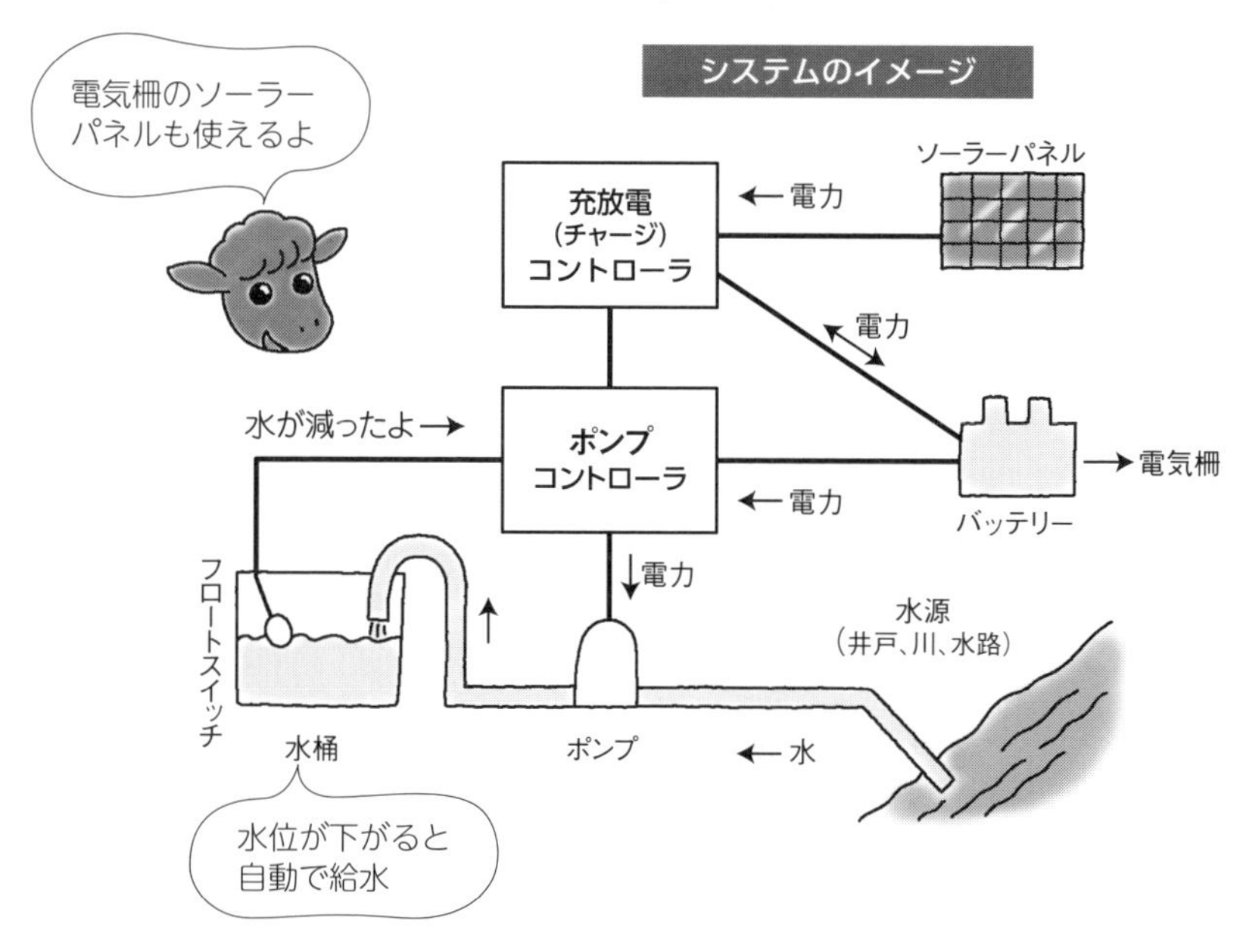

図2−4　水を運ぶ手間がなくなる！　自動飲水供給システムのイメージ

ポンプ、充放電コントローラ（バッテリーの過充電・過放電を防ぐ）、ポンプコントローラ（ポンプの作動を制御する）（Y）

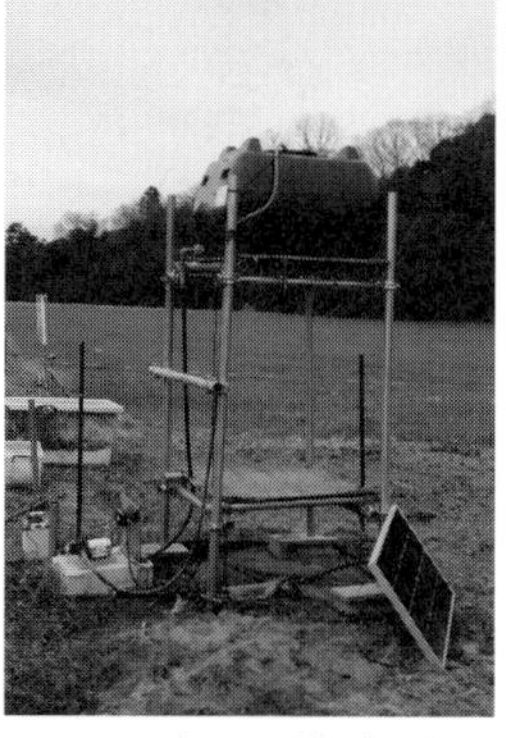

ソーラーパネルとポンプ、奥に風呂桶を使った水桶が見える。この牧場では、悪天候などで電力が足りずポンプが動かないときも高低差で水が供給できるよう、高い位置に水タンクを置いて貯水している（Y）

コンテナを水桶として使用。内側にフロートスイッチを付けて、牛が飲んで減った分だけ給水される仕組みに（Y）

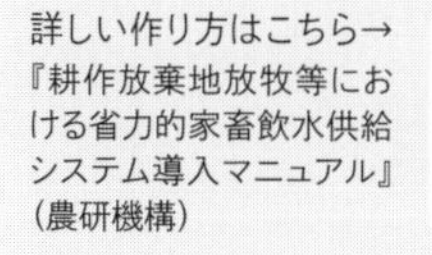

詳しい作り方はこちら→
『耕作放棄地放牧等における省力的家畜飲水供給システム導入マニュアル』
（農研機構）

水を入れます。

水桶は置き場所に注意

水桶の周りは牛の踏みつけなどにより泥濘化しやすいので、置き場所に注意が必要です。水はけがよく、土地が硬いところが適します。また、斜面であれば、斜面の上のほうが適します（こぼれた水などが、低いほうに流れて広がるため乾きやすい）。たとえ斜面の上でも、水はけが悪い場所では泥濘化しやすいので気を付けます。

本格的に多くの頭数を放牧で飼うのであれば、大型の水タンクを設置したり、井戸を掘るなどして水源確保を検討するとよいでしょう。

鉱塩はスタンチョン横がおすすめ

牛は塩分などのミネラル分も必要とするため、放牧地には牛が通いやすい場所に鉱塩を設置します。補助飼料を与える場合は、スタンチョンなどを設置する場合は、その横などに置くとよいでしょう（エサやりと同時に鉱塩残量が確認できるため）。

連動スタンチョンの端に鉱塩を設置する

6 牛を放牧に馴らす（馴致）

牛舎と放牧では、牛にとっての環境はまったく異なります。できるだけスムーズに放牧に馴れていけるように、本格的な放牧の前に「馴致」（馴らし作業）を行ないます（詳しい資料を203ページで紹介）。

馴致には①電気牧柵 ②青草 ③スタンチョン ④人の4種類があります。事前に青草や放し飼いなどの馴致をしておくと呼吸器病や消化器病の治療が減り、放牧時の増体が上がるという研究報告[2]もあります。

電気牧柵への馴致

パドックに電気牧柵を張り、通電した状態で置いておきます。そのうち、なにかの拍子に牛が電気牧柵に触れ、その痛みをもって学習します。昔は、牛を無理矢理電気牧柵につけて電気牧柵を覚えさせるということがあったそうですが、これをやると人と牛の信頼関係が崩れます。牛自身に電気牧柵を覚えてもらうようにしましょう。電気牧柵の下に濃厚飼料などを給与し、牛が電牧に一度触るように誘導するなどの方法もあります。一度電線に触れて痛みを感じれば、以後自分から触れようとはしなくなります。

青草への馴致

舎飼いのときは、乾草やサイレージをおもに食べさせることが多いのですが、放牧では青草がおもなエサとなります。牛の胃の中には多種類の微生物が棲んでいて、草を分解しています。微生物には分解の得意不得意があり、牛が普段食べているエサの内容に適応したバランスになっています。急激にエサの内容を変えると、微生物のバランスが崩れて牛が一時的に体調を崩すこともあります。そこで、普段与えているエサの粗飼料を少しずつ青草に置き換えていき、微生物が少しずつ対応できるようにします。

肉牛の繁殖牛を耕作放棄地に放牧する予定であれば、牛舎周りや放牧前の放牧地に生えている野草を刈り取って給与します。一度に全量を粗飼料と置き換えるのではなく、最初は野草を少し給与し、食べきるようであれば、徐々に野草の割合を増やしていきます。その際、糞が軟らかくなっていきますが、春の柔らかい生草を食べると起こることで、通常下痢ではありません。牛の様子を見ながら、ゆっくり馴らしてください。

牛の第一胃内の微生物の変動が落ち着くためには3週間程度かかるといわれていますので、その程度続けるのが理想です。ただ、多くの場合はそれより短

牛舎の前のパドックにポリワイヤーを張って通電させ、電気牧柵に馴致する

い期間ですませています。

スタンチョンへの馴致

連動スタンチョンがパドックなどに設置でき、放牧地でも移設などにより設置できるようであれば、牛を捕まえる上で大変ラクになります。

スタンチョンへの牛の馴致の方法は、スタンチョン越しにエサを給与する、またはスタンチョン越しに水飲み場を設置し、牛の頭をスタンチョンに入れてもらいます。最初は、スタンチョンをロックしないで頭を入れさせ、十分に馴れてきたらエサをやるときにロックして、牛を捕まえた状態でエサをやります。牛がスタンチョンに十分馴れていない状態で、牛をスタンチョンにロックすると、牛がスタンチョンから頭が抜けずに、パニックに陥ることがあります。そうするとスタンチョンはいやなところだと牛に記憶されてしまい、その後のスタンチョンへの馴致が大変になるので注意しましょう。

人への馴致

上記のスタンチョンでロックさせながらエサをやっているときに、優しい言葉をかけながら頭などを優しくなでてやるとよいでしょう（たわしでこするようななで方ではいけません）。エサを使ったスタンチョンへの馴致と人への馴致を根気よく繰り返すと、多くの場合人が来るだけで牛が寄ってくるようになります。こうなると、放牧地の日々の見回りも、牛のところまで人が行かなくても、牛が人のところへ来てくれますし、牛の捕獲や移動も容易になります。少なくとも、人がパドックや放牧地に来たとき、牛が走って人の反対側に逃げ出すような管理は避けましょう。

7 初めての放牧で気を付けること

牛の運搬

牛の運搬は、基本的には家畜運搬車を利用します。放牧地が牛舎の比較的近くであれば、牛にロープをつけて一緒に歩く方法もあります。すぐそばなら、ポリワイヤーの電牧で通路を作って歩かせる方法でもよいでしょう（牛の扱いについて詳しくは79ページ参照）。

放牧未経験牛は、電気牧柵が見えるところに放牧

耕作放棄地に初めて牛を放牧する際は、前項で紹介した放牧馴致をきちんと行なった牛を放牧することが重要です。可能なら、最初は放牧を経験している牛を連れて行くのが理想です（県によってはレンタカウという放牧経験牛を貸し出す制度があります。192ページ参照）。通常は放牧してふつうに草を食べ始めますが、筆者の経験では、放牧開始時に馴れない放牧に興奮してしまい、放牧地内を走り回る牛群がいたときがあります。このようなときに、電牧馴致をしていないと、牛に電牧を突破されて大変なことになります。

たとえ牛が最初走り回っていたとしても、数分で落ち着き、走るのをやめます。その後、草を食べる、電牧を避ける、水を飲むなど、牛が適切に行動できているかどうかを、ゆっくり時間をかけて観察します。

放牧未経験の牛を含む牛群で耕作放棄地放牧を行なう際には、牛が電気牧柵をちゃんと認識できるよう、電牧が見

初めて放牧された育成牛が電気牧柵に沿って走る様子。数分たつと落ち着いて草を食べ始めた

える程度の草の量（草高で約50cm以下）で開始するとよいでしょう。逆に、十分な経験牛で牛群が構成できれば、２m以上の牛が埋まる草の量でも、問題なく放牧できます。

8 日々の放牧管理

電牧の電圧はこまめに確認する

電牧の電圧は、1日1回、テスターで電圧が３kV以上であることを確認しましょう。インターネット経由で電圧を測ることができる道具もあります。放牧地内に食べられる草・水・鉱塩があり、電牧がきちんと機能していれば、ふつう脱柵は起こりません。ただし、電牧に草や木の枝が触れてしまうと漏電が起こり、通電しなくなります（63ページ参照）。

広い耕作放棄地に少ない頭数を放すときや、春の草の生長スピードが速いときなどは、草の伸びすぎで漏電する可能性があるので、電圧が通常より下がってきたら、一度放牧地全体の電牧を見回って漏電部分を確認し対策します。

定置放牧で牛に草を短く食べさせている放牧地。牛が電牧の下をきれいに食べているので、電牧がよく見える

輪換放牧の休牧期間中に下草が伸びて電気牧柵に触れてしまい、漏電しているところ。電牧の下の草を放牧地の内側に向かって刈り倒しておくと、牛が食べてくれる

雑草・毒草を除く

一般の耕作放棄地では、どのような草が生えているかわかりません。前の地権者が何を植えているか・どのような管理をしているかで、圃場一筆ごとに野草種の種類が異なります。どのような野草でも牛はほとんど食べてくれるのですが、牛が食べない雑草、特に毒草は対策する必要があります。そうした雑草・毒草は牛が食べ残すので、様子を見ながら、気が付いたときに随時取り除いていくとよいです（詳しくは156ページ）。

補助飼料を給与する

放牧地に草が十分ある間は、粗飼料としては充足するため、黒毛和種の繁殖牛であれば、他に何も給与しなくても問題ありません。ただ、黒毛和種の繁殖牛でも、牛が人馴れしておくように、放牧地に行ったら牛を呼び、補助飼料として濃厚飼料を少し電牧の下に給与して馴らしておく（可能なら手から給与する）農家も少なくありません。

電牧の下に飼料を給与する場合、土壌水分が高くなりやすい土地で毎日同じところでエサを給与すると、土壌がべちゃべちゃに泥濘化するおそれがあります。その場合は、日々少しずつ場所をずらしながらエサを給与するなどして、泥濘化させない対策が必要です。

将来的に周年放牧を予定している場合には、スタンチョンの設置も検討するとよいでしょう。スタンチョンなら、牛の状態に合わせて個別に必要量を調整して給与でき、冬場のエサやりの場所や、牛を捕獲する場所としても活用できるので便利です。

電牧の下で濃厚飼料を給与する様子

9 害虫対策

放牧特有の衛生管理として、マダニとアブの対策を行なう必要があります。マダニは、小型ピロプラズマ病（発熱、貧血、発育停滞などの症状がある）を媒介します。アブは、吸血により牛にストレスを与え、増体や乳量の低下を招く上、牛伝染性リンパ腫ウイルス（BLV）も媒介します。牛伝染性リンパ腫は、体の表面や内部のリンパ節が腫れるなどの異常を示す病気です。

害虫対策（衛生管理）は、雑草管理と同様で、「予防」と「早期の発見と対策（治療）」が基本です（詳しい資料を204ページで紹介）。そのためには日々の監視（牛の周りにアブやサシバエが飛び回っていないか、牛にダニが付いていないか）と、定期的な予防（薬剤の塗布）が必要です。エサをやっているときに牛にアブが止まっていれば、アブを手で叩くなどしても殺せます。牛やその周りを毎日よく観察し、早く次のような対処をするように心がけます。

マダニ対策はバイイチコールを月1回

マダニについては、フルメトリン製剤（製品名バイチコール）という駆虫薬（液体）を、月に1回背中に塗布することにより対策します。背中にかかった薬が、ゆっくり牛の側面へ下りてきて、牛を守ってくれます。特にマダニが媒介する小型ピロプラズマ病は、専用治療薬があるのですが、日本では入手できないため、この方法で対応する必要があります。

本剤が塗布されている部分については、アブ・サシバエ避けにも効果があるとされており、牛体に付着するハエの数が短期的に減ることも確認

フルメトリン製剤を牛に塗布する様子

されています[3]。アブに対しても塗布後2日間ほどは効きますが、7日目以降は効果がほぼなくなるといわれています。地域の動物医薬品を扱う会社で購入できますが、わからない場合は、地元の獣医さんに相談してみるといいでしょう。

フルメトリン製剤の使い方は、背中線（背中の一番高いところ）に沿って頭から尾の付け根まで、規定量をかけます。背中線に塗布した薬剤が、牛の左右両側へゆっくり流れて効果を示します。約1往復で塗布が終わるようにしますが、もし、往路での塗布中に、背中線の中央から牛の右側か左側のどちらかに薬が寄ってしまったときには、復路で反対側に少し寄せて塗布し、牛の左右両側に確実に薬剤が流れるようにします。

アブトラップでアブを捕殺

牛を刺すアブには、牛の背中側から刺すアブ（アカウシアブなど）と、お腹側にもぐりこんで下から刺すアブ（ニッポンシロフアブなど）の2タイプがあります。アブを見かけるようになったら、放牧地にアブトラップを設置することで、数を減らすことができます。アブトラップは、ハエも捕獲できます（アブトラップの資料は204ページで紹介）。

アブトラップには、市販品と手作りできるものがあり、どちらを使用してもよいと思います。

市販品には「アブキャップ」というものがあり、約3万円で入手できます。設置も簡単で、背中から刺すアブ、お腹から刺すアブの両方を捕殺することができます。

手作りアブトラップはいろいろなものが考案されていますが、「ボックストラップ」と呼ばれるコンパネなどを利用した木製の箱型のトラップは、比較的簡単に作ることができます。作製には透明の塩

ボックストラップ（牛のいたずら防止のためケージに入れている）

市販のアブトラップ（アブキャップ）。牛の色に似た黒い球体にアブがおびきよせられ、上の傘の中に入ると逃げられなくなる仕組み（Y）

ビ板加工が必要ですが、近年ネット通販で加工してもらえるところがありますので、作製がラクになりました。

ボックストラップは、放牧地に多いお腹側から刺すアブ（ニッポンシロフアブ）に効果的ですが、牛の背中側から吸血するアカウシアブはあまりとれません。放牧地でアカウシアブが見られる場合には、市販のトラップを併用したほうがいいでしょう。

またアブトラップは、アブの視覚を利用しておびきよせるため、見通しのよいところへ設置することが大切です。アブは牛にも引き寄せられるため、牛が集まる水飲み場の近くの開けた場所にアブトラップがあれば理想です。日陰になるところ、周りに林などがあり背景が暗いところは、黒いトラップが目立たないためアブが入りにくいです。できれば、放牧地のどこからでもアブトラップが最低1個は見つけられるくらいの個数を設置します。

10 草が足りないときは

草が足りないときの牛の行動を見逃さない

放牧地で草が足りない状態が続くと、牛が栄養不足になる上、脱柵の危険が増します。見回りの際には、草の様子とともに、牛の様子を観察しましょう。牛が草をゆったり食べている状態が観察できれば問題ありません。

耕作放棄地の野草の地上部がなくなっていれば、草が足りない状態としてわかりやすいのですが、中には牛が食べない野草の地上部が残っているけれども、牛が食べられる野草が残っていない状態もあります。

牛を観察して、次ページの写真下のように牛が首を伸ばして電牧の外の草を頑張って食べようとしている場合は、注意が必要です。放牧地の中に食べられる草がほとんど残っていない可能性があります。

他にも、人が来たら全頭の牛がすごい勢いで走って寄ってくる、エサを給与したらガツガツ食べるなどの場合は、牛が草を食べられていない状態にある場合もあります。104ページのＢＣＳが全体として下がってきてないか確認してもよいでしょう。また105ページのルーメンフィルスコアのチェックもしてみましょう。

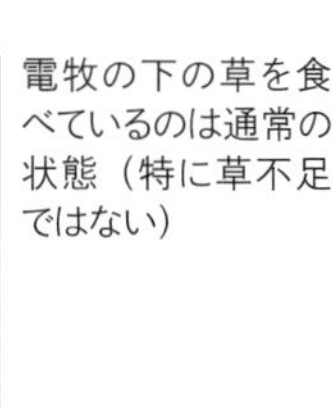

電牧の下の草を食べているのは通常の状態（特に草不足ではない）

牛が前足を折り曲げ、電牧の外の草を食べようとしている。草不足の可能性が高い

牧草ロールの給与の仕方

草がなくなったら、草がある他の草地へ移動するか（転牧）、牛舎へ戻すか（退牧）、放牧地で飼料を給与するか、どれかの対応をとる必要があります。転牧や退牧まで短期間持たせればよいのであれば、電牧の下に粗飼料などを運び、給与します。牛の踏み倒しなく食べさせることができます。

また、牧草や飼料イネＷＣＳなどのロールを放牧地で給餌することにより、放牧地での飼養を継続するという方法もあります。少しでも長い間放牧地で牛を飼うことにより、牛舎での糞尿の処理量を少なくすることができます。

現地でのロール給与方法としては、おもに以下の二つの方法があります。

①「らくらくきゅうじくん」

一般的に放牧地でロールを給与する際には、固定型の草架を使いますが、重くて移動させにくい上に高価で、ロールの設置にベールグラブなどロールを持ち上げる機械も必要です。かといって、草架を使わずにロールを直接放牧地に置くと、少なくなったロールの上を牛が歩いたり、糞尿をしたりして、牛が食べなくなってしまう割合が増えてしまいます。そこで、ロールを現地で効率よく給与するために開発されたのが、可搬給餌柵の「らくらくきゅうじくん」です（詳しい資料を204ページで紹介）。

写真のように金属の丸い形をしていて、転がしながら放牧地を移動させることができます。ロールを放牧地内に置いたら、その周りを囲うように設置します。一つのロールを食べ終わった後は、別の場所に転がして運ぶことができるため、給餌による土地の泥濘化を防ぐこともできます。1日でロール1個食べつくす牛の数が放牧地にいる場合は、最も適します。

②放牧地に簡易給餌施設を作る

放牧地の一部に、屋根付きの簡易給餌施設を作り、その中に連動スタンチョンを設置して、スタンチョン越しに飼料を給与する方法があります。もっと簡易な方法として、移動式スタンチョンに屋根と飼槽を付ける方法がありますが、広い一つの放牧地で長期間放牧できるときは、こういった給餌施設を作る

屋根付きの簡易牛舎。右側にある柵が連動スタンチョン。給餌側の屋根を大きく取り、ロールの一時置き場にしている

らくらくきゅうじくんでロールを食べさせている様子

らくらくきゅうじくんはステンレス製で軽くて丈夫（重量29kg）。下部には木製の板が付けられていて、牛が飼料をムダに引っ張り出すのを防ぐ（価格は税込26.4万円。問い合わせは農研機構 中日本農研まで。TEL029-838-8481）

のもよいでしょう。

可能であれば、きちんとした強度を持つ牛舎などの施設が理想ですが、エサだけであれば足場パイプなどで簡易牛舎を作製する事例もあります。

前ページ写真左のように給餌側の屋根を大きく取り、給餌場所とロールの保管場所を近くにすると、効率よく作業できます。また、あらかじめ屋根のあるスペースで牧草をコンテナなどへ積み替え、それを放牧地へ運んで連動スタンチョン越しに給与する例もあります。

移動できない給餌施設の設置場所は、そこに至る道路の入り口を封鎖するなどにより、周辺に第三者が立ち入れないようにできる場所にしましょう。また、傾斜面の放牧地であれば、斜面の上のほうに配置することが糞尿散布の点から適すると考えられます。

補助飼料はどれくらいやるか

補助飼料の給与量の目安は、通常、乾物換算で牛の体重の２％程度といわれます。乾草かサイレージかによって水分含量が異なるので、それらを考慮した草量をあげてください。たとえば、水分65％のWCSなら乾物10kgは現物量で約29kg、水分15％の乾草の場合は現物量で約12kgです。

牛の体型（104ページのBCS）もきちんと見て、やせてきていないか・肥りすぎていないかなどを確認し、それに合わせて全体のエサの量を調整しましょう。特に種が付きにくい（妊娠しにくい）牛については、栄養の過不足が原因になっていることもあるので、体型を見つつ濃厚飼料の給与量を個別に調整するとよいです。

コラム 6

牧草地で草が足りないとき・あまるとき

草地を見ればすぐわかるくらい、草がないときがあります。筆者は、寒地型牧草で草高が10cm程度、シバ型草種で5cm程度になったら、少し気を付けて牛を観察したり、電牧の電圧をより注意するようにしたりして、転牧や退牧・補助飼料給与準備を始めます。

寒地型牧草で草高が①のように約5cmになったら、転牧や退牧・補助飼料の給与を始めます。

その頃には牛にもエサ不足の行動が出てきます（74ページ参照）。

いっぽう、③のように草丈が高く多すぎる状態で放牧すると、栄養価が下がります。繁殖牛なら草の栄養価が低くてもよいのですが、育成牛には栄養が足りず、思うように成長しません。育成牛は②のように草が適切な状態で放牧するよう心がけてください。

なお、輪換放牧（117ページ参照）で高栄養の草地を管理する場合、入牧時は②、退牧時は①の状態を心がけてください。

牛は草が多い場合は、先に柔らかい牧草を食べ、後で硬くて栄養価の低い牧草種や雑草種を食べます。

このとき、①まで食い込ませず、硬い草種を食べ残して、牛が次の牧区へ行くと、硬くて栄養価の低い草種がより大きく育ち、草地に広がっていきます。

①草が不足している状態（草の高さ5cm）

②適切な状態（草の高さ約20cm）

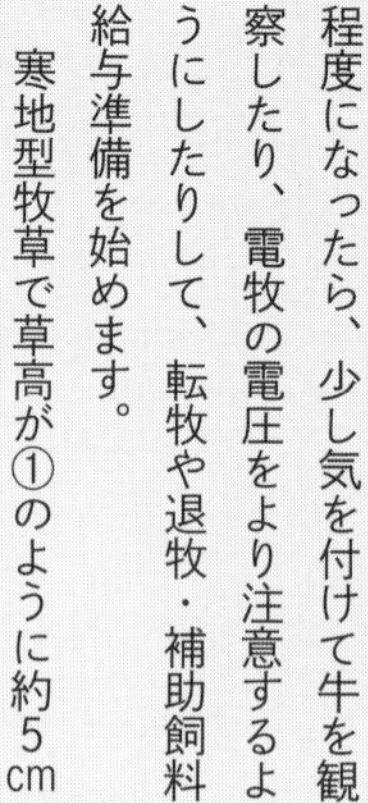

③牛に対して草が多すぎる（草が最長90cm）

11 牛の捕獲・移動方法

スタンチョンで捕獲は簡単

牛の捕獲や観察は、放牧地に簡易スタンチョンがあると、大変ラクです（資料を204ページで紹介）。スタンチョンは牛1頭ずつの首を固定する器具で、舎飼いでも飼料給与の際に一般的に使われます。放牧場で牛を捕まえる際は、まずスタンチョンの前に飼料を置いて牛の頭を入れさせ、金具を動かして首を固定します。牛を移動させたい場合は、スタンチョンに固定した状態で牛にヒモの付いた**頭絡**を付け、スタンチョンの金具を外して牛を引き、家畜用運搬車に乗せます。スタンチョンの設置場所を道路近くにしておくと、スタンチョンから運搬車までの移動距離が短くてすみ、作業しやすくなります。

スタンチョンがない場合は、捕獲しやすくするために、放牧場の隅に足場パイプで追い込み場所を作っておくと便利です（コラム7）。

放牧地に設置した屋根付きの移動式連動スタンチョン

頭絡：牛の頭に取り付ける用具で、牛の移動や治療のときの保定に使う。「モクシ」などとも呼ばれる。販売しているが、自分で作ることもできる（作り方の資料は204ページで紹介）。

足場パイプで追い込み場所を作る

牛が人に馴れておらず、スタンチョンもない場合は捕獲が大変です。そのようなときは道路に面した放牧地の隅に、足場パイプで追い込み場所を作っておくと捕獲がしやすくなります。

骨組みの基本（横から見たところ）

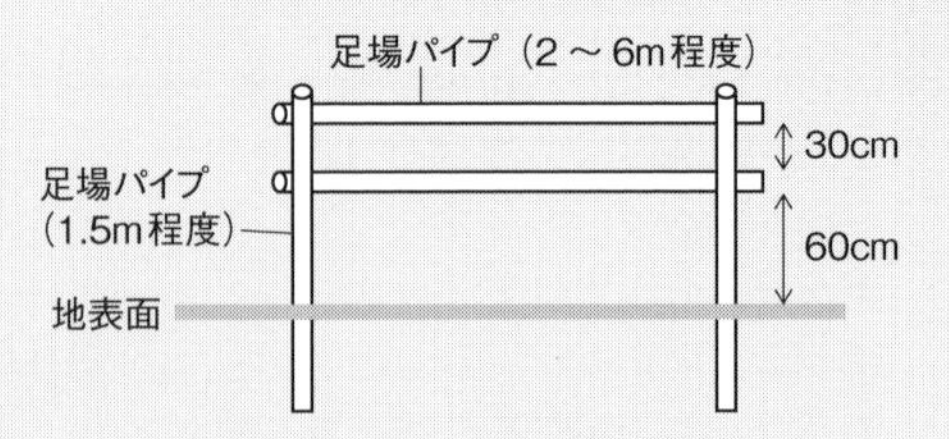

追い込み枠の作り方、使い方（上から見たところ）

1．頭数が少ない場合

＊出入り口用の足場パイプ★は直交クランプを緩めておき、自由に動くようにする。★は◆より内側に配置する（牛が内側から押しても外れないように）

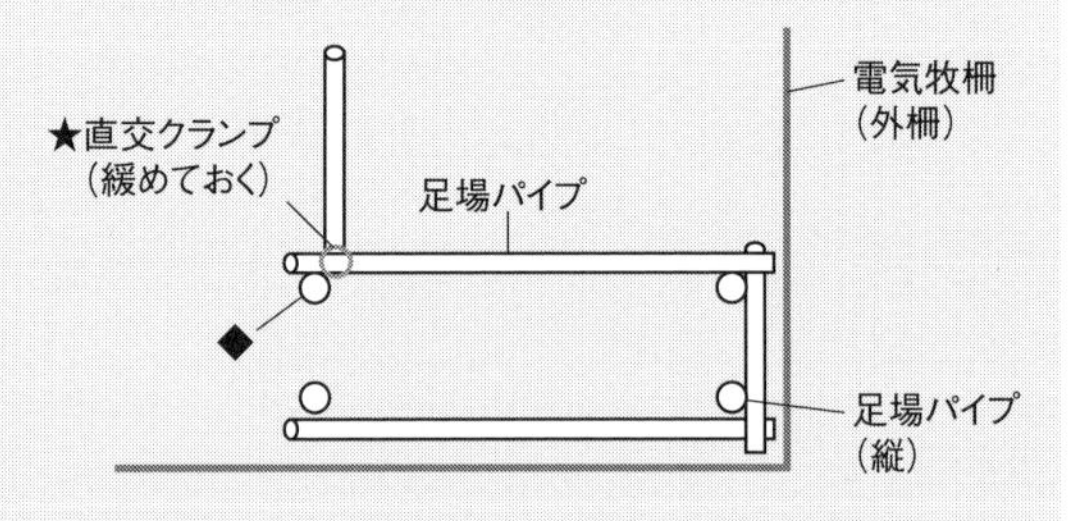

使い方

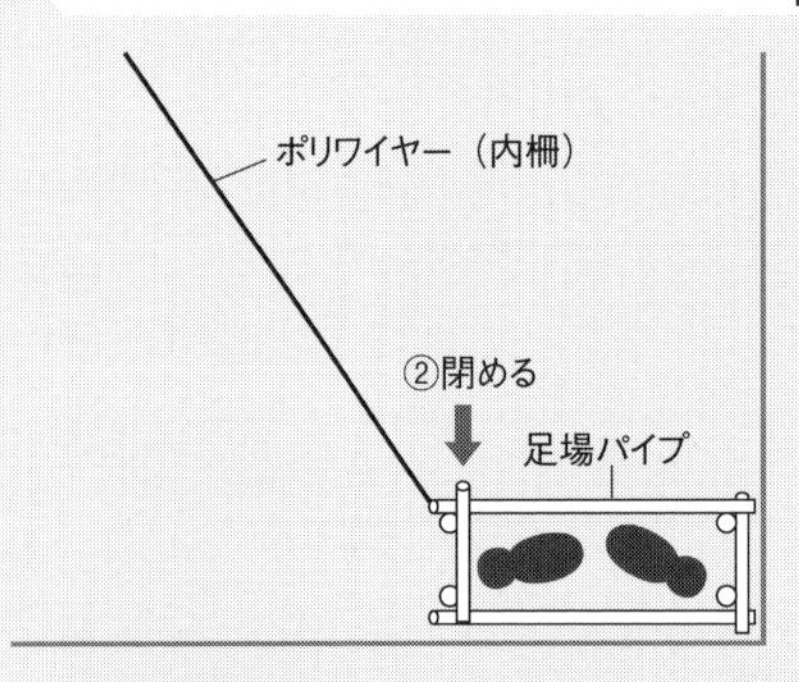

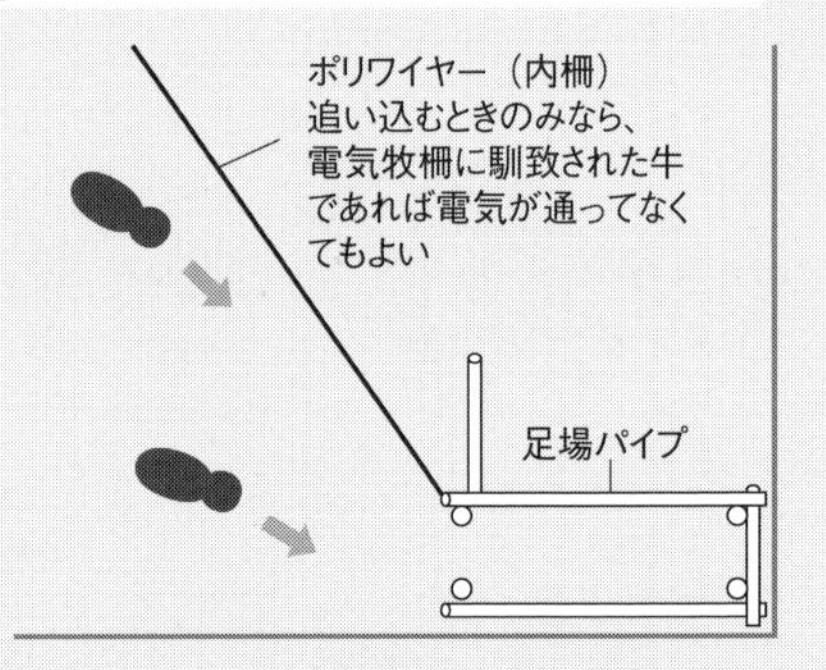

①ポリワイヤーを図のように張り、外柵とポリワイヤーで牛を追い込む通路を作り、牛を追い込む

＊日頃から追い込み枠で濃厚飼料を給与しておき、濃厚飼料で呼び寄せられるようにしておくとよい

②牛が追い込み枠に入ったら、出入り口の足場パイプを閉める

③頭絡を付けるなどして慎重に捕まえる（牛に足を踏まれてもケガをしないよう安全靴を履くことと、牛と足場パイプの間に挟まれることがないように気を付ける）

2．頭数が多い場合

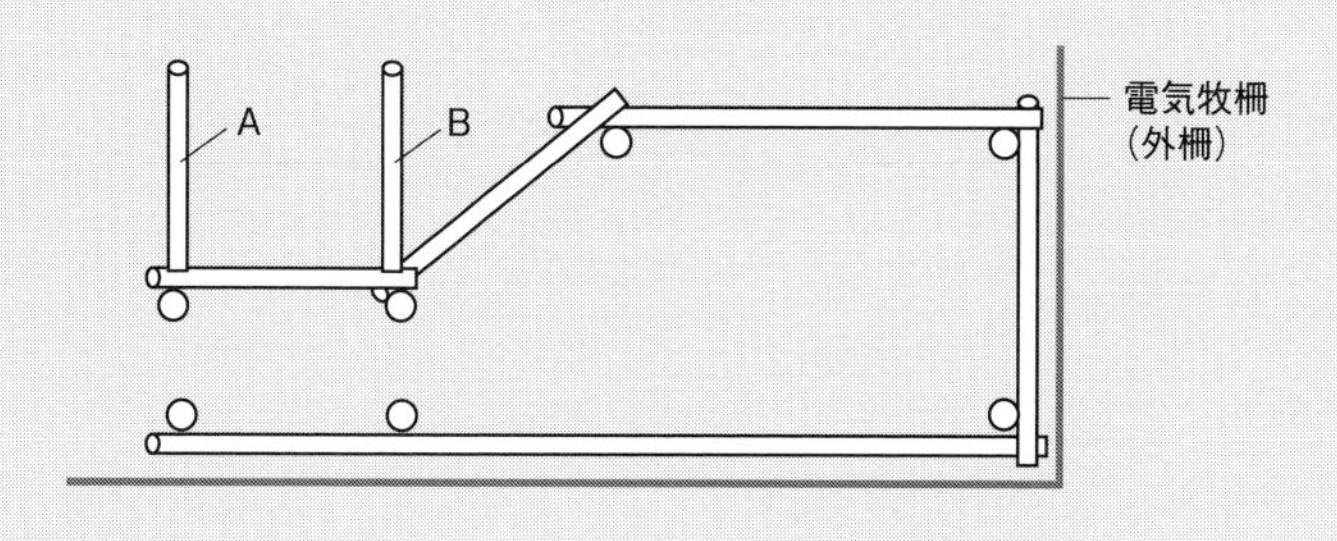

使い方

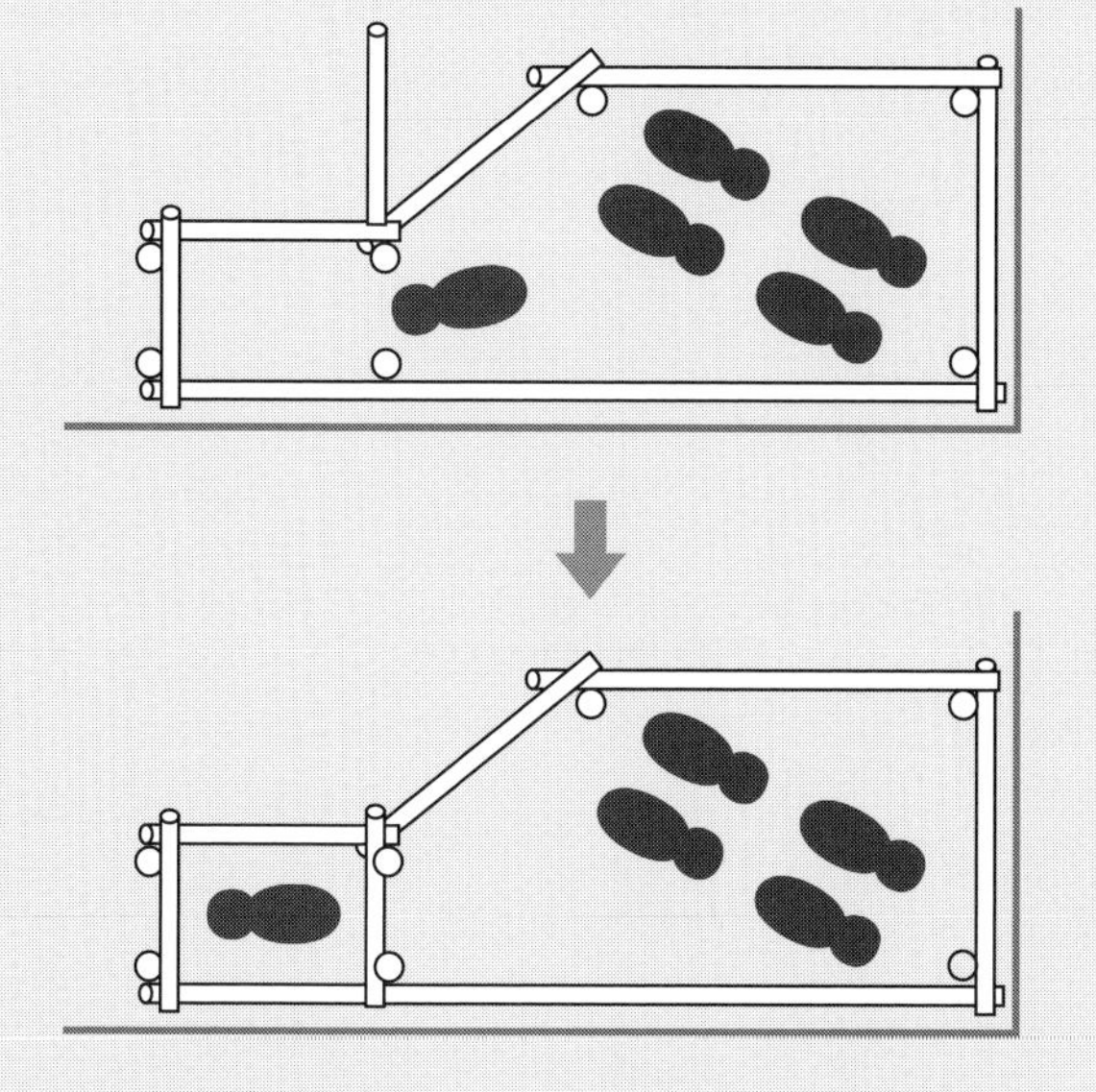

①数頭を枠の中に追い込んで、Aを閉じる

②1頭ずつAとBの間に誘導し、Bを閉じる
③慎重に捕まえる
＊AとBの間に体重計を置いておくと、1頭ずつ体重測定ができる
＊出入り口部分に家畜運搬車の荷台を付けられるようにすると、牛の回収がラク

毎日決まった時間に放牧牛を呼び寄せるには（事例）

牛の健康状態を確認するため、放牧でも牛を観察する必要があります。最低1日1回（可能なら朝夕2回）は牛を観察したほうがよいでしょう。季節放牧や周年親子放牧のように、毎日牛舎に帰らない放牧方法の場合、日々の観察は、大きく二つの方法があります。

①人が草地の中を動き、牛を見て回る

②牛に人のところへ来てもらい、牛を見る方法

面積が小さく、頭数も少なく、放牧地が見渡せる場合（小規模移動放牧など）は、①で対応可能ですが、大規模定置放牧のように、面積が大きく、頭数が多く、放牧地の見通しが悪い場合は、②の牛に来てもらう方法が適します。

牛に毎日決まったところへ来てもらうには、毎日、決まった場所で、決まった時間に濃厚飼料を給与します。牛もその時間帯を覚えるので、おおよその時間にエサ場の近くに来るようになる事例があります。

また、音響誘導と呼ばれる方法があります。音とエサやりを関連づけ、音により牛を呼び寄せる方法です。基本的なやり方は次の通りです。

毎日の濃厚飼料の給与作業の際、金属製のボールに濃厚飼料を入れ、そのボールを振る（揺らす）ことにより音を鳴らしながら、牛の目の前で濃厚飼料を下に落として給餌します。これを毎日繰り返すと、金属製のボールに濃厚飼料を少し入れ、それを振る音で、牛が寄ってくるようになります。エサを連動スタンチョンで与えるようにすれば、毎日牛を捕まえ、牛ごとに適切な量の濃厚飼料を給与できるとともに、健康観察で問題が生じた場合の治療や各種繁殖管理も容易となります。

他にも、車やバイクで放牧地に行ったときに、ホーンを鳴らした後にエサを与えることにより、牛が寄ってくるようにする人もいました。人の声で「べーべー」など言って、牛を呼ぶ管理人もいらっしゃいました。牛にできることは、牛にしてもらう工夫が、ここにもあります。

牛ごとに決まったスタンチョンに入れる手順（事例）

適当に牛を呼びながら濃厚飼料を連動スタンチョン前に給与すると、牛はランダムにスタンチョンに首を突っ込み、採食を始めます。これを、特定のスタンチョンに特定の牛が入るように馴らすことにより、毎日の健康観察や飼料給与調整が容易になります。

また、牛群によっては牛の月齢に差があるため首の幅が異なり、幅の大きなスタンチョンで小さな牛を捕まえることができないときがあります。そういう場合も、個々の牛を入れる場所を決めて、スタンチョンの枠をその牛の首の幅に合わせて調節しておくと、確実に入れることができるようになります。

やり方は、「強い牛から弱い牛の順位付けを利用して、右側から順番にスタンチョンに入れる作業を繰り返す」という方法になります。こうすることにより、牛から向かって右側に強くて大きな牛・左側に子牛という並びになります。

【牛の数が少ない場合】

①牛を呼び寄せた後、一番右のスタンチョン前に濃厚飼料を落とすと、一番強い牛が首を入れてエサを食べ、スタンチョンがロックされる。
②次に右から2番目のスタンチョン前に濃厚飼料を落とすと、2番目に強い牛が首を入れ、スタンチョンがロックされる（③3番目以降は繰り返し）。

【牛の数が多い場合】

①給餌前に、すべてのスタンチョンをロックする。
②スタンチョンの前に牛のエサをすべて置く。
③最初に一番右のスタンチョンのロックを外す。そうすると、一番強い牛が首を入れ、エサを食べ始め、スタンチョンがロックされる。
④次に右から2番目のスタンチョンのロックを外す。2番目に強い牛が首を入れてエサを食べ始め、スタンチョンがロックされる（⑤3番目以降は繰り返し）。

12 耕作放棄地の放牧直後の問題

耕作放棄地で初めて放牧をした後、さまざまなやっかいなものが見つかるときがあります。

ゴミが出てくる

耕作放棄地に牛を放牧して草が減ってくると、さまざまなゴミが放置されていたことが判明することがあります。ドラム缶、水道ポンプ、自転車、廃ビニルなど。中には半分土に埋まったビニルハウスの支柱や、らせん杭などもありました。

耕作放棄地を農地に戻す際、野草の地上部をハンマーナイフモアなどで裁断処理する方法[4]がありますが、もし、これらのゴミに気がつかないで機械作業を行なうと、農業機械の故障や事故に繋がりかねません。牛に耕作放棄地の野草を食べてもらうことにより、機械作業の前にゴミを発見し、安全に搬出することができます。これも、放牧による耕作放棄地解消のメリットといえます。

ビニルハウスの支柱が突き刺さったまま残っていた

放牧によって発見された放置ドラム缶、一輪車の荷台、一斗缶

木質化したクズの茎が地表面を覆っている

耕作放棄地にはクズが繁茂していることが多いものです。クズの茎葉は栄養価が高く、牛がきれいに食べつくしてくれます。クズは放牧管理に極めて弱い植物で、放牧するとすぐに衰退します。

ただ、何年も放棄されたクズは、茎が木質化して太く硬くなり、牛が食べることができません。そのため、放牧後にクズの茎が地表面をびっしり覆っていることがあります。この状態で、牧草の種子を播くためにロータリで耕起すると、ロータリの刃にクズの茎が巻き付き、大変なことになります。牧草地化を急がない場合は、クズの茎を放置したまま、自然に生える野草で放牧を続ければ、木質化した茎は数年後には分解されます。

短期に解決する対策としては、木質化したクズの茎の上にシュレッダー（ハンマーナイフモアの一種）を低く走らせ、地表面のクズの茎を細断します。その後は、ロータリで絡まずに無事耕すことができました。

耕作放棄地が傾斜地などで、こうした農業機械が入らないところであれば、木質化したクズの茎の上からセンチピードグラスの種子を播き、シバ型草地化するとよいと考えられます。茎の上から種子を播いても、牛の踏圧により種子と土が密着するので、一定程度発芽します。

木質化したクズの茎が、牛に食べられずに地表面を覆っている。これでは、ロータリの刃に絡まってしまう

シュレッダーでクズの茎を粉砕する

細断されたクズの茎。これならロータリで安全に耕せる

13 木の処理と日陰の確保

耕作放棄地内に生えている木は、牛が食べられる範囲は葉を食べてくれますが、牛の口が届かない部分は繁り続けます。木の真下の地面は太陽光が十分届かず、野草や牧草の生育にとってよい環境ではありません。

アズマネザサ（シノ）が密生している場所もよくありますが、放牧しても中に牛が入れないので減らすことができず、そのままだと放牧に利用できないムダな場所になってしまいます。

いっぽう、放牧地内には、牛が夏の強い日差しを避けて休める場所も必要です。牛が暑いときによく休んでいるところ（山の上のほうで、風通しがよいところ）の木は、牛の日よけ場所として残すのがよいでしょう。また、地権者の意向があったり、防風林として機能している木も残すようにします。

それ以外の木は、可能な範囲で処理するとよいでしょう。まずは、その木の毒性の有無を調べ（206ページ参照）、毒性のあるものは切り倒して放牧地から持ち出します。毒性のない木は放牧期間中に木を切り倒し置いておくと、その葉を牛が食べてくれるので、木が軽くなり搬出しやすくなります。アズマネザサは、ハンマーナイフモアなどで処理します。

木の葉を食べる放牧牛。牛の頭部より下の枝葉はきれいに食べられている

放牧地の木陰で休む牛

また、比較的平らな放牧地で、機械による草地造成が可能な場所の場合は、バックホーなどで木の抜根をしたほうが、後の草地造成がしやすくなります。牛の頭数に対して放牧地の面積が少ない農場の場合は、抜根して草地造成をし、草の生産性を高めるといいでしょう。いっぽう、放牧地が傾斜面のみで機械での草地造成ができない場合は、無理に抜根しなくともよいでしょう。

なお、木がまったくない放牧地では、足場パイプを用いて枠場を作り、黒寒冷紗を上に張ることにより、牛が休める日陰を作るとよいでしょう。

耕作放棄地の竹藪を一部残して牛の休息場とした

14 耕作放棄地がきれいになった後の三つの選択肢

耕作放棄地に牛を放牧し、地上部の草がなくなった後は、おもに次の三つの選択肢があります。

①そのまま自然に生える野草で放牧を続ける

②土を耕し、牧草の種子を播いて草地を造成する（機械が入れる平らな草地）

③シバの種子を播いて、シバ型草地にする（傾斜地など機械が入らない場所）

肉牛の繁殖牛（妊娠牛）の放牧が目的の場合は野草地放牧の継続でもよいですが、牧草地に改良できれば、親子放牧や晩秋の放牧期間延長などの可能性も広がります。

放牧地が山間の傾斜地でトラクタなどの機械が入

らない場合は牧草地にすることは難しいですが、シバ型草地であれば、機械がなくても造成できます。シバは放牧に強く、根張りがよいことから傾斜地の土壌保全もできるなど、放牧地を安定的に維持するのに役立ちます。

以下に、それぞれの詳しい方法を紹介します。

①野草地放牧を継続する

放牧するのがおもに黒毛和種の繁殖牛の場合、栄養価の高い牧草ばかり食べていると肥ってしまい、繁殖障害になる場合があります。繁殖牛と栄養価として相性のいい野草地を残すことも一つの選択肢です。

ただし、今後野草地として維持できるかの見極めも必要です。もともと生えている草が、ノシバのように長年放牧で使われてきた再生力の強い草であれば問題ありません（シバがメインの場合は草高10cm以下で管理）。しかしセイダカアワダチソウ、オオブタクサなどの多年草は放牧で衰退しや

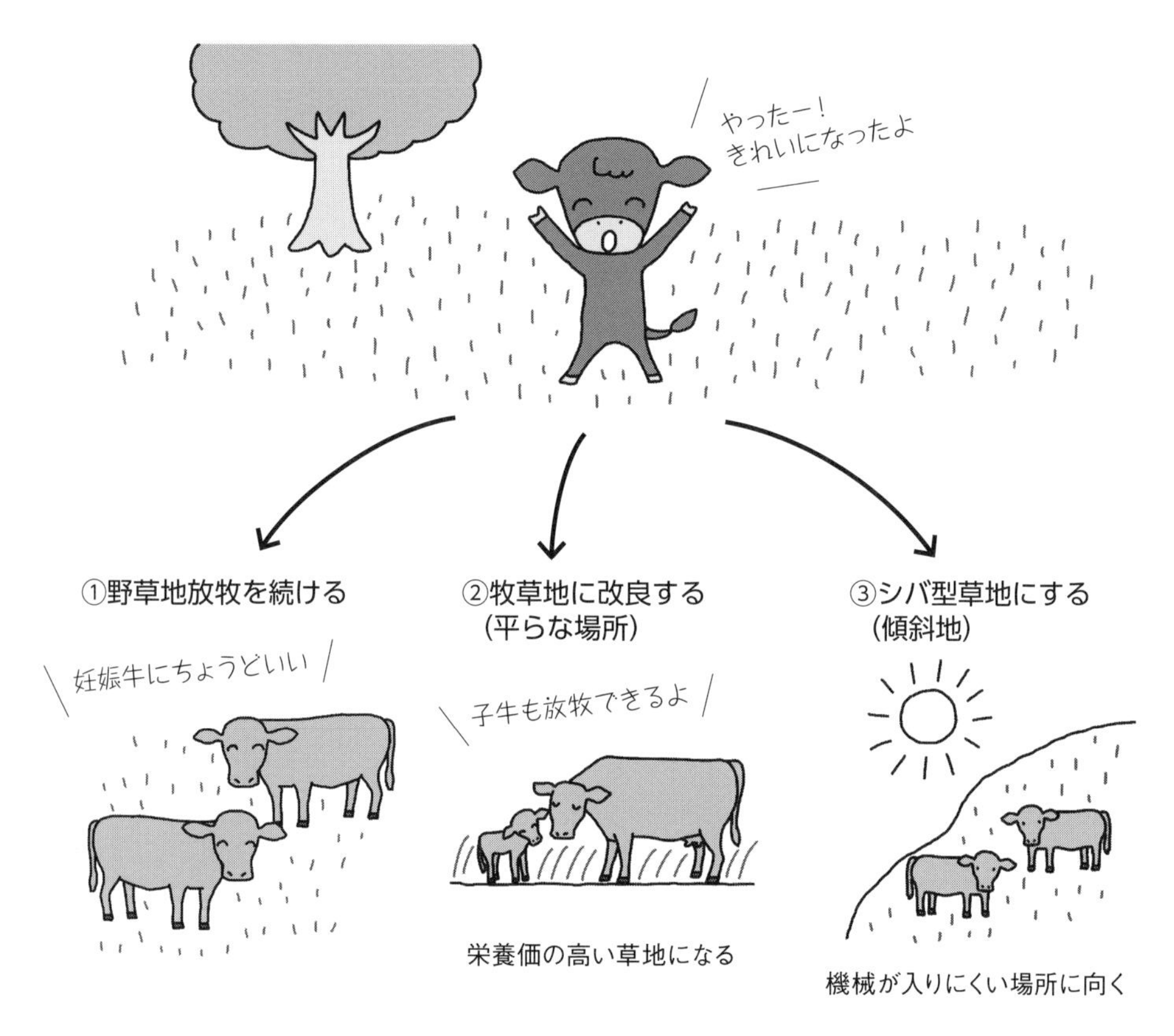

耕作放棄地がきれいになったらどうするか

すく、そういった草がメインの放牧地は、放牧を続けていると数年後に一部が裸地化したり、地中に埋まっていた別の草（牛が食べないものも含む）が増えるなど、不安定な経過をたどりやすいです。ススキは放牧圧が高いと（面積に対して牛の頭数が多いとき）衰退しやすいので、ススキがメインの放牧地でススキを残したいときは、一

表2－3　耕作放棄地に生えているおもな野草と特徴

牛が食べられる		牛が食べられない
放牧しても衰退しにくい	放牧すると衰退しやすい	
ノシバ ネザサ セイタカアワダチソウ ススキ（放牧圧低め）	クズ オオブタクサ ススキ（放牧圧高め）	オオオナモミ（毒草） ワルナスビ チカラシバ オニアザミ

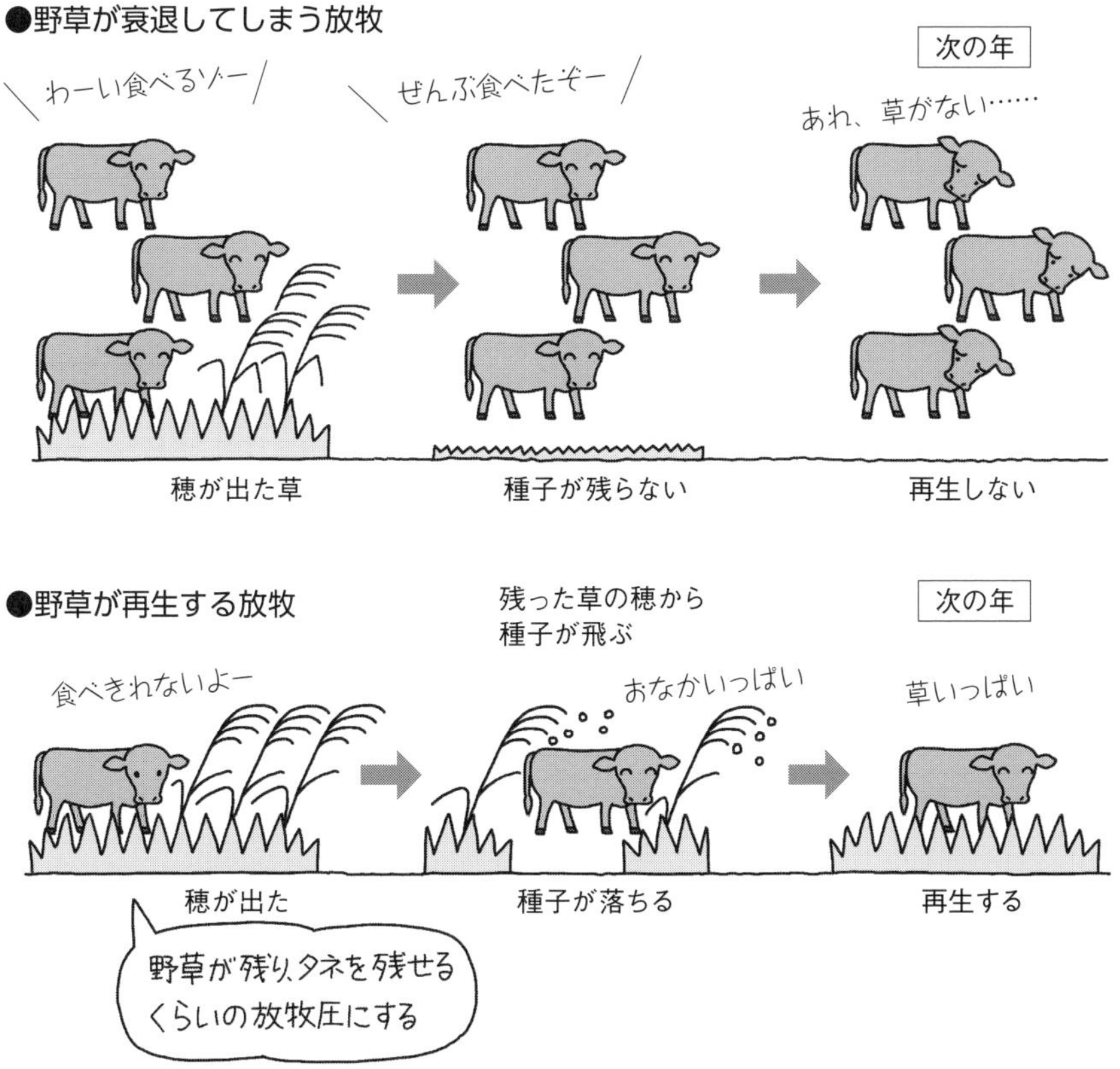

牛が食べられる野草を維持するには

ha当たり0・5頭程度の定置放牧で管理するのがよいでしょう。種子で繁殖する野草は、出穂時に牛が穂を食べつくしてしまうと、翌年以降衰退します（残したいときは、出穂期間に放牧圧を低くする）。

また、ワルナスビのような牛が食べられない草やオオオナモミなどの毒草があちこちに生えていると、それらが年々拡大し、放牧地の多くを覆ってしまうことが予想されます。もちろんそれらの草は見つけ次第放牧地から持ち出すことが基本ですが、それが追い付かないほど増えてしまうこともあります。

放牧地のおもな草種をチェックしてみて、「今後牛が食べられる野草が衰退しそうなとき」「牛が食べられない草が増えそうなとき」には、牧草の導入を検討したほうがよいでしょう。

また、野草地は通常秋～冬の寒い期間は草が生えなくなります。野草地メインで放牧をする場合でも、その一部を草地造成し、耐寒性のあるムギを播いておけば、晩秋～冬の草資源として利用することができます（ムギ類による放牧延長については、詳しい資料を204ページで紹介）。

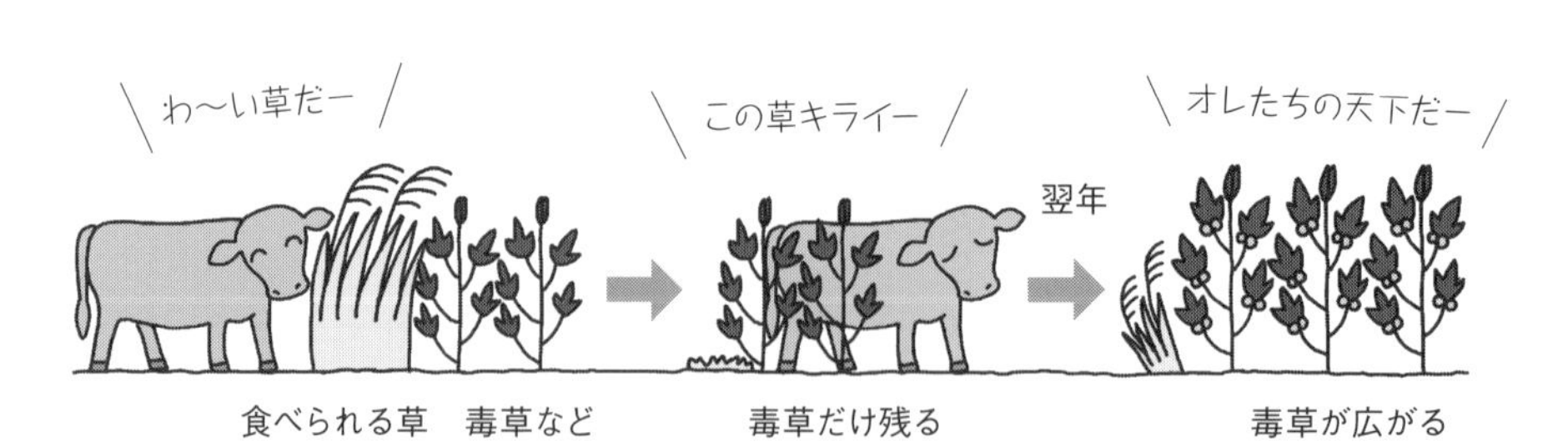

牛が食べられない草が増える仕組み

草地造成し、秋にムギ類を植えた草地。10月下旬～1月上旬まで放牧延長できる（Y）

耕作放棄地から草地造成した放牧地。栄養価の高いイタリアンライグラス草地なので子牛も放牧できる

②土を耕し、牧草の種子を播いて草地を造成する

平地や緩い傾斜地など、農業用機械が入る場合には、機械を入れて草地造成を行ない、牧草地に改良することができます。栄養価の高い牧草地があれば、子牛や育成牛、乳牛など、高栄養を必要とする牛の放牧もできるようになり、放牧地の生産性が高まります。

自分の地域や地形に合った牧草種の選び方は、第4章を参照してください。また、「周年親子放牧導入マニュアル 新技術解説編2 牧草作付け支援システム」（97ページにリンクあり）も役立ちます。

なお、草地造成の時期は、耕作放棄地での放牧後の秋に行なうことが多いです。牧草の種類によって播種に適した時期は異なりますが、秋の播種が必要な牧草種が多いです。ただし、センチピードグラスなど初夏の播種が必要な牧草種もあるので、播種時期を間違えないよう気をつけます。各地域における各牧草の播種適期は214ページで紹介しています。

専用機械を使った草地造成の方法は、第4章をご覧ください。専用機械がない場合でも、トラクタ＋ロータリや、トラクタ＋ブロードキャスタ（または背負い式動噴）などで草地造成は可能です。ここでは、その方法を説明します。

・堆肥散布・苦土石灰散布

牧草の生育に必要な土壌pHを保つため、苦土石灰を散布します。散布量は基本土壌診断に対して必要な量を入れます（これまでの経験だと０kg～約３００kgとさまざまでした）。また、牛糞・鶏糞堆肥にも多く含まれますので、これらを入れると、施用量が減らせます。牛の健康維持のためにも、カルシウム分は重要な要素です。

また、できれば牛糞堆肥も散布しておくと土壌の改善と牧草の良好な生育に役立ちます。牛糞堆肥は10ａ当たり２ｔ程度の散布が一つの目安ですが、土壌分析・堆肥成分分析に基づき、施用可能量は多少上下します。牛糞堆肥を多く土壌に入れすぎると、土壌中のカリウムが過剰となり、グラステタニー（低マグネシウム血症）の原因になる可能性がある

軽トラの搭載したマニュアスプレッダで苦土石灰を散布している様子

ので注意しましょう。適切な量の土壌への堆肥還元が肝要です（草地を必要以上の牛糞の捨て場所にしてはいけません）。

堆肥は専用機械のマニュアスプレッダで地元の業者などに散布してもらうこともできますが、軽トラに搭載可能なマニュアスプレッダもあります。牛舎と圃場の間を、軽トラの速度で移動できるため、堆肥の運搬も効率よくできます。

苦土石灰は、散布量が多いときはマニュアスプレッダ、少ないときはブロードキャスタで散布できます。

・施肥作業

通常、田畑で肥料を散布するときはブロードキャスタをトラクタにつけて散布しますが、今回はそれ以外の方法を2例紹介します。施肥量の目安は、10a当たりの成分量でチッソ・リン酸・カリそれぞれ5kg程度です。

【背負い式動噴を使う】

背負い式動噴はブロードキャスタに比べて安価で、種子も散布することができます。使い方は、動噴に肥料を入れて、背負い式動噴の先をゆっくり左右に振りながら、圃場を歩き散布します。肥料を補充する際は、軽トラの荷台に背負い式動噴を置いて作業すると、背負うときにラクです。散布中に、肥料などが詰まって出てこなくなったときには、出口の部分を一度手でふさぎ空気を逆流させると、詰まりが取れる場合があります。ペレットの鶏糞や、苦土石灰の散布にも利用できます。

ただし、散布作業面積が広い場合や、単位面積当たりの施用量が増えたりすると、動噴を背負い歩く

背負い式動噴で肥料を散布している光景。牧草の種子も動噴で散布できる

軽トラにブロードキャスタを固定して肥料を散布（種子も散布できる）。作業がラクで面積が広くてもできる

量や肥料の補充頻度が増え、体が大変です。経験上、1人では一日2haくらいが限度かと思われます。

【軽トラにブロードキャスタを載せる】

通常、ブロードキャスタはトラクタに装着して使用しますが、軽トラに搭載できるタイプもあります。自宅から耕作放棄地まで距離がある場合は、軽トラを使用したほうが、移動がラクです。また、軽トラなら荷台に肥料が置けるので、こうした資材の運搬も同時にできます。

・耕起作業

土壌改良剤や肥料をまいた後は、早めに土を耕してそれらを混和し、土を柔らかくします。耕起が遅れると、雑草が肥料分を吸って育ち、あとで耕すときにロータリに絡まってしまうこともあります。耕起作業は、通常トラクタ+ロータリで行ないます。基本的には田畑の耕起と変わりません。施肥後の耕起は、耕起深約15cm以上で、しっかり混和するようにします。耕起深が浅いと、土壌表面に肥料が濃くなるため、十分に生育していない時期の硝酸態チッソなどの飼料成分が高くなる可能性があります。また、根の張りが表面付近のみとなり、その後の永続性などに影響が出る可能性があります。また、耕起が粗すぎると、十分に生育していない時期に根張りが十分できずに牛の引き抜きが増えたり、播種環境が悪くて出芽が不均一になったりします。

播種後の覆土も、トラクタ+ロータリで行ないます。播種後に、表面を可能な限り浅く耕起します。深く耕起すると出芽できないので、注意が必要です。

・播種作業

施肥作業に使用した背負い式動噴、ブロードキャスタが播種にも利用できます。10a当たりの播種量はイタリアンライグラスや永年生寒地型牧草で約3kg、エンバクやライムギで約8kg程度です。前述した軽トラ搭載のブロードキャスタで種子を播く場合は、耕して土が柔らかくなった圃場を走るため軽トラの駆動系への負担が大きいようで、作業速度を早くしすぎないなど注意が必要です。

比較的種子サイズの大きいイタリアンライグラス、

ロータリでの耕起の様子

ライムギ、エンバクなどは、ブロードキャスタや背負い式動噴で散布できますが、センチピードグラスやシロクローバなど、種子のサイズがゴマのように小さい場合、筆者は散粒機を用います。

・鎮圧作業

播種後に土をしっかり踏み固める「鎮圧作業」も重要です。鎮圧により種子と土壌が密着し、種子に土壌中の水分が吸われて出芽がよくなります。鎮圧作業はさまざまなやり方がありますが、筆者はムギ踏みローラーをトラクタで牽引して行ないました。

気象条件に恵まれれば鎮圧しなくてもうまく発芽することもありますが、播種時期が遅れるなど、鎮圧がなければうまく発芽できなかった事例もあるので、可能であれば鎮圧することをおすすめします。

③シバ型草地にする（傾斜地など）

乗用農業機械が入ることのできない耕作放棄地では、ほふく茎が横に広がり放牧利用できるシバ型草地化が適します（詳しいマニュアルを204ページで紹介）。シバ型草地には三つのメリットがあります。

a 基本的な管理は播種と放牧でよく、施肥や機械作業が不要

段々畑跡地のシバ型草地での放牧

ムギ踏みローラーによる鎮圧の様子

センチピードグラスの生育が始まったところ。発芽後のセンチピードグラスはとても小さい

水を入れたドラム缶をトラクタで引っ張り、鎮圧ローラーとして使用する農家もいた（Y）

b根が横に広がり、傾斜地の土壌保全になる（アぜや法面の保護も可能）

c栄養価が繁殖牛に適している（栄養価が高すぎない）

・種播きによる増やし方

シバ型草地を構成する草種は、ノシバ、センチピードグラス、バヒアグラス、ケンタッキーブルーグラスなどあり、気象条件に適した草種を用います（124ページ）。これらは定着するまでに時間はかかりますが、おもな作業は種子を播くだけです。

ケンタッキーブルーグラス、バビアグラスは9月頃、ノシバ、センチピードグラス、バビアグラスは5～6月の梅雨入り前後が適します。梅雨の雨で土壌湿度が保たれるため、この時期に播種すると、出芽したシバの幼植物が乾燥で枯死する可能性が少ないといわれています。経験的には、雨が降る直前に種子を播くと出芽しやすいようですが、播種直後に大雨が降ると種子が流される可能性があるので注意が必要です。

事前に耕作放棄地放牧を行ない、地上部を食べさせておき、土壌表面がある程度見えている状態で播種します（種子が土に密着する必要があるため。地表面が草に覆われていると、種子が地面まで落ちない可能性があります）。センチピードグラスの種子は一kg当たり1万円以上と高価なため、10a当たり1kgにします。

シバはゆっくりと広がっていきます。発芽後のシバはとても小さく、他の雑草によって光が遮られると衰退してしまいます。播種後も放牧を行なって、シバの幼植物に光が当たるぐらい地上部を短く食べさせることが重要です。放牧による踏圧にはシバは

糞上移植法などシバ型草地の作り方の資料はこちら→

ノシバ等の糞上移植法

ノコギリ鎌やターフカッターで、土を厚さ3cmほどつけてシバを切り出す

湿り気のある牛糞の上に切り出したシバを置く

足でしっかりと苗ごと踏み込む

強いです。

・糞上移植法

また、部分的にうまくシバが広がらない場所があった場合には、「糞上移植法」により修復ができます。やり方は、シバが良好に広がった部分を根ごと四角く切って苗を切り出します。それを放牧地に落ちているまだ柔らかく水分を含む牛糞の上に置いて、足でしっかり踏みます。牛糞の上に苗を置くだけでは、牛糞が乾燥したときに苗と地面が離れてしまい、活着できずに苗が枯れてしまいます。苗がきちんと牛糞の下の地面につくまで足でしっかり踏むことが重要です。

15 放牧のメリットを最大限に引き出す「周年親子放牧」

舎飼いに比べ最大4割のエサ代減

最近になって、親牛も子牛も放牧地で飼うという「周年親子放牧」を実践する農家が増えてきました。出産も含めた繁殖経営の飼養管理すべてを一年中放牧地で行なうことにより、大幅な省力化とコスト低減になります。放牧地にはエサ場などの最低限の施設は必要ですが、頭数分の牛舎を作る必要がないので、初期投資が少なくても規模拡大をすることが可能です。12ページに記載した放牧のメリットを最大限引き出した飼養体系の一つといえます。

完全舎飼いに比べて、周年親子放牧では土地面積にもよりますが、コストが4割カットできるという試算もあります。ある程度まとまった規模で耕作放棄地を集積できる目途がたったら、周年親子放牧の導入を検討するとよいでしょう。

一年中放牧地で飼うので、平らな土地では草地造成して牧草を植えたり、90ページで紹介したムギ類による放牧期間延長を行なうなど、放牧草を最大限活用する工夫をします。また、冬に草が不足する時期は、乾草やサイレージ、配合飼料などのエサを放牧地で給与します（98ページで農家事例を紹介）。

マニュアル群をウェブで公開

農研機構では「周年親子放牧導入マニュアル群」の作成を進めてきました。肉用牛の飼養頭数を拡大するという政府の目標の中で、自給飼料に基づいた収益性の高い子牛生産技術や、耕作放棄地の解消とその後の省力的な農地保全・利用技術として、周年

周年親子放牧では、親子が同じ放牧地で過ごす
（写真提供：農研機構 中尾誠司）

特徴

- 親牛はもちろん、**子牛、育成牛も放牧する**
- **お産も放牧地**や放牧地内の簡易牛舎で
- 春夏だけじゃなく、**秋冬も放牧する**

メリット

牛の移動も少ない

- 糞出し、エサやり、飼料生産などの作業が減って**ラクになる！**
- 舎飼いに比べて**エサ代が最大で４割減！**（農研機構調べ）
- 本格的な牛舎はいらないので**低コストに規模拡大できる！**

新規参入にも◎

放牧地で完結するんだね

やるためには

- まとまった面積の放牧地（耕作放棄地）を集める
（親牛一頭当たり50a以上）→牛をすべて放牧するため
- 平らな放牧地には牧草を育てて草の栄養価・生産量を高める
→子牛・育成牛には高栄養の牧草が必要
→秋も育つ牧草で放牧延長できる

周年親子放牧導入のマニュアル群はこちら→

図２－５　周年親子放牧ってどんなの？

親子放牧を推進することが目的です。

おもな構成は次の通りです（204ページで詳しく紹介）。

1．周年親子放牧入門（どのような技術か、実際に取り組まれている農家の様子など）

2．基本技術導入編（周年親子放牧に関する技術を広く記載）

3．スマート化技術・新技術解説編（ＩｏＴやＡＩを利用した技術や、周年親子放牧に取り組む上で役立つ個別新技術の解説）

実践農家としては、北海道の春日牧場、岩手県の柏木牧場、大分県冨貴茶園、大分県小野牧場などがあります（205ページ参照）。栃木県茂木町の瀬尾牧場の実践例は次のコラムで詳しく紹介します。

コラム 8

周年親子放牧でラクラク規模拡大

栃木・瀬尾 亮（まこと）

牛1頭から64頭へ、放牧でラクラク増頭

私は2002年6月、海上自衛隊を47歳で退職し、妻の実家に戻りました。いわゆる嫁ターンですね。

実家は山林76ha、水田1ha、畑20aを所有し、シイタケ栽培を主としていましたが、輸入量が増え原木シイタケの露地栽培収益性など先行きが不安であったため、和牛の繁殖を行なうことにしました。

最初は1頭の子牛を飼い、散歩や山仕事にも連れて行きました。そのうち和牛は感情のある頭のよい動物であり、パートナーになってくれると実感しました。そして、自宅前の原野、畑、山林を造成し牛舎とパドックを作り、本格的に繁殖経営をスタート。近隣の農家から土地を借り受け、放牧にも挑戦していきました。

はじめは春から秋にかけて放牧を行なっていました。放牧によりエサ代を節約でき、

私は約9haの放牧地（すべて借地）で一部の繁殖牛29頭、子牛9頭を放牧。去勢子牛は自分で肥育。廃用牛も肥育する（Y）

足場パイプで建てた簡易牛舎。スタンチョンが道路に面しているので、補助飼料の積み下ろしに便利。牛を牛舎から運搬車へすぐに運べてラク。手前の道路を封鎖すれば簡易牛舎を衛生管理区域にできる（Y）

作業も省力化できると実感しました。放牧のメリットをもっと生かしたいと思い、さらに耕作放棄地を借りて放牧地を増やし、6年前から周年親子放牧を一部で始めました。

周年親子放牧なら、牛舎や機械などの追加資金がなくても増頭できるので、無理せず年々規模拡大を進められました。カッターやテッダ、ロールベーラなどの牧草収穫機械は持っていませんし、牛舎は足場パイプ製の簡易牛舎です。現在は妻と2人で繁殖雌牛36頭、子牛19頭、肥育牛9頭、合計64頭をラクラク飼っています。

牛に最大限やってもらう

周年親子放牧は、放牧地に簡易牛舎を建て、放牧地ですべての飼養管理を完結します。自分で歩いて草を食べてもらい、簡易牛舎で種付けをし、放牧地で子牛を産ませ、子牛も親牛に育ててもらいます。牛さんにできることはすべてやってもらおうというものです。牛飼いの重労働である重いサイレージの給餌、糞出し、飼料の収穫などの手間が基本的に一年中かからないのです。

春から秋まで妊娠牛を放牧していたときは、分娩前や草がなくなる秋になると、牛舎に戻さなければなりませんでした（終牧）。牛は思ったように運搬車に乗ってくれないこともあり、手間がかかっていました。周年親子放牧をすれば、母牛

簡易牛舎の一角に子牛だけが入れる幅40cm高さ125cmのゲートを作り、中でスターターや育成用濃厚飼料を与える（Y）

はずっと放牧しておけばいいので、終牧の手間がなくなり、さらにラクになりました。

子牛は放牧でも順調に育つ

放牧で子牛がちゃんと増体するのか、心配する方もいると思いますが、舎飼いと比べてまったく遜色ありません。

うちの放牧地は農研機構畜産研究部門の実証試験圃場にもなっており、放牧地で生まれた子牛の体重を1週間ごとに計ったところ、DG（一日増体量）0.9kg以上の発育で、9カ月齢280kg以上になりました。子牛市場でも平均価格以上で売れています。

簡易牛舎の中には、子牛しか入れないスペースを作り、生後2週間からスターター（哺育期用飼料）を与え、徐々に育成用の濃厚飼料に切り替え、少しずつ増やします。化粧肉を付けないよう、最大で一日4kg程度です。離乳は、生後3カ月程度で離乳鼻環を装着して行ないます。

粗飼料は放牧草だけです。草があるうちは購入乾草は一切与えないので、飼料代がかなり節約できます。

春〜秋までは、タンパクの高い牧草を放牧で食べさせます。春はイタリアンライグラス（以下、イタリアン）、初夏から秋はグリーンミレットが中心です。耕作放棄地にもともと生えている野草では、子牛の場合タンパクが不足するそうです（母牛ならちょうどいい）。

晩秋で放牧地の草が不足してきたら、購入乾草（チモシー）をあげます。

子牛の下痢が激減した！

子牛を放牧するようになってから、子牛の下痢が激減しました。6年間で1回抗生物質を使っただけです。放牧地では病気になることが極めて少ないのです。子牛の増体が順調なのも、下痢がないおかげだと思います。

牛舎で飼っていたときは、ちょっと気を抜くと子牛の病気が広がることがありましたが、放牧地では牛も密にならず、さまざまな菌がいてバランスがとれているのではないかと思います。

お産のときも、牛舎で産ませるときには、消毒や敷料の取り替えなど気を遣っていましたが、放牧地ではその手間はいりません。母牛は自分で立派に子牛を産み、生まれたばかりの子牛も病気なく育ちます。

秋の間に育てたエンバクを、電気柵で区切るストリップ放牧で12月に少しずつ食べさせる（Y）

冬はエンバクとイタリアンで放牧

晩秋から冬にかけても放牧できるよう

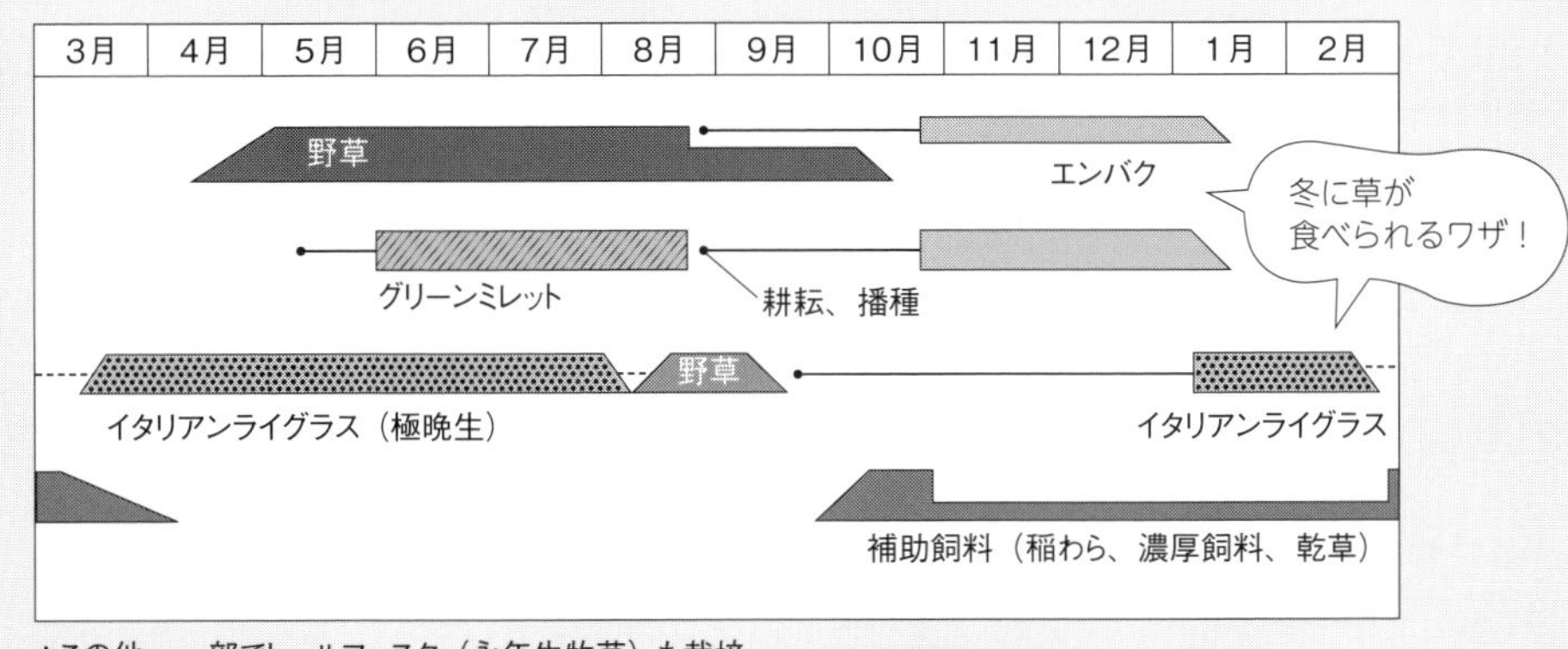

＊この他、一部でトールフェスク（永年生牧草）も栽培
＊イタリアンライグラスは、冬にストリップ放牧で食べさせ、春に再生草を食べさせる

図2－6　放牧で食べさせる草のスケジュール（瀬尾牧場のイメージ）

に実践していることは、秋のエンバクやイタリアンの栽培です。

8月下旬〜9月上旬に放牧地の一区画を牛が入れないように区切り、施肥・耕起してエンバクの種子を播き、覆土・鎮圧します。10月下旬には草が青々と大きく生長するので、ムダがないように、草地を電気牧柵で帯状に少しずつ区切りながら牛に食べさせます（ストリップ放牧）。これで約2カ月もちます。

1月からは、同様に前年9月に播いたイタリアンを食べさせます。イタリアンを食べ終えた後は、濃厚飼料と稲わらのロール（牛仲間から譲ってもらっています）、購入乾草を放牧地で与えています。

冬を乗り越えれば、3月にはイタリアンの再生草が伸びて放牧草を与えられます。

野草地と牧草地を組み合わせる

放牧地の牧草は、黒毛和種の母牛にとっては栄養価が高すぎるので、放牧頭数を増やしたりして食べすぎないようにしています。母牛には、栄養価の低い野草がちょうどいいそうです。母牛を野草だけで放牧できるのが理想ですが、野草は生産量が少なく、かなり広〜い面積がないと、野草地だけでは草が足りなくなります。

野草に比べ、牧草は草の勢いも再生力も段違いです。春先のイタリアンの生長は特にすごく、夏のグリーンミレット（飼料用ヒエ）もすごいです。私は春・冬のイタリアン、夏のグリーンミレット、晩秋のエンバクを組み合わせて、一年中放牧地をフルに使っています。

いっぽう、母牛用に野草地のまま残している区画もあります。野草地を親子放牧の拠点にして、その隣を牧草地にします。高い栄養を必要とする子牛だけが牧草地に入れるように電気牧柵でゲートを作りました。状況に応じて野草・牧草両方を組み合わせて試行錯誤しています。

分娩前の増し飼いは不要？

繁殖では1回だけ死産になったことがありました。死産した子牛は今まで見たこともない大きさで、スムーズに出られなかったのです。放牧で食べた牧草の栄養価が高く、さらに分娩2カ月前から濃厚飼料の増し飼いをしてしまったためではないかと思います。

それからは、草が充実しているときは、分娩前の増し飼いは一切していません。草が不足する時期は牛の状態を見ながら補助飼料を少し増やします。

また、お産を見守れるように、分娩予定日前後は頻繁に観察するようになりました。

放牧で一貫経営に移行中

放牧でコストや手間が大幅に削減できたので、最近は一部、繁殖・肥育一貫経営に移行しています。去勢牛を12カ月齢まで放牧地で育成し、13カ月齢から舎飼いで肥育します。放牧で育てた子牛は足腰が丈夫で、34カ月齢までの肥育に十分耐えられます。血統のよいものはA5ランクが出るなど、成績も安定しています。

私が放牧・肥育した牛の肉は「もてぎ放牧黒毛和牛」としてブランド化を目指しています。試食会では地元のレストランのシェフが品質を高く評価してくれ、大きな希望となりました。今はホテルやレストランも、環境に配慮するSDGsに注目しており、放牧牛にも大きな関心を持っているそうです。放牧牛は一貫経営が合理的かと思います。

さらに成績を上げ牛飼いを魅力的な仕事にして、子どもたちに都会から帰ってきてほしいと切に願っています。

（経営内容は2020年当時のものです）

第3章
放牧での牛の飼い方のコツ

放牧では、舎飼い時と比べて
エサや管理方法が大きく変わります。
特に重要な体型・繁殖・分娩・子牛の
管理のポイントを紹介します。

1 牛の栄養の過不足を見極める

牛の体型で栄養状態を診断する

人間でも、同じ食事を同じように食べても、やせている人・太り気味の人があるように、放牧牛でも、同じ草を同じように食べても、やせている牛・肥り気味の牛がいます。牛の肥り気味・やせ気味は、通常ある程度の範囲内にあればよいのですが、妊娠直前の受精前後のやせすぎ・肥りすぎは問題となります。発情が来ない・発情が来て人工授精しても受胎しないなどの原因となるからです。

最初は、牛の体型を大まかに「肥りすぎ」「普通」「やせすぎ」の3パターンに見分けられるとよいでしょう[1]。左の写真を参考に牛の体型がどれに近いかをチェックし、「やせすぎ」と判断した牛に対しては、補助飼料を多めに与えて栄養を補完します。「肥りすぎ」と判断した牛に対しては、補助飼料を制限するか、栄養価の低い野草地で放牧するなど、栄養を制限する対策が望まれます。

このような牛の体型を数値化して記録・判断する指標としてBCS（ボディコンディションスコア）があります（詳しい資料を205ページで紹介）。肉牛のBCSは、「やせすぎ」は1～3、「普通」は4～6、「肥りすぎ」は7～9となります。BCSは肉牛と乳牛で評価方法や基準が異なり、肉牛では1～9のスコア、乳牛では1～5のスコアが多く使われます。また、乳牛のBCSを簡易に測定する方法としてUV法があります。

まだ肉牛用のBCS評価に慣れていない方や、「普通」の牛をもう少し細かく評価・管理されたい方は「UV法でのBCS＝3・0を目標に飼養管理」することを、まず目標にしてください（コラム9参照）。UV法は厳密には乳牛の指標なのですが、肉牛でも大まかな目安となります（現場で使われている事例があります）。大腿骨の付け根の部分

牛の体型と肉牛のBCS判定部位

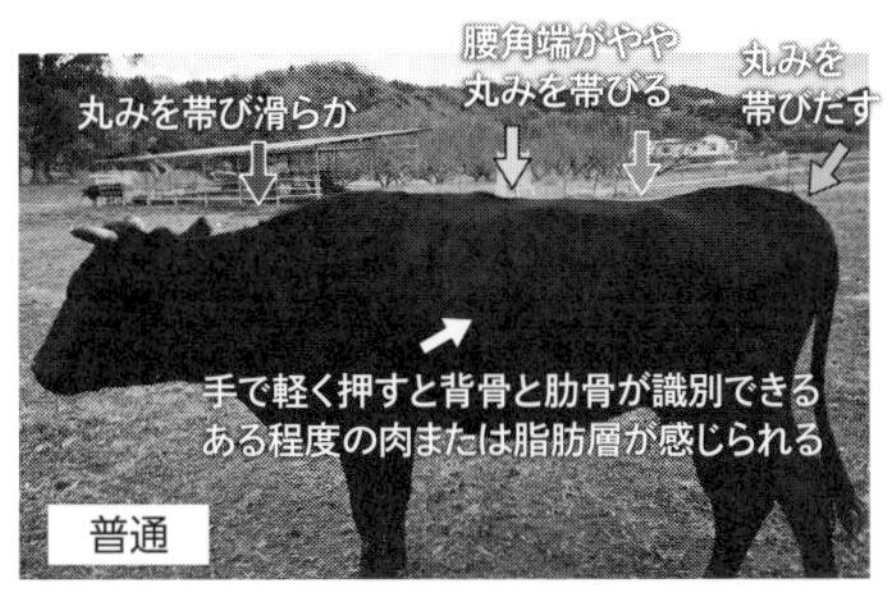

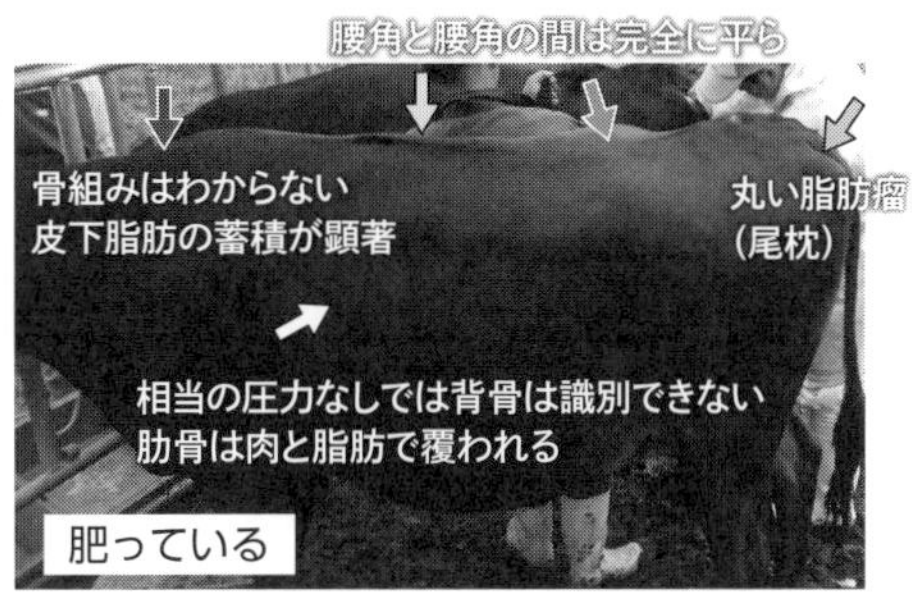

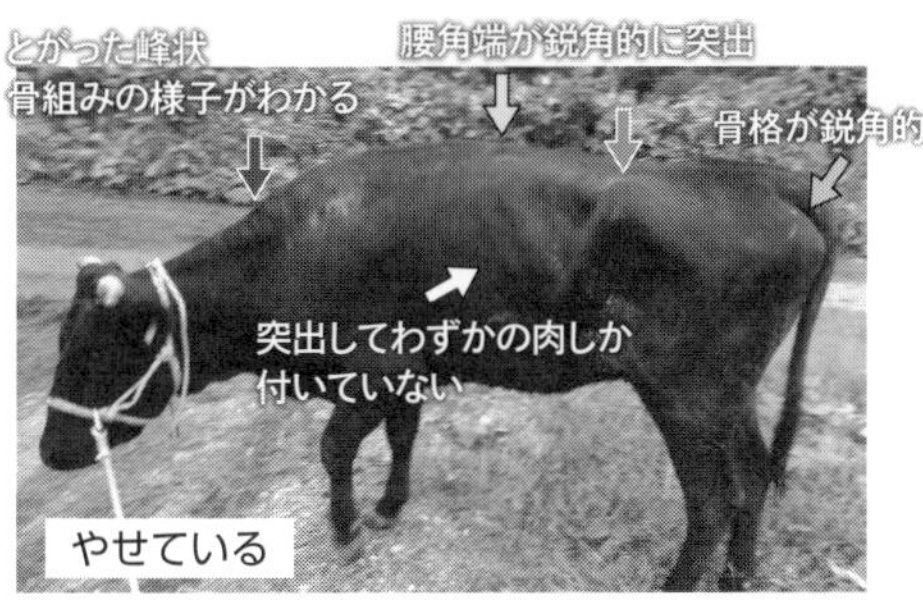

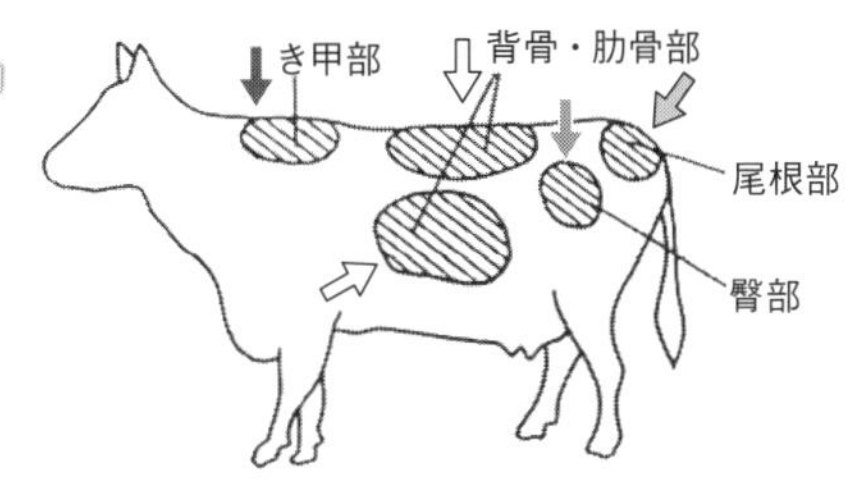

図3－1　BCSを測定する部位

がU字かV字かをチェックして、ぎりぎりV字に判定されるレベルであれば、標準的な範囲です。目が慣れてきたら、きちんとした肉牛用のBCSを学んで、牛の体型をチェックしていくようにしてください。

牛が十分に草を食べているか見分ける方法

放牧地で牛が草を十分食べられているかどうかは、牛の左側の腰角前のくぼみの部分を見ると判断できます（ルーメンフィルスコア。資料を205ページで紹介）。およそ12時間前までの採食状況がわかるとされています。牛が草を食べられていないと、胃袋（大きさがドラム缶にたとえられる第一胃）の中身が

牛のルーメンフィルスコアはここを見る

コラム 9

牛のUV法——簡単に体型を見分ける方法

肉牛のBCSの活用が難しく感じる方は、まずはUV法を利用してみてもよいと思います。UV法は乳牛のBCS判定方法ですが、簡易なので肉牛で使われている事例もあります。種付け時はUV法でのBCS3.00くらいが理想です。

①腰角～坐骨のラインを見る

・Vに見える→BCS 3.00以下

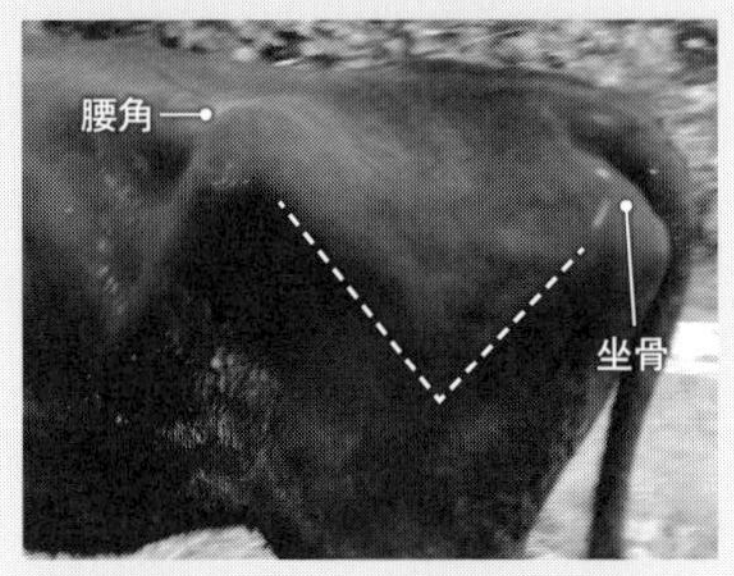

腰角—坐骨のラインが大腿骨の付け根を通り、V字を描く

↓

②腰角と坐骨結節の形を見る

・Uに見える→BCS 3.25以上

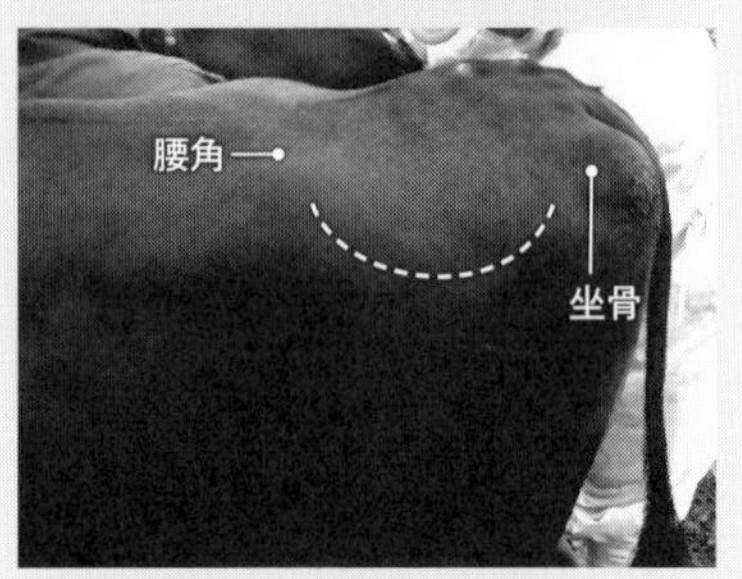

腰角—坐骨のラインが大腿骨の付け根を通らず、U字を描く

↓

③仙骨靱帯と尾骨靱帯を見る

・どちらも丸い
　→BCS 3.00
・腰角が角ばっている
　坐骨結節は丸い
　→BCS 2.75
・どちらも角ばっている
　→BCS 2.50以下

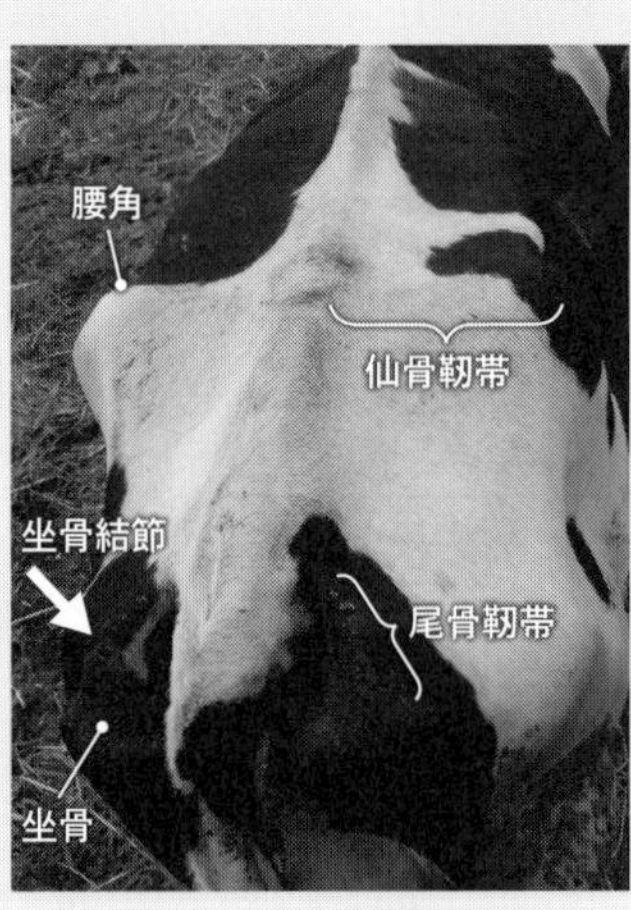

写真の牛はBCS3.00程度

・どちらもはっきり見える
　→BCS 3.25
・仙骨靱帯がはっきり、
　尾骨靱帯がわずかに
　見える
　→BCS 3.50
・仙骨靱帯がはっきり、
　尾骨靱帯がわからない
　→BCS 3.75
・どちらもわからない
　→BCS 4.0以上

BCSは牛の体に触れて確かめることも大事だよ

少なくなり、このくぼみが大きくへこみます。お腹いっぱい食べられると、胃袋が大きくなるため、くぼみが少なくなります。スコアは1から5まであり、数字が小さいほどくぼみが大きく（採食量が少ない）、数字が大きいほどくぼみが小さく（採食量が多い）なります。

放牧地の草が短くて、牛が本当に草をたくさん食べられているか心配な場合などに、この部分を見ることにより、牛が草をどれくらい食べられているか判断できます。くぼみが大きい場合には草の量が足りないので、草の多い他の放牧地に移動させたり、補助飼料を増やすなどの対策を講じます。

2 繁殖管理

牛に子どもを産んでもらわないと、乳牛では乳が出ないため牛乳を出荷できませんし、肉牛（繁殖雌牛）では子牛を出荷できません。そのため、牛によい種を付けること（繁殖）が、畜産経営にとって重要なポイントになります。放牧経営において、繁殖で気を付けるポイントを紹介します。

牛の体型管理と飼料の調整

牛の体型は、食べるエサの栄養価と量に左右されます。放牧では、放牧地に生えている草の栄養価がどの程度か、牛がどれだけ放牧草から摂れているかを、ある程度見極める必要があります。

放牧牛のＢＣＳが全体的に下がってきている（やせてきた）場合には、放牧地で食べられる草が足りているか確認し、不足している場合には飼料イネＷＣＳなど粗飼料を十分給与しましょう。

放牧牛のＢＣＳが全体的に上がってきている（肥ってきた）場合には、補助飼料中の濃厚飼料を減らしましょう。それでも肥るようであれば、高栄養牧草など放牧地の草の質がよすぎる可能性があるので、可能であれば牛の頭数を増やす、または放牧地の面積を狭く区切るなど、放牧草からの栄養摂取量を少し減らすなどの対策をとりましょう。放牧草を減らした分、乾草やサイレージを補給します。

黒毛和種の繁殖牛はタンパク過剰に注意

高栄養牧草の中には、使い方や生育時期次第で濃厚飼料並みに栄養価が高いものがあります。黒毛和種の繁殖牛の場合、このような高栄養牧草地の放牧では、タンパク摂取過剰になる可能性があるので、種付け予定牛の放牧には特に注意が必要です。

高栄養牧草地に種付け予定の牛を放牧する場合、濃厚飼料は、全体の栄養と摂取量を考え、タンパク含量の少ない配合飼料や圧扁トウモロコシにしてもよいでしょう。また、種付け予定の牛の区画をポリワイヤーなどで狭く区切ったり、ストリップ放牧にしたりして高栄養放牧草の採食量を制限させつつ、稲わらなどのタンパク含量の少ない粗飼料を同時に給与するとよいでしょう。

また、施肥量を減らす・施肥から利用までの期間を長くする・遅効性のコート肥料を使うなどにより、牛の口に入る牧草中の硝酸態チッソやタンパク含量などを下げる施肥管理も検討しましょう。

放牧地での発情発見・管理のコツ

牛に発情が来て受精適期になると、その牛に他の牛が乗るという乗駕（じょうが）行動が見られます。放牧地では、繋ぎ飼いに比べて牛の行動の制限が少ないことから、牛の発情行動の一つである乗駕行動が観察しやすいことが利点です。ただ、放牧地は牛舎に比べて広く、自宅から離れていることも多いため、牛の発情行動を丁寧に見る時間が舎飼いより短くなるケースが多いことが欠点です。この欠点を少なくする方法を中心に記載します。

①日々の定期的な集畜

放牧では乗駕行動を見逃すリスクも高いです。そこで、1日2回程度放牧地でエサを給与するなどして、人の前に牛を毎日定期的に集めると、そのとき

牛の発情行動。乗られているほうが発情している

に人の前で牛が乗駕行動して発情がわかる場合が多くあります。放牧を利用することにより、人が行なう作業は大きく減りますが、その分牛をよく観察することが重要となります。

②発情発見をサポートする道具を使う

牛の十字部（お尻の少し前あたり）部分に、発情を発見する道具「ヒートマウントディテクター」を取り付ける方法もあります。乗駕行動で牛に乗られるとヒートマウントディテクターの色が変わり、発情を見つけることができます。テールペイントスプレーやテールペイントを塗ったりしてもよいでしょう（色が複数あるので受精前と後で色を変えるなどの目印としても利用できます）。これらの道具は、人が見ていないときの放牧地での発情を知る上で、有効な手段です。

近年異常気象が多く、特に暑い夏場においては、牛は乗駕行動を昼間にはせず、夜間にする場合があると聞きます。目で発情を見逃さないと自負される農家の方も、これまでにない異常気象の影響などで、牛の乗駕行動時間が変わっている可能性があるので、もし分娩間隔が長くなっているようなら、これら補助具を一度使ってみるとよいかもしれません。

③発情発見に役立つ機器の利用

株式会社コムテックの「牛歩」は、牛の脚などに機器を付け、牛の歩数を計測して発情を発見し、飼い主にデータを送信する機器です。雌牛が発情時に通常よりも歩数が多くなる習性を利用しています。

株式会社ファームノートの「ファームノートカラー」は、牛の首に機器を装着し、牛の活動情報を収集解析し、発情兆候などをスマホなどに知らせる機械です。これらは基本的に牛舎用で、動作には商用電源（AC100V）が必要ですが、放牧を取り入れた経営の中でも舎飼い部分を持つ経営もあることから、これらツールをうまく活用している農家もいます（放牧地用は開発中です）。

④排卵同期化の利用

大規模な放牧育成牧場では、朝夕の各30分前後の牛群の発情発見作業があり、その中で1頭でも発情が発見されれば、何十頭という牛群全頭を人工授精ができる施設まで移動する作業が必要となります。これを省力化するため、各種ホルモン製剤などを牛群全体に投与して発情・排卵を同時期に集中させることにより、一度に複数の牛に種付け作業をする方法があります（詳しいマニュアルを206ページで紹介）。

種付け作業

種付け作業は、放牧でも舎飼いでも基本的には同じですが、放牧に関連する情報を少し紹介します。

①人工授精

発情がきたら牛に精液を注入し受精させる方法です。農家が獣医などに作業を依頼することが多いのですが、家畜人工授精師の資格を取得し、自身で実施する農家の方もいます。

②受精卵移植

牛に受精卵を移植する方法です。作業は通常受精卵移植が可能な獣医に依頼します。作業には家畜受精卵移植師の資格が必要です。現在の母牛の血統にかかわらず、優良な血統の牛を産ませることができるのが利点です。肉牛（繁殖雌牛）放牧では、母牛が元気で長生きする場合が多く、母牛の血統が古いことがありますが、そのようなときにも受精卵移植により、市場で流行している（高値で取引される）血統の子牛を産んでもらうことができます。

③牧牛（まきうし）の利用

雄牛と雌牛と同じ場所で飼養し、雄牛に種付けをしてもらう方法です。人が発情発見や種付け作業をしなくてもよいため、省力的で確実です。ただ、肉牛の繁殖経営の場合、雄牛の血統が時代に合わないものだと市場で子牛の値段が下がったり、能力のある新しい血統の導入による牛群改善ができないなどのデメリットもあります。放牧下では、去勢していない雄牛を放牧地で飼養する必要があります。

リハビリ放牧

リハビリ放牧とは、長期不受胎の繁殖牛を放牧して繁殖機能を回復させ、受胎させることを目的とした放牧です。放牧すると日光によく当たり、ミネラル・ビタミンを豊富に含んだ青草を食べることができ、自由な運動によるダイエット効果も期待できます。発情兆候が微弱だった牛が、リハビリ放牧により発情兆候が観察されるようになり、受胎率が向上したという報告があります（詳しい資料を206ページで紹介）。

いっぽうで、リハビリ放牧した牛の全頭が受胎できたわけではなかったという研究報告もあることから、リハビリ放牧は万能ではなく、繁殖改善に一定の効果が見られると考えるとよいでしょう。

3 放牧地での牛の分娩管理

放牧地での事故は少なく、小濱ら（２０１７）の報告では分娩事故は野外区２・56％、舎内区８・62％とされています。しかしながら、放牧地の分娩事故がゼロになるわけでありません。

特に、初産牛は、体が小さいうちに出産をすることから分娩事故も多く、分娩時には注意して対応する必要があります。基本的に、初産牛には大きくなる系統の種を付けないこと、分娩予定日を過ぎたら特に注意して観察することが必要です。

分娩監視に役立つ機器として、株式会社リモートの「牛温恵（ぎゅうおんけい）」があります。これは、親牛の膣に温度センサーを挿入し、出産時に子牛がセンサーを親牛の体外に押し出すと、センサー温度が低下し、すぐに飼い主にメールで連絡が来ます。この機器も舎飼い用で、基本として商用電源が必要となりますが、太陽光発電とバッテリーで駆動させ、放牧地で稼動させて、事故を防ぐことができました[2]。

この場合、機器の半径７・５ｍをポリワイヤーで囲い、水とエサを別途給与し、親牛に直射日光が当たるところは日陰を作る必要があります。エサをやるタイミングは、昼間分娩を誘起するため、夕方１回の給与とします。この方法については、機器の防水・熱対策や、電源容量などの課題

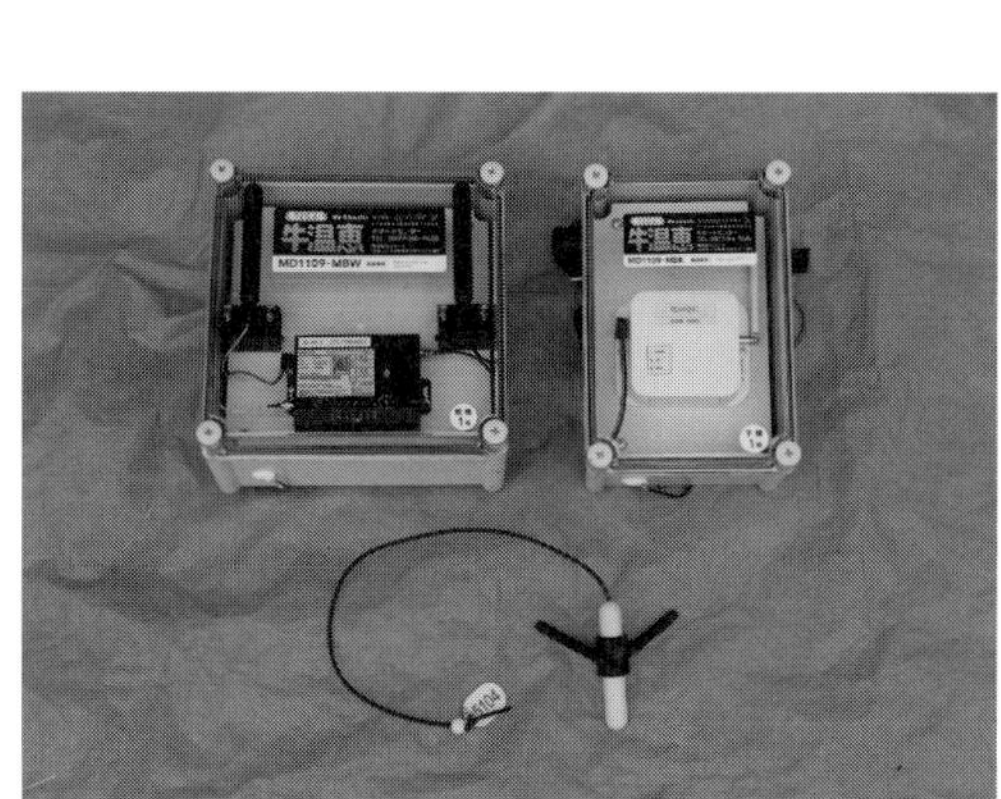

牛温恵。下が牛の膣に入れる温度センサー（Y）

も残っていますが、現地分娩で事故なく産ませられることが2年間実証できました。

現地にウェブカメラやモバイルルータなどを設置し、分娩状況を監視できるようにしたこともありましたが、ウェブカメラの画像を確認し続けるのが多少大変でしたので、牛温恵のほうが省力的です。

周年親子放牧をされている農家の中には、初産牛などの分娩用のエリアを作り、初産牛のお産に気を遣って対応している事例もあります。

分娩時の対応は、基本的に舎飼いと同じです。分娩の様子をしばらく観察し、子牛が大きすぎて親牛から出てこられない状態と判断したときには、足を引っ張るなどして分娩介助をし、農家では手に負えないときには獣医に来ていただき対応してもらいます。

また、無事に生まれた後に子牛が初乳を飲んでいるか確認し、初乳を飲めていないようであれば初乳製剤を与えます。万が一、母牛が育児放棄するようであれば、人工哺乳で子牛を育てます。

4 子牛の管理

人への馴致

分娩直後の子牛は、人や管理に馴らす上で最もよい時期ですので、人に対する馴致を行ないます。逆にこの時期に人に対する馴致を行なわないと、人に寄りつかない扱いづらい牛になってしまう可能性があるので、必ず行ないましょう。

馴致は、子牛に優しく声をかけながら、背・首・腹を手やブラシで1往復1秒くらいのゆっくりしたペースでなでます。生まれた当日から1週間毎日、一回当たりの時間は3~5分です。詳細は、「周年親子放牧導入マニュアル 新技術解説編8 親子放牧子牛の効率的馴致法」をご覧ください。わかりやすい動画もあります。

子牛の馴致の場所としては、親牛用のエサ場の奥に、子牛のみ通行できるゲート（高さ約125cm、幅40cm）を作り、その中で行なうとよいでしょう。出産直後の親牛の中には気が立っているお母さんもいて、人が子牛を触るのをいやがり、攻撃的になる場合もあります。そのとき、親と子を分離して、安全に作業を行なうことができるからです。

子牛に優先的に栄養価の高いエサを与える方法

その後、親子放牧を行ないながら、生育に応じてスターターや子牛用の濃厚飼料を給与していきます。これも、子牛のみ入れるスペースで行ないます。放牧草地として、高栄養の牧草のエリアを作り、そこに子牛のみ入れるようにして、良質な粗飼料を優先的に食べさせる技術もあります。詳細は、「周年親子放牧導入マニュアル 新技術解説編10 クリープ草地を利用した親子放牧子牛の効率的育成法」をご覧ください。

他にも、木質由来でTDN含量が高くゆっくり消化される飼料のクラフトパルプを活用する方法もあります（「周年親子放牧導入マニュアル 新技術解説編9 クラフトパルプ活用マニュアル」参照）。

体重のモニタリングと濃厚飼料給与量の調整・健康の評価

放牧地の水飲み場の前に体重計と個体識別装置などを配置し、放牧地の牛を自動で測定できる技術があります。

舎飼いでは多くの場合、子牛は個別や少頭数で分けて飼養管理されますが、放牧では子牛も親牛も同じところで放牧されます。そのため、水飲み場の前の一つの体重計システムで、放牧地すべての牛の体重を測定することが可能となります。体重をモニタリングすることにより、子牛については標準的な成長に対し、現状の体重の状態との差異がわかるので、体重が予定より低い牛にはより多くのエサを給与することにより、増体の制御ができます（多くの人の協力により、筆者らの目標である9カ月齢280kgを現地で実証することができました）。詳細は、「周年親子放牧導入マニュアル 新技術解説編5 放牧牛体重計測システム」をご覧ください。

また、特定の牛の体重が2週連続で他の牛の増体と異なる（他の牛すべての体重が増えているのに特定牛のみ体重が増えない・または減少する）ようであれば、何らかの問題を抱えている可能性がありますので、必要に応じて獣医などに診ていただき治療などの対策を行ないます。

離乳は必ずしもしなくていい

周年親子放牧において、特段の離乳作業をせず、子牛を出荷月齢の約9カ月齢まで親と一緒にして、まったく問題のない事例があります。東北農研で7・5カ月離乳と3カ月離乳で子牛の増体を比較した試験では、7・5カ月離乳のほうが良好な発育を示しました（周年親子放牧導入マニュアル 基本技術導入編167ページ）。このように、離乳をしないで十分放牧でうまくいく事例があります。

いっぽう、親子放牧でも離乳をする事例もあります。通常、牛舎で離乳するときには、親と子を物理的に引き離します（直後は親と子がお互い大声で呼び合ったりします）。親子放牧では子牛に「離乳鼻環」をつけて、親牛と子牛が一緒に放牧地にいても、子牛が親牛の乳を飲めない状態にして、離乳をする事例もあります。

離乳鼻環をしている子牛（右の牛）。鼻環が邪魔で母牛の乳首をくわえられなくなる

第4章 牧草と草地管理の基本

——集約放牧を中心に

放牧は、牧草を上手に生かすことで生産性が高まります。
牧草の選び方・栽培の基礎知識や、
放牧牧草地を良好に管理するポイントをまとめました。

耕作放棄地に生えている野草を利用した放牧には、肉牛の繁殖牛が適します。しかし、毎日たくさんの乳を出す乳牛や、胃袋が小さいのに日々成長する必要のある育成牛（乳牛・肉牛）には、野草よりもっと栄養価の高い飼料が必要です。放牧では、高栄養の牧草の導入が求められます。

草種と放牧のやり方を精密に管理することで草の収量や栄養価などを高め、生産性の高い放牧を行なうことを「集約放牧」と呼んでいます。

本章では、この集約放牧を一つの目標として、「牧草の種類と選び方」や「放牧のやり方」を中心に、生産性の高い放牧を行なうための基本的な情報・技術を紹介していきます。放牧で収益性を高めていくために重要な内容となります。耕作放棄地の繁殖牛放牧から一歩進んで、子牛や育成牛の放牧も行ないたい方や、現在の放牧をレベルアップしたい方などの参考になれば幸いです。

1 放牧での草の食べさせ方のパターン

集約放牧では、草の食べさせ方としては「輪換放牧」が基本になります。ここでは、輪換放牧を含む放牧での草の食べさせ方のパターンについて紹介します。

定置放牧（連続放牧）

大きな一つの区画で牛を放牧するやり方です。牛に放牧地全体を歩き回り、草を食べてもらいます。牧区から牧区へ牛を移動させる作業（転牧）をしなくてよいので、人にとっては最もラクです。もちろん、必要に応じてポリワイヤーで草地を区切ることもできます。

ある程度放牧圧を高めて（牛を多めに入れて）全体的に短草で維持管理すれば、草地を囲むすべての電気牧柵の下草も食べてもらえることから、漏電対策（電気牧柵に草が触れて漏電するのを防ぐ管理）

郵便はがき

おそれいりますが切手をはってお出し下さい

1078668

(受取人)
東京都港区
赤坂郵便局
私書箱第十五号

農文協
読者カード係 行

http://www.ruralnet.or.jp/

◎ このカードは当会の今後の刊行計画及び、新刊等の案内に役だたせていただきたいと思います。　はじめての方は○印を（　）

ご住所	（〒　－　） TEL： FAX：
お名前	男・女　歳
E-mail：	
ご職業	公務員・会社員・自営業・自由業・主婦・農漁業・教職員（大学・短大・高校・中学・小学・他）研究生・学生・団体職員・その他（　）
お勤め先・学校名	日頃ご覧の新聞・雑誌名

※この葉書にお書きいただいた個人情報は、新刊案内や見本誌送付、ご注文品の配送、確認等の連絡のために使用し、その目的以外での利用はいたしません。

● ご感想をインターネット等で紹介させていただく場合がございます。ご了承下さい。

● 送料無料・農文協以外の書籍も注文できる会員制通販書店「田舎の本屋さん」入会募集中！
案内進呈します。　希望□

■毎月抽選で10名様に見本誌を1冊進呈■（ご希望の雑誌名ひとつに○を）

①現代農業　②季刊 地 域　③うかたま

お客様コード

17.12

お買上げの本

■ご購入いただいた書店（　　　　　　　　　　　　書 店）

●本書についてご感想など

●今後の出版物についてのご希望など

この本をお求めの動機	広告を見て（紙・誌名）	書店で見て	書評を見て（紙・誌名）	インターネットを見て	知人・先生のすすめで	図書館で見て

◇ 新規注文書 ◇　　郵送ご希望の場合、送料をご負担いただきます。

購入希望の図書がありましたら、下記へご記入下さい。お支払いはCVS・郵便振替でお願いします。

（書名）	（定価）¥	（部数）　部
（書名）	（定価）¥	（部数）　部

460

もラクです。

　黒毛和種の繁殖牛の飼養で使われることが多い方法です（山地酪農のように乳牛飼養で使われる事例もあります）。

輪換放牧

　放牧地をいくつかの牧区に区切り、半日～数日おきに牛を次の牧区に移動させて、各牧区の草を順番に食べさせる方法です。牧草を栄養価の高い短草状態で利用する上で、小牧区を繰り返し利用する輪換放牧は適しています。

　前述の定置放牧では、牛の数に対して放牧地の草が多い場合、牛が好きな草（柔らかくて栄養の高い牧草）をつまみ食いするように食べ歩いてしまい、一部に食べ残し（硬くて栄養価の低い牧草や雑草）や食べムラが出てしまうことがあります（残った硬くて栄養価の低い牧草や雑草が増えます）。輪換

●定置放牧

一つの大きな区画で放牧する

●輪換放牧

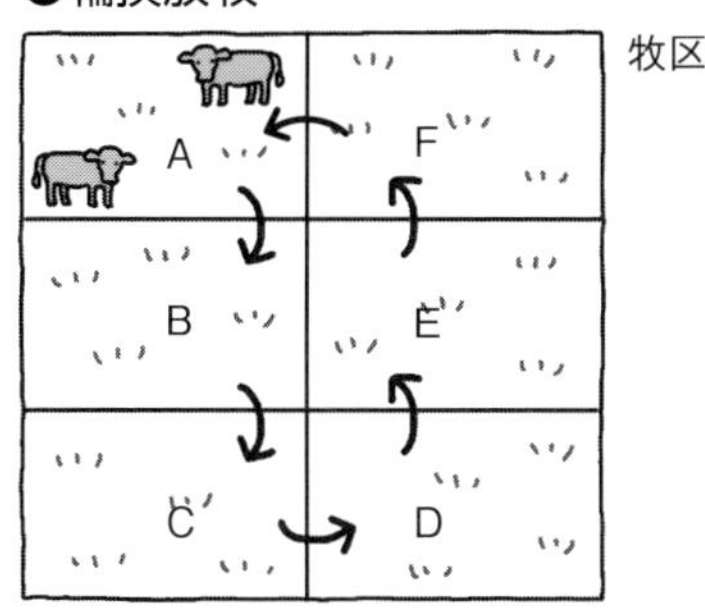

放牧地をいくつかの牧区に区切って牛を順番に移動させる

●ストリップ放牧

電気柵を少しずつずらしていく

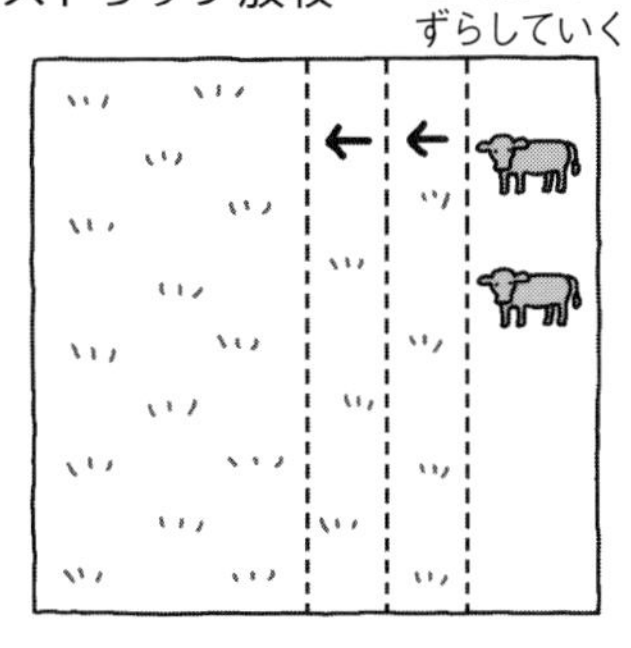

放牧地を帯状に細かく区切り、草を少しずつムダなく食べさせる

●小規模移動放牧

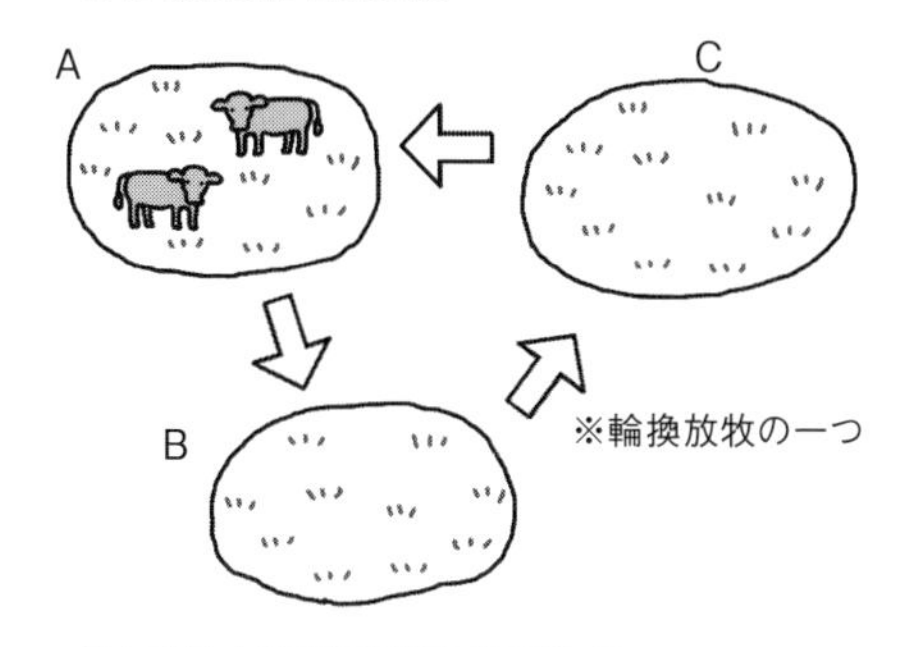

点在する小面積の放牧地で牛を数日ずつ移動させながら放牧する

放牧での草の食べさせ方

放牧では牛が歩き回れる範囲が狭いので、草を選び食いさせることなく均一に全体を食べさせることができます（硬くて栄養価の低い牧草や雑草も可能な範囲できっちり食べさせます）。草がある程度再生したら、また最初の牧区に牛を入れます。このとき、再生した草がある程度短いときに牛を入れると、栄養価の高い状態で食べさせることができます（草は短いほうが栄養価が高く、牧草の割合も多く維持できる）。

また、後ほど詳しく説明しますが、牧草は季節ごとに生長（再生）のスピードが大きく異なります。春は非常に旺盛な生育をし（スプリングフラッシュ）、逆に秋は再生が鈍くなります。輪換放牧では、こうした牧草の季節生産性に合わせて牧区の大きさや放牧時間を調整するなど、草量と牛の頭数とのバランスをとるのが容易です。たとえばスプリングフラッシュ時では草が余りがちになることもありますが、放牧地の面積を減らした上で輪換放牧を行なって短草利用し、残りの放牧地は採草地（放牧をせず、草がある程度伸びたら機械などで収穫する）として利用すると、草をムダにすることなく最大限に生かせます。

また、掃除刈り（154ページ）や、牛がいない牧区で施肥管理を行なうなどの綿密な管理も容易です。このように、食べ残しなどのムダが出にくく、施肥などの管理もしやすく、栄養価の高い短草利用管理がしやすいなど、草の生産性を最大限に生かせる放牧方法です。公共牧場での育成牛放牧、または放牧酪農時に用いられることが多いです。

ただし、牧区を細かく区切る手間、半日～数日ごとに牛を移動させる手間はかかります。

ストリップ放牧

放牧地を電気牧柵で帯状に細く区切り、草を少しずつ牛に食べさせる方法です。草が高く伸びた牧草地において、牛が草を踏み倒したりせず根元まできれいに食べるためにこの方法がとられます。一日1～2回、電気牧柵を牧草地側に少し動かし、牛に必要量を食べさせていきます。区切るときはポリワイヤー電気牧柵を使うと簡単です。

利用事例として、晩秋季（10月下旬～）の放牧があげられます。晩秋は草がほとんど生育できないので、秋の間に一部の草地でムギ類の種子を播き、十分に生育させて備蓄しておきます。10月下旬に入り放牧地の草がほとんど食べつくされたら、備蓄していたムギをストリップ放牧でムダなく食べさせます。草が長く伸びた草地で定置放牧をすると、牛が歩き回ったり、座ったりして草が倒れたり、糞をしたりするので、そういった部分の食べ残しが多く出てしまいます。

また、種付け前後の黒毛和種の繁殖牛を、CP含量の高い高栄養牧草（イタリアンライグラスなど）で放牧する際、牛のCP摂取量が過剰にならないように、CP含量の少ない稲わらなどと併せて給与するときにも、繁殖牛の高栄養放牧草の採食量の制限に用いる場合があります。

ストリップ放牧後の再生草を利用する場合は、後ろ（すでに食べ終わった場所）にも電気牧柵を張り牛が入らないようにして、草の再生を確保することもあります。

なお、高栄養のエサを必要とする乳牛や育成牛で、春から秋の期間の輪換放牧管理を失敗し草を余らせたときにも、ストリップ放牧は利用できないわけではありませんが、多くの場合、草が余っている時点で牧草の栄養価も下がっているので、筆者としてはおすすめしません。少なくとも翌年からは放牧地全体として短草で維持管理できるよう、輪換放牧の方法を見直しましょう。

小規模移動放牧

輪換放牧の一形態です。小面積の耕作放棄地などをいくつか用意しておき、一つの耕作放棄地に牛を入れて草を食べさせ、草がなくなったら次の耕作放棄地へ移動することを繰り返します。最後の耕作放棄地まで行なったら、最初の耕作放棄地に戻ります。

耕作放棄地をまとまった単位で集積できない地域でも、この小規模移動放牧なら可能です。

全国的にまだ耕作放棄地面積が少なく、大面積の土地集積が困難な時代を中心に取り組まれてきました。牛の移動に労力がかかるのが難点ですが、牛の馴致がきちんとできているとラクにできます。ただ、できることなら耕作放棄地や農地等を集積し、定置放牧や輪換放牧ができるほうが効率的でしょう。

2 まずは、今の草地の状態を知ろう

草地の四つの状態

放牧地に牛を放牧しても、必ず牛が草を食べて育つとは限りません。どのような草地なら放牧牛が育つのでしょうか。草地の状態を見極める指標となる四つの指標を紹介します（図4－1）。

①草がない

近年、獣害が拡大しつつあり、放牧草地もその被害を受けています。例年通りスプリングフラッシュが来なかったり、牛を入れてないのに放牧地に草がない場合は、シカが増えて、牛が食べる草がなくなっている可能性があります。このような草地では、牛は草を十分に食べることができず、育ちません。シカの対策は141ページをご覧ください。

②草があるのに牛が食べない

この場合も牛は育ちません。一見草があるように見えても、牛が食べない雑草（ワラビなど）が多い場合があります。雑草が増えすぎて手遅れになる前に、雑草対策をする必要があります。

③草があり、食べるのに牛が育たない

これは、おもに草の栄養価が低いことが考えられます。長く伸びた草を食べさせていないか、栄養価の低い牧草や雑草が多いのではないか、などを確認しましょう。栄養価の高い飼料を必要とする育成牛や乳牛の場合は、少しでも高い栄養価の草を食べさせるため、短期的には草を短草で食べさせ、長期的には栄養価の高い牧草種へ草地を変えていきましょう。

④草があり、牛が草を食べて育つ

これが、目指すべき草地の状態です。栄養価の高い牧草が多く、しかも短草で食べさせている、雑草が少ない、土壌管理が適切（肥料、苦土石灰を施す）などの条件がそろうことが必要です。

本章は、この④状態の草地とするための方法（集約放牧の方法）を記載しています。

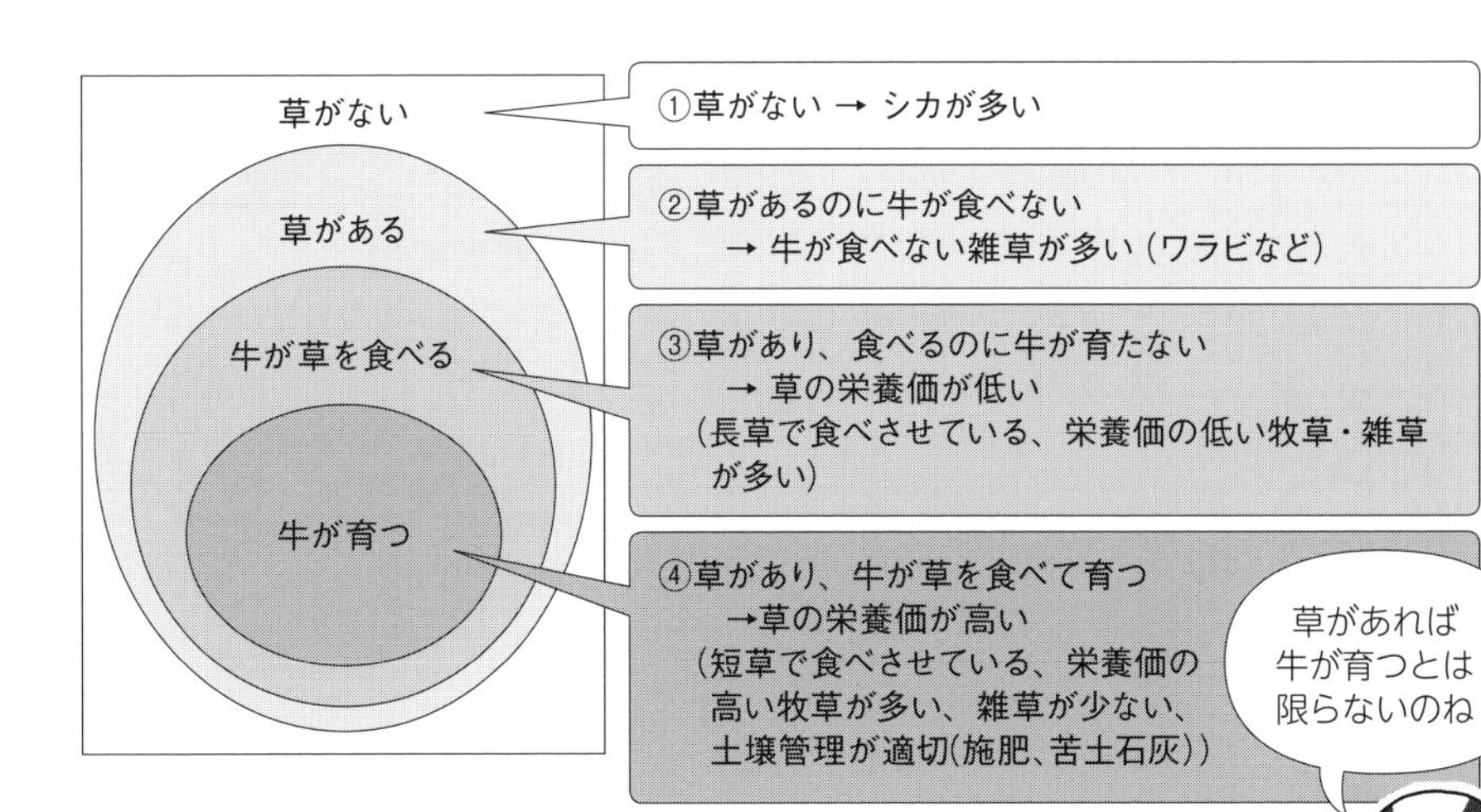

図4－1　草地の４つの状態

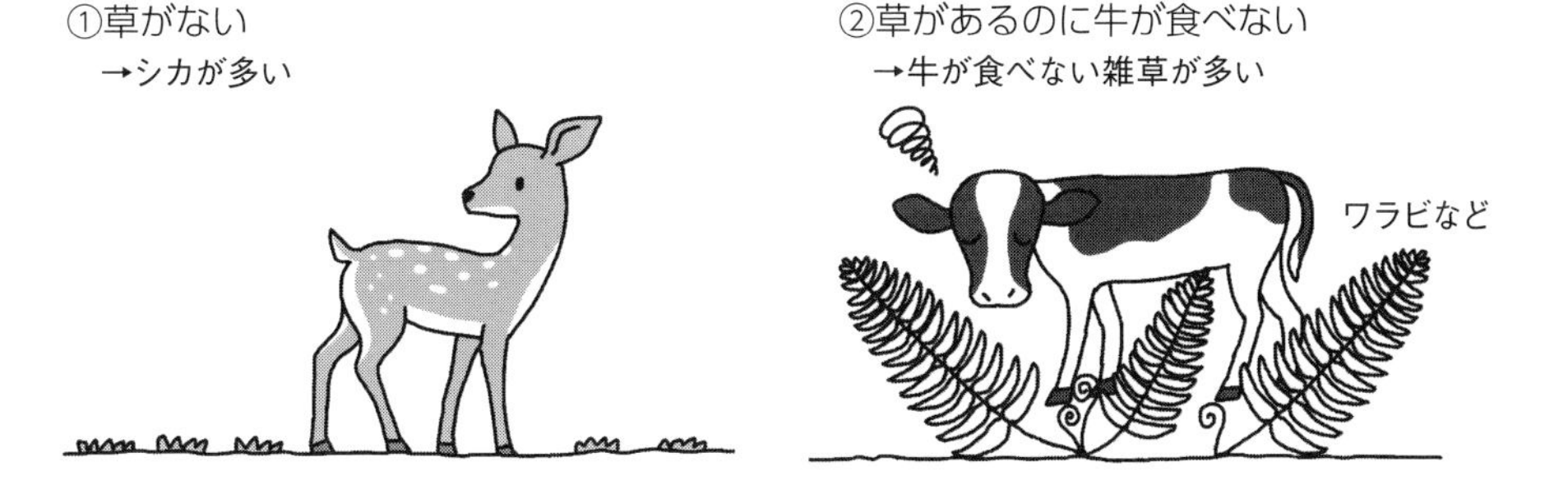

③草があり、食べるのに牛が育たない
→草の栄養価が低い

④草があり、牛が草を食べて育つ
→草の栄養価が高い

長く伸びた草　　野草など　　短く管理された牧草

草地の４つの状態のイメージ

3 地域の地形や気候に適した牧草種を選ぶ

牧草にはたくさんの種類があります。放牧地に播く牧草を選ぶ際は、作物と同様に「適地適作」に徹することが重要です。地域の「地形」と「気候」に適した牧草種を用いましょう。

ここでは、次の3種に分けて説明します。

①傾斜地や温暖な平地向きの「永年生シバ型草地を構成する草種」
②緩い傾斜地～平地向きの「永年生牧草」
③緩い傾斜地～平地向きの「一年生牧草」

地形と牧草種

まず、地形と牧草種の関係について説明をします。

農地の中には、トラクタなどの乗用農業機械による作業ができる土地（元水田、畑、牧場など）と、作業ができない土地（元果樹園、茶園、棚田、段々畑など）があります。

通常、栄養価の高い牧草（前述の②③）を栽培す

表4－1　地形と牧草種の関係

牧草利用年限(永年・一年)	永年生牧草		一年生牧草
地形	傾斜地	緩傾斜地・平地	
乗用農業機械による作業	不可能	可能	
想定される耕作放棄地の過去の地目（利用体系）	果樹園・茶園・棚田・段々畑など	畑・田・牧場など	
施肥量	なし(または小) ←→		大
維持管理コスト	小 ←→		大
単位面積当たり生産量	小 ←→		大
季節生産性の変化	小 ←→		大
単位面積当たり飼養可能頭数	小 ←→		大
牧草の種類	シバ型草地を構成する草種	永年生牧草	一年生牧草

地域ごとの各牧草の播種時期、放牧利用期間については214ページの資料で確認してください。

るためには、肥料や堆肥などの施用、耕起、播種・鎮圧作業が必須となります。そのためには乗用の農業機械が必要です。

いっぽう、傾斜地など乗用農業機械で作業ができない場所の場合でも、シバ型草地を構成する草種なら栽培できます（前述の①）。これにより作られた草地はシバ型草地と呼ばれます。単位面積当たりの生産量は少なく栄養価も低いのですが、栄養価の高い牧草より肥料の施用量が少なくまたは無施肥で維持管理でき、播種も表面散布で造成できることから、造成と維持管理が大変容易です。エサに高栄養を必要としない肉牛の繁殖雌牛に適し、生産量の少なさは面積を増やすことで対応ができます。

なお、シバ型草地を構成する草種は、傾斜地のみならず、機械作業の可能な緩い傾斜地～平地でも利用可能です。牛の頭数に対する面積が広い場合は、シバ型草地にすると維持管理が容易で低コストです。

気温と牧草種

比較的近年の気象情報をもとにして農業地帯を区分（図4－2）し、どの区分にどんな草種が適して

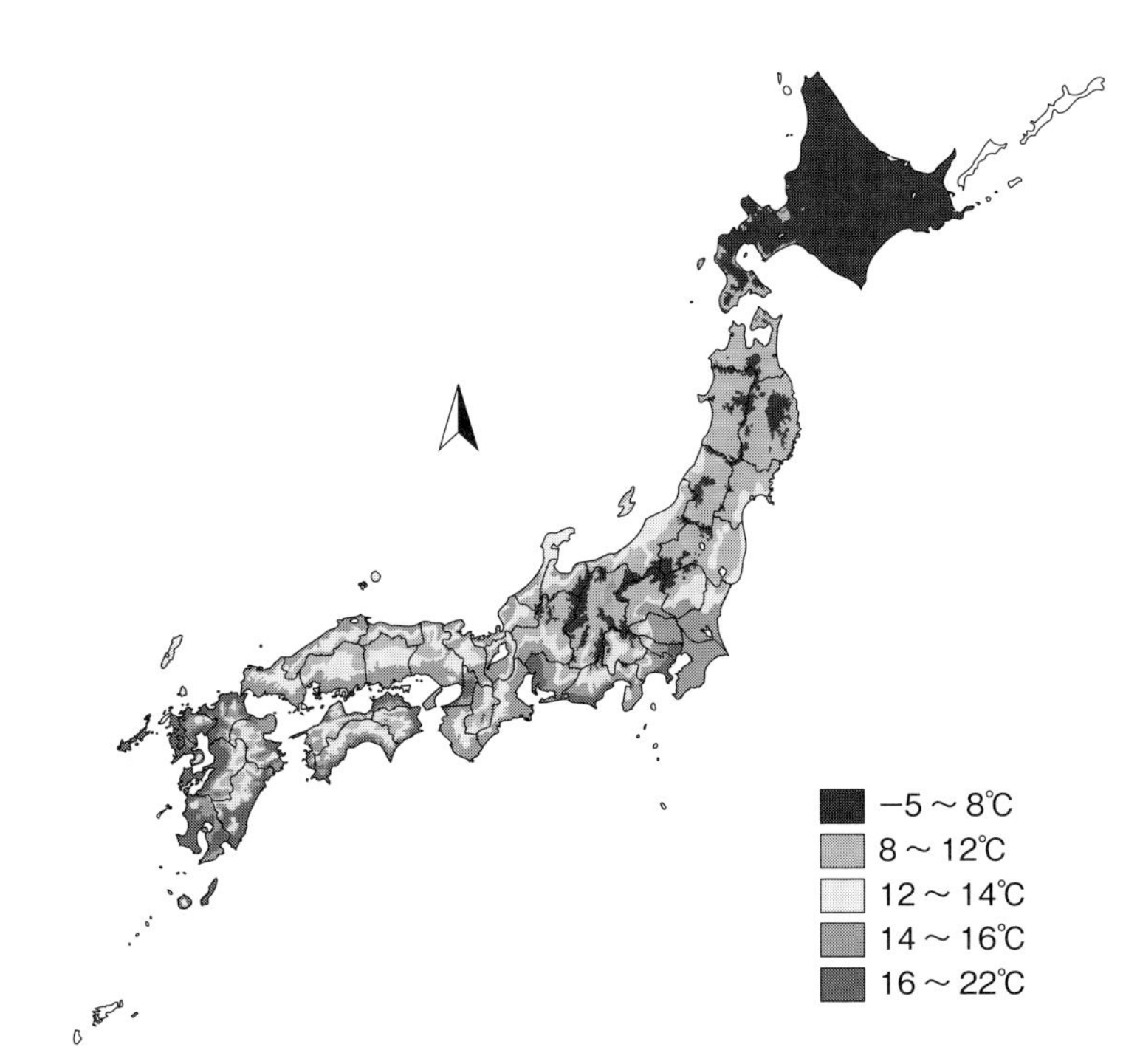

図4－2　2014～2018年の年平均気温に基づく農業地帯区分

いるかを表にしました（表4−2）。自分の地域でどの草種が栽培できるのか、チェックしてみてください。

ただし、近年地球温暖化が急速に進み、夏季が暑すぎるため、暑さに弱い寒地型牧草が夏枯れしてしまう事例が出てきています。以前に比べて各草種の適域が北上していますので、注意してください。

草種の解説

①傾斜地や温暖な平地向きの「永年生シバ型草地を構成する草種」

ほふく茎などにより、横へ横へと芝生のように広がっていく性質のある牧草で、この種の牧草が優先した草地は「シバ型草地」と呼ばれています（②③の牧草はほふく茎では広がりません）。単位面積当たり生産量は②③より低いのですが、傾斜地土壌の表面をほふく茎などで守ることから、法面が崩れるのを防ぐなど、土壌保全的な農地管理に役立ちます。

また、何らかの理由で草が生えていないところがあっても、ほふく茎などにより、その穴を埋めてくれます。

表4−2　気候と地形に適した牧草種

地形・草種の永続性 草種名（一年生は利用期間）	放牧利用期間	地帯区分（年平均気温）				
		＜8℃	8〜12℃	12〜14℃	14〜16℃	16〜22℃
①傾斜地〜平地・永年生（シバ型草地）						
ケンタッキーブルーグラス	春〜秋	←	―	→		
シバ	春〜秋		←	―	―	→
センチピードグラス	春〜秋		←（中間から）	―	―	→
バヒアグラス	春〜秋				←	→
②緩傾斜地〜平地・永年生						
ペレニアルライグラス	春〜秋	←	→			
オーチャードグラス	春〜秋	←	―	→		
トールフェスク	春〜秋	←	―	―	→	
③緩傾斜地〜平地・一年生						
イタリアンライグラス*	秋〜初夏	←	―	―	―	→
エンバク	秋〜初冬			←	―	→
ライムギ	秋〜初冬		←	→		
栽培ヒエ*	夏季		←	―	―	→

＊耐湿性草種で水田跡地での栽培にも適する

また、②③より肥料が少なくても維持管理が可能で、中には無施肥で（牛の糞尿や大気中のチッソなどを活用して）生育できるものもあります。維持管理がラクで、栄養価としては繁殖雌牛の放牧に適します。

・ケンタッキーブルーグラス

寒さに強い寒地型永年生で、年平均気温14℃以下の地域で利用されます。播種時期は秋で、採草地には通常利用しません。低投入型（肥料の投入が少ない）の草種です。和名はナガハグサで、細くて長い葉で、葉の先端がボートの舳先（へさき）のような形です。短

ノシバ

センチピードグラス（葉の先端がノシバほど鋭くない）

ケンタッキーブルーグラスの姿

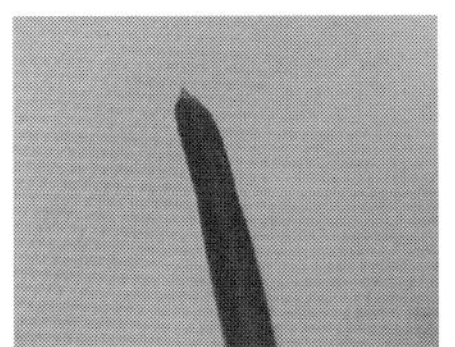

葉の先端はボートの舳先のような形

穂の様子

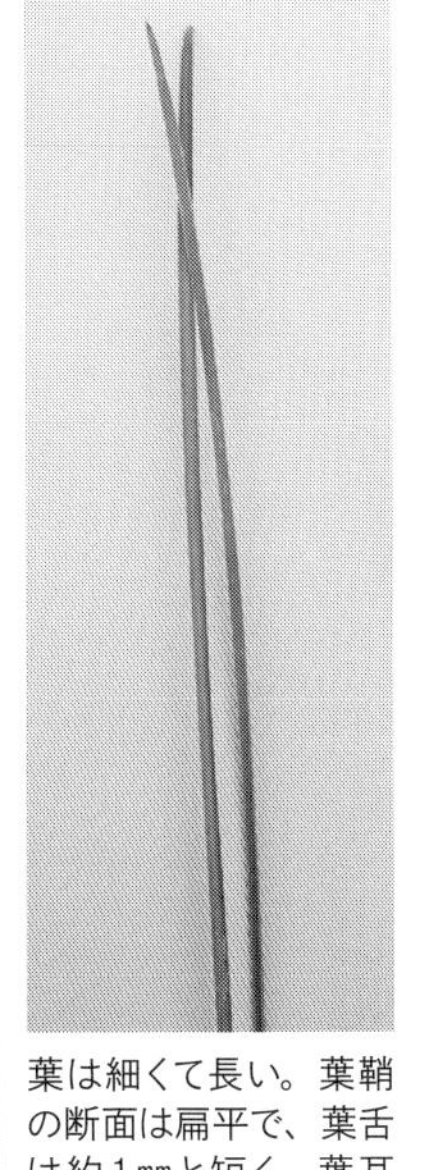

葉は細くて長い。葉鞘の断面は扁平で、葉舌は約1㎜と短く、葉耳はない

シバ型草地の広がり方
（ケンタッキーブルーグラスの例）

播種の翌年。スジ状に播いた種子から、横に広がっている

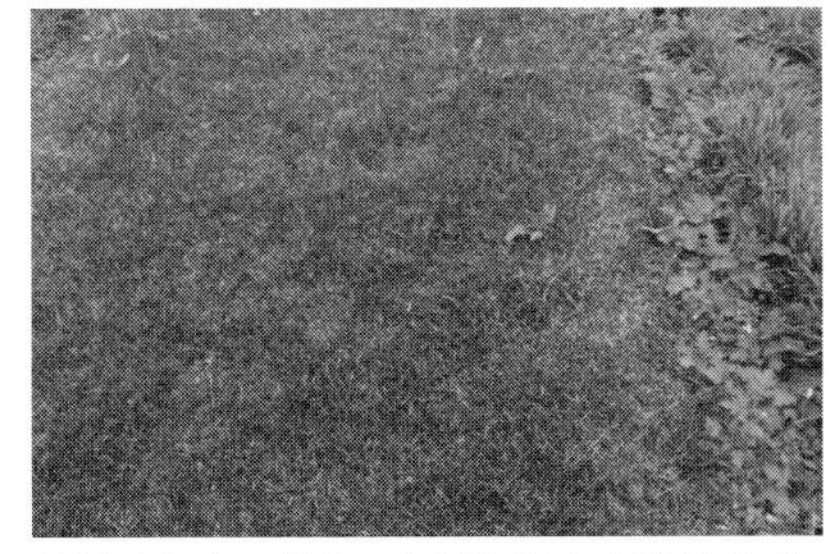

播種の翌々年。株間のすき間がほとんど見えなくなり、一面の芝生のようになった

草で放牧すると栄養価が比較的高く、育成牛の放牧利用ができることも知られています。地下茎が盛んに伸びて密度の高い草地になります。下田ら（2020）の試験では、品種「ラトー」が高生産量でした。

・シバ（ノシバ）

年平均気温8℃以上の地域で利用されます。各地の放牧では在来のノシバも多く利用されています。短草で耕作放棄地などの利用を継続すると、種子を播いていなくてもノシバ草地になることがあります。また、品種「たねぞう」のように広がりの早い品種の種子も販売されています。無施肥で管理可能です。播種時期は初夏。

・センチピードグラス

年平均気温約10℃以上の地域で利用できます。播種時期は初夏。シバより地面を被覆していく速度は速い傾向にあります。水田放牧のアゼ部分の保護などにも活用されます。品種「ティフブレア」が、耐寒性が強いとされています。

・バヒアグラス

暖かい地域が原産で、年平均気温14℃以上の地域で利用できます。播種時期は初夏。気温が低いと生育がゆっくりとなるため、ノシバやセンチピードグラスと比較し利用期間が短くなる傾向にありますが、種子コストは安いです。品種「ナンオウ」が、品種「ペンサコラ」より柔らかくて栄養価が高い傾向にありますが、利用期間は短くなる傾向にあります。

・レッドトップ

ケンタッキーブルーグラスとほぼ同じ地域で利用可能な草種です。和名はコヌカグサ。耐湿性が高いことが特徴で、水田跡地でも利用されます。播種時期は秋。

②緩い傾斜地〜平地向きの「永年生牧草」

おもに永年生の寒地型牧草が相当します。基本的に冷涼な気候を好みますが、草種により超夏性（夏越しのしやすさ）は異なります。トールフェスクなら比較的温暖な地域でも栽培可能です。冬に地上部が枯れますが、根が越冬して翌年以降も生育します。

栄養価、単位面積当たり生産量ともに、①のシバ型草地より多く、乳牛や育成牛の放牧に適します。ただし、シバ型草地のように横には広がりません。肥料分やカルシウムなどの養分を多く必要とするため、草地を維持するためには、定期的な施肥作業や苦土石灰散布などが必須です。

　播種時期は秋（冷涼な地域では晩夏）で、教科書的には遅くても霜が降りる40日より前に播種することが推奨されています（表４―３参照）。

・ペレニアルライグラス

　牛の嗜好性がとてもよく、栄養価も高く（37ページ図１―６参照）、利用可能な地域での放牧におすすめの品種です。年平均気温12℃より寒冷な地域で利用できますが、根が土壌凍結に弱く、北海道の土壌凍結地帯では越冬できないとされています。播種時期は秋で、初期生育が優れます。種子の表面追播による植生改善にも適します。

　現時点で、府県では品種「ヤツユメ」が利用可能ですが、「ヤツマサリ」や「夏ごしペレ」など、さらに優れた品種が開発されていて、可能であれば利用するとよいでしょう。北海道向け品種「道東１号」などがあり、品種選定は各都道府県の指導に従ってください。

表４－３　永年生寒地型牧草の播種適期目安

年平均気温	秋の播種適期
8℃以下	7月下旬～ 8月中旬
8 ～ 12℃	8月下旬～ 9月中旬
12 ～ 16℃	9月上旬～下旬
16℃以上	9月中旬～ 10月上旬

年平均気温に対する地域は、図4－2（123ページ）を参照
播種適期は初霜30 ～ 40日前を標準とする
「草地開発整備事業計画設計基準」（農林水産省生産局、2014）より

＊各地域の気象条件や草種により、播種適期の期間が限定される可能性があるので、都道府県の指導に従ってください（初期生育はトールフェスク<オーチャードグラス<ペレニアルライグラスですが、初期生育が遅い草種を播種する際に、早すぎると夏雑草に負け、遅すぎると早霜で根が浮くため、播種適期の期間が表より短い可能性があります）。北海道では「牧草播種晩限日計算プログラムおよび利用マニュアル」（206ページで紹介）も参考となります。

ペレニアルライグラスの姿

穂の様子

全株に毛がなく柔らかい

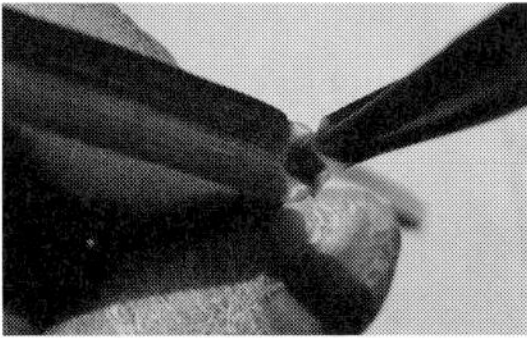
葉舌は短く、葉耳はやや伸びている

・オーチャードグラス

放牧地でペレニアルライグラスが夏越ししにくい地域でまず利用を検討する草種です。年平均気温14℃より冷涼な地域で利用できます。茎の形状が薄くて乾きやすく、採草利用に向く草種ですが、放牧でも利用できます。北海道では、おもに年3回採草可能です。播種時期は秋で、播き遅れに注意します。

・トールフェスク

最も温暖な地域で利用可能な寒地型牧草です。年平均気温16℃より冷涼な地域で利用できます。オーチャードグラスが夏越ししにくい地域での利用が適

オーチャードグラスの姿

株の様子

葉舌は白膜状で顕著

穂の様子

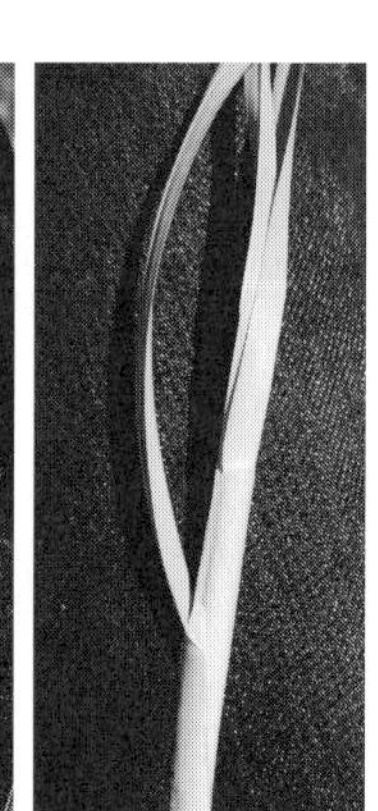
葉鞘の断面は扁平。葉身は基部近くはV型

トールフェスクの姿

穂の様子

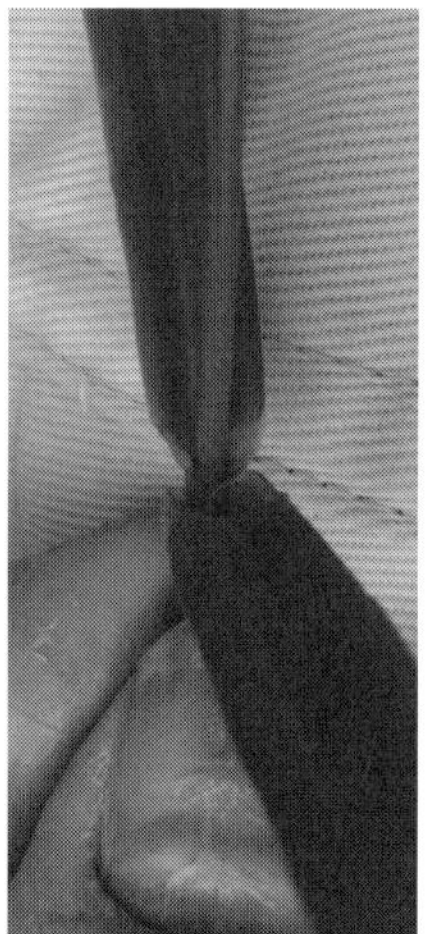
葉鞘断面は円形、葉舌は短く、葉耳は次の葉を取り巻くように突出している。葉は他の寒地型牧草よりも硬い

します。ただ、他の草種と比べて硬く食べ残しが生じやすい牧草です（放牧圧が足りないと出穂しやすい）。

播種時期は秋。初期生育はよくないので必ず適期に播種し、播き遅れに特に注意します。草と牛のバランスをきちんととれば、短草で利用が可能です。温暖な地域での夏季の放牧管理に少し注意が必要です。強度の放牧圧では夏越しできない事例がありました。いっぽうで、放牧しないとメヒシバなどの夏雑草に覆われて夏越しできないこともありました。筆者らの栃木県での試験では、70 a に親子2組という放牧圧で、夏雑草を牛に食べさせながらトールフェスクも無事に夏越しができました。

・メドウフェスク

北海道で利用される牧草で、ペレニアルライグラスが越冬できない地域で利用可能です。再生力が高く、放牧に適しています。

・チモシー

イネ科牧草の中では耐寒性が最も強く、おもに北海道の採草地で利用されています。栄養価も嗜好性も高く、オーチャードグラスが越冬できない、より冷涼な気候でも栽培できます。年2回採草利用ができます。

③緩い傾斜地～平地向きの「一年生牧草」

毎年種子を播く必要のある牧草です。このうち、寒地型牧草のイタリアンライグラスや、ムギ類のエンバクやライムギは、極早生品種を選んで晩夏に播種すると、10月下旬から晩秋にかけて放牧できます（詳しい資料を215ページで紹介）。この方法の場合、播種適期内でできるだけ早く播種し、播種から放牧開始までの期間を長くすることがポイントです。そうすることで収量が高く、硝酸態チッソ含量をより少なくできるからです（牛は硝酸態チッソを摂取しすぎると中毒を起こす場合があります）。また、イタリアンライグラスについては、晩秋に放牧利用した後、初春から初夏の期間再生草を利用できます。

栽培ヒエは、イタリアンライグラスやムギ類と組み合わせ、6月頃から8月末頃まで利用できます。

・イタリアンライグラス

ペレニアルライグラスと同じロリウム属の寒地型牧草です。栄養価の高い草種で、牛の嗜好性もよい草です。秋に播種します。その後、温暖な地域など条件がよければ秋のうちによく育ち、年内にも放牧利用ができます。冬季は生育が下がりますが、再度春先にスプリングフラッシュによる旺盛な生長が見られ、その後初夏まで利用できます。

耐湿性が高く、水田跡地でも利用が可能です。放牧以外に飼料畑でも作付けされ採草利用されます。

イタリアンライグラスの穂は、イネの斑点米の原因となるカメムシの住処となるため、近隣に水田がある圃場では、出穂させない管理が重要です。経験的な値ですが、一ha当たり黒毛和種繁殖雌牛5～6頭で、桜が咲く頃（初春）から放牧を行なうと、出穂させずに全部食べさせることができます（地域や品種、補助飼料の給与量などにより異なります）。放牧方式は定置放牧または2週間サイクル以内の輪換放牧をしましょう。

イタリアンライグラスは、温暖な地域ではいもち病にかかることがありますが、極早生品種としては、「kyushu-1」や「ヤヨイワセ」がいもち病抵抗性を持つので適します。また、積雪地域では雪腐れ病を発症するので、抵抗性を持つ早生品種「クワトロTK－5」が適します。夏季の栽培ヒエとの二毛作を行なう場合には、極早生品種の利用が適します。

極晩生品種では品種「アキアオバ3」が関東で一部越夏できるくらい長く使えます。二毛作を行なわず年に1回の作付けで長期間利用する場合には、極晩生品種の利用がよいでしょう。

・エンバク

おもに飼料用に使われるムギで、温暖な地域に適した飼料作物としておもに採草利用されています。放牧では、イタリアンライグラスと同様に放牧延長に利用できます。極早生品種「アーリーキング」が、年内利用の収量性と耐倒伏性に優れます。適地ではイタリアンライグラスより収量が高いですが、牛が一度食べたらほぼ再生しません。

・ライムギ

ムギ類で、冷涼な気候に適した飼料作物です。放牧延長に利用できます。超極早生品種「ライ太郎」が年内利用に適します。

・栽培ヒエ

水田雑草や雑穀のヒエと同じ植物で、栽培用として品種改良されたものが飼料用に使用されています。暑さに強く、耐湿性に優れることから、水田跡地でも利用できます。播種時期は初夏で、栃木県ではゴールデンウィーク直後頃（田植えが終わった後）に播種し、一ヵ月後から利用できます。栽培ヒエは収量が多いのと、イタリアンライグラスや野草などが利用できる時期と生育時期が部分的に重なることから、栽培面積は少なくてもよい場合が多いです。

なお、耐湿性の草種は、基本的に土壌水分含量が高いところでの生育が可能ですが、体重約５００kgの牛が四つ足で土を踏みつけ土壌が泥濘化し、牧草の株が土壌に練り込まれた場合には、ほぼ再生はできません。排水性の悪い元水田などで放牧する際には、明渠による排水対策などが必要です。放牧を行わない圃場の地表面が見える状態で、大雨が降った直後に圃場を見に行くと、圃場外から水が圃場内に入ってくるところ（場合により、圃場内で水が溜まりやすいところ）がわかります。これらの場所は特に注意して圃場内の水が圃場の外へ抜けるように、明渠を作って対策するとよいでしょう。

④永年生マメ科牧草シロクローバ

代表的なマメ科の永年生牧草です。②の永年生寒地型イネ科牧草と混播で利用します。一年生イネ科牧草の草地では年に1回耕起を行なうので、永年生のマメ科牧草はその際消えてしまうため、通常は両者を混播しません。TDN含量（カロリー）、CP含量（タンパク）、カルシウム含量ともに高く、高栄養の牧草です。マメ科植物は、根に共生する根粒菌が空気中のチッソを植物に利用できる形に固定することができ（空中チッソ固定）、これにより化学肥料を減らした栽培をすることができます。いっぽうで、シロクローバは牛の胃の中での分解がよすぎるため、シロクローバのみを採食させると胃の中でガスが発生し、鼓脹症の原因となります。イネ科牧草と混ぜて利用されることが重要です。

また、イネ科牧草の背が高く生長すると、シロクローバは背が高く生長できないため日陰になって衰退します。そのため、シロクローバを活用した高栄養草地は、短草で管理することが肝要となります。

草種や季節ごとの草の生産性

それぞれの草種が、季節ごとにどれくらいの生産量になるのか、目安を紹介します（図4−3）。イタリアンライグラスやトールフェスクなどの寒地型牧草は、春の気温の上昇や日照時間の増加にともなって旺盛に生長し出穂・開花を迎えるため、地上部が急激に増加します。これを「スプリングフラッシュ」といいます。ムギ類は秋に生長のピークを迎えます。シバやバヒアグラスなどのシバ型牧草地を構成する草種は、寒地型の牧草のように春に急激に生長することはないですが、春から秋にかけて緩やかに増加し、その後持続的に生長します。

全体としての生産量は、永年生の牧草よりムギ類やイタリアンライグラスなどの一年生牧草が高いことがわかります。

牛の頭数に対して草地面積が十分あり、単位面積当たりの頭数が少ない場合には、放牧地から牛が食べる草は少なくてすみます（下図の①）。そのため、単位面積当たりの生産性は低いが低コストで管理できるシバ型草地にすることが適します（シバやバヒアグラスなど）（黒毛和種繁殖牛の場合）。

牛の頭数に対し草地面積が少ない場合には、放牧地で牛が食べられる草が多いほうがよいです（同③）。そのため、コストはかかるが生産性の高い一年生牧草の組み合わせが適します。

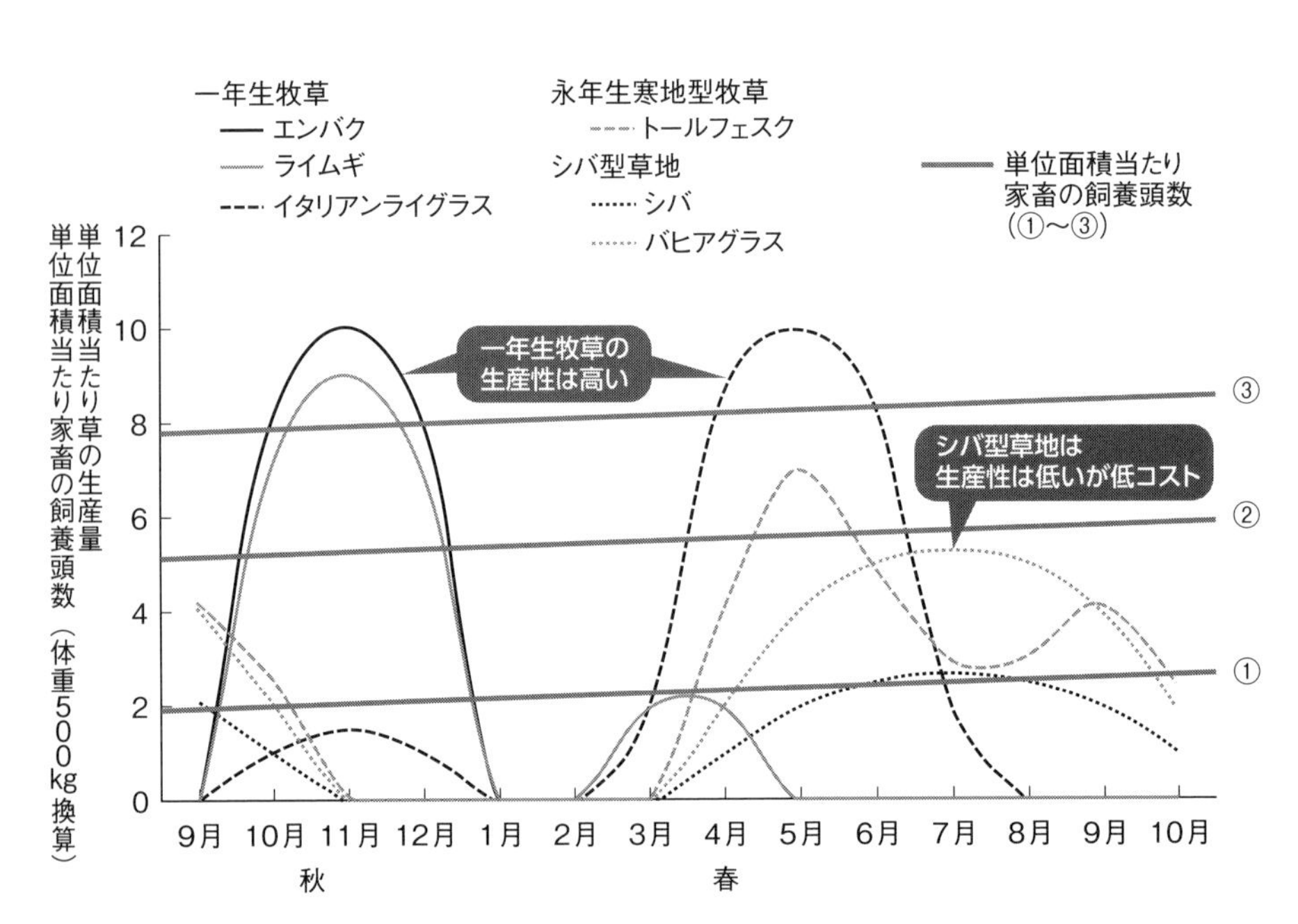

図4－3　季節による草の生産量の変化と牛の飼養頭数の関係（模式図）（黒毛和種の繁殖牛の場合）
地域の気候の違いにより、この草の生産量は変化する

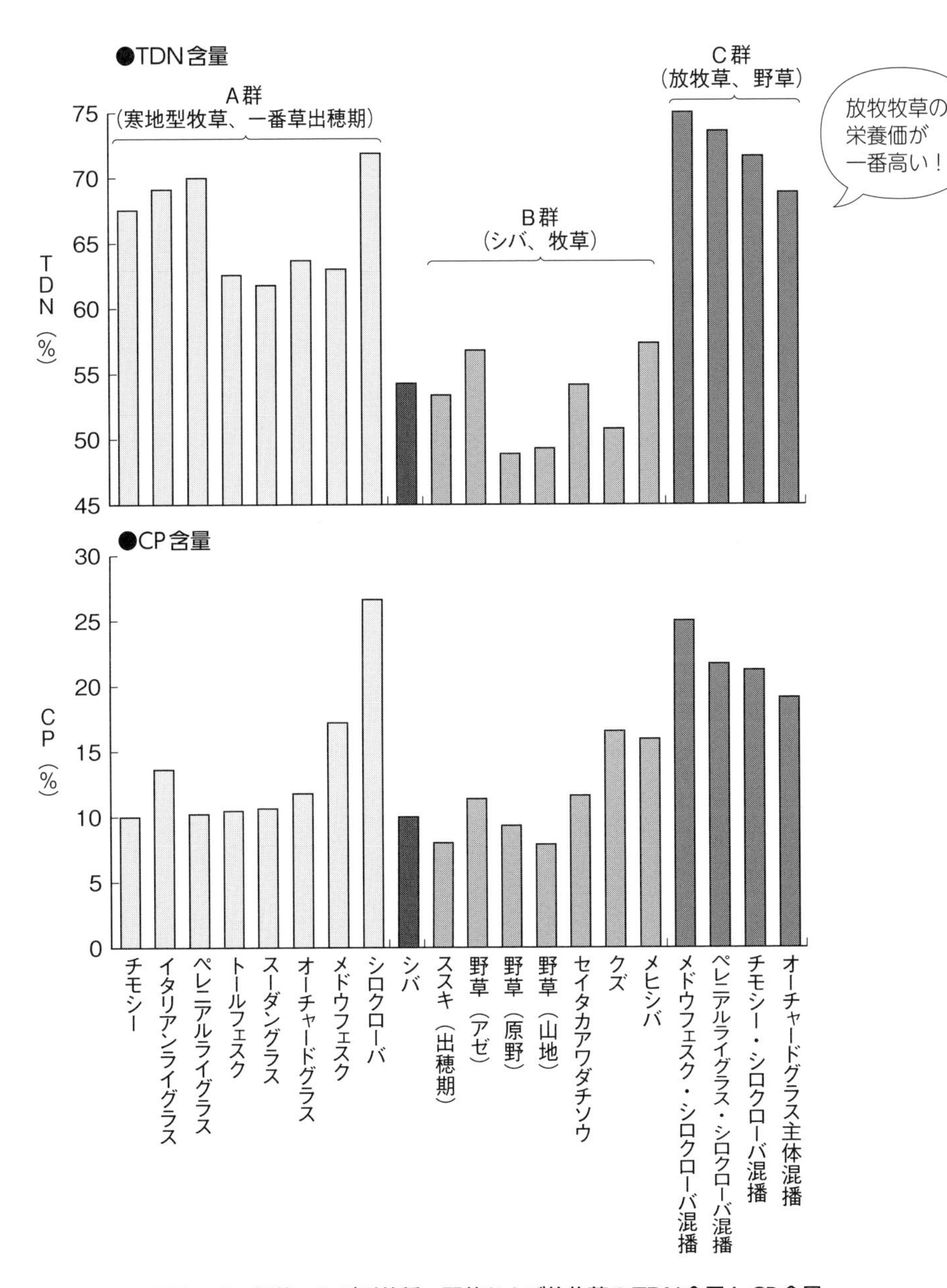

図4－4　牧草、シバ型草種、野草および放牧草のTDN含量とCP含量

（「日本標準飼料成分表（2009年版）」、「日本飼養標準・乳牛（2006年版）」より作図）

牛の頭数に対し草地面積が中程度の場合は（同②）、維持管理コストも中程度の永年生寒地型牧草が適します。

草の種類と栄養

前ページの図4－4で、草種ごとのTDN（カロリー）含量、CP（タンパク）含量を比較しました。全体として野草やシバよりも寒地型牧草のほうが栄養価が高いことがわかると思います。さらに、A群の採草よりもC群の放牧草のほうが栄養価は高く、濃厚飼料並みの栄養価があります。

このように、牧草の種類や利用方法により栄養価は異なりますので、その点も考慮に入れて、草種を選ぶとよいでしょう。

草種の選び方の例

これまで見てきたように、放牧地に導入する草種にはさまざまな選択肢があり、はじめは判断に困ることもあると思います。ここでは、搾乳牛や育成牛（乳牛・肉牛）も放牧できる高栄養の放牧草地を作る場合の考え方の一例を紹介します。

北海道で永年生の草地を作るのであれば、まずはペレニアルライグラスを基本とし、道東などペレニアルライグラスが越冬できない冷涼な地域はメドウフェスクの利用が適します。また、府県でペレニアルライグラスが越夏できない温暖な地域ではオーチャードグラスが適し、さらにオーチャードグラスが越夏できない暖地ではトールフェスクの利用が適します。123ページの図4－2や124ページの表4－2も参照してください。「牧草作付け支援システム」も都道府県の草種選定に役立ちます。

関東以南の地域で、永年生牧草でなくてもよければ、イタリアンライグラスを利用すると牧草中の栄養価が高いのでおすすめです。毎年造成する手間はかかりますが。もちろん、前述したチモシーなどのように、採草利用する草種を放牧利用することもできます。

最終的には、お住まいの都道府県の普及員などの指導に従ってください。

4 草地のいろいろ

草地の使い方としては、放牧地、採草地、兼用草地という三つがあります。本書では放牧地の利用についておもに紹介していますが、場合によっては草地の一部を採草地、兼用草地として利用する選択肢もあります。

放牧地

採草利用を行なわず、放牧のみに利用する草地のことです。

採草地

放牧利用はせず、牧草などを栽培して採草利用のみ行なう草地。多くの場合、年に3回程度（地域と草種によっては2回）牧草を刈り取って収穫し、乾草またはサイレージを作製します。機械で収穫作業をすることから、地形として機械が走れる土地（平坦地〜緩傾斜地）であることが必要です。

北海道では、オーチャードグラスが年3回刈り、チモシーが年2回刈りとなり、オーチャードグラスよりチモシーのほうが冷涼な気候に適する傾向にあります。府県の寒冷地ではオーチャードグラスが乾きやすく収穫作業がしやすいのでよく利用されています。

西日本の温暖地・暖地では一年生のイタリアンライグラスなどが用いられます。イタリアンライグラスの採草利用は、毎年耕耘・播種するという飼料畑としての利用となります。夏作として飼料作のトウモロコシや**スーダングラス**などさまざまな草種と組み合わせたりすることが可能です。

兼用草地

季節により、採草地と放牧地を使い分けて利用する草地です。春の生産量の多い時期に放牧では草を食べきれない場合、草地の一部を採草利用し、秋に

スーダングラス：アフリカ原産の熱帯性の一年生飼料作物（イネ科モロコシ属）。暑さに強く収量性・再生力に優れ、2回刈り、3回刈りもできる。

草が少なくなる時期は、全部を放牧地として利用します。詳しくは「8 短草利用のコツ」で説明します。

5 牧草地を作る基本手順

耕作放棄地からの造成と、草地更新の2パターン

育成牛や搾乳牛も放牧できるような牧草地を作るには、耕作放棄地からスタートするパターンと、すでに草地として利用しているところを草地更新で改良するパターンがあります。

耕作放棄地から草地を造成する手順は、第2章で詳しく紹介しましたのでそちらを参照してください。基本的には、耕作放棄地に自生する草などを牛に食べさせた後、不要な木などをある程度処理し、農業機械の入る土地であれば草地造成（詳しい資料を206ページで紹介）を、機械の入らない傾斜地などではシバ型草地の導入を行ないます。

もう一つ、もともと草地として使われてきた場所の植生などを改良し、高栄養の牧草地にする方法も

- 草地更新
  - **完全更新**
    - 耕起更新（除草剤1度のみ）
    - 除草剤2度処理
  - **簡易更新**
    - 部分耕起（または表面攪乱）型更新
    - 不耕起更新
      - 除草剤処理＋表面追播
      - 表面追播のみ

図4－5　草地更新法の種類

あります。牧草よりも雑草や毒草が増えてしまった場合、草の生産量が落ちてきた場合、草種のバランスが悪くなってきた場合などです。そうした場合に、除草、耕起、施肥、播種などの作業で改良することを「草地更新」（詳しい資料を206ページで紹介）といいます。

完全更新と簡易更新の選び方

草地の更新方法は、「完全更新」と「簡易更新」に分かれます（図４－５）。

完全更新は、既存植生を除草剤で枯らして、プラウなどの機械で土を全面的に深く耕し、土壌改良剤や肥料を施して、牧草の種子を播いて新たな植生とする方法です。

簡易更新は完全更新よりも簡易・低コストに植生改善を行なう方法です。さまざまなやり方がありますが、全面的に深く耕さず、現状の草地に機械などで溝状に穴を開けたり、表面を浅く耕したりして施肥・播種などを行ない、植生を改善します。

完全更新では簡易更新と比較し、よい草地ができますが、コストと時間がかかります。また、放牧地

理想的な草地

更新により雑草がなくなり、密度高く良好に育つオーチャードグラス草地

表４－４　更新方法の選び方

完全更新

- 収量の低下が大きく、期待収量が得られなくなった場合
- 土壌の理化学性が極端に悪化し、施肥効果が低下した場合
- 雑草が優占し、牧草密度が低下した場合
- 根群が集積し、ルートマットが厚くなった場合
- 早急に生産性を回復したい場合
- 他の飼料作物を導入したい場合

簡易更新

- 土壌条件が比較的良好で、不良牧草や雑草の侵入程度が少ない場合
- 牧草密度の低下が比較的少なく、収量低下の程度が軽い場合
- 草種構成の改善を図る場合
- 地形が複雑であったり石礫や切株などの障害物が多く、耕起による更新が困難な場合
- 低コストで更新したい場合

日本草地畜産協会HP「技術情報」より

の草が一時的にすべてなくなるため、播種した牧草がある程度生長するまで放牧できない期間が生じます。

簡易更新は、完全更新に比べてコストと時間がかかりません。既存の植生を生かした方法のため、播種直後もある程度放牧で使うことができます。また傾斜地では、耕起により土壌を動かさないことから、簡易更新のほうが土壌保全的な更新ができます。

雑草対策がきちんとできていて、ほぼ雑草がないが、ケンタッキーブルーグラスなどの生産性の低い草種が優占しているときには、簡易更新による部分耕起で栄養価と生産性の高い草種を入れることが有効です。

逆に、草地で雑草が一面に広がってしまった場合は、簡易更新での改善は難しく、完全更新が必要となります。

更新を成功させるコツ

完全更新、簡易更新いずれも、播種適期を逃さないことが肝要です。播種適期を外れると、牧草の初

完全更新が必要な草地

ワルナスビが一面に広がってしまった草地

エゾノギシギシが広がってしまった元オーチャードグラス草地

イヌビエ、メヒシバ、オヒシバが増えてしまった草地

上記の草地は本来、雑草の侵入初期に対処すべきであったが、こうなると手遅れで、簡易更新での対応は厳しい。きちんと除草剤散布などを実施した完全更新が必要となる

期生育はゆっくりになります。播種適期より早すぎると雑草の生育も旺盛な時期と重なり、雑草で牧草が覆われるなどして更新に失敗する危険性が高くなります。播種適期より遅すぎると、牧草の生育が遅いうちに霜で牧草が死ぬため更新に失敗する危険性が高くなります。

更新の際の基本的な播種適期は、初霜が降りる30～40日前とされていますが、牧草種により多少異なるので、地域におけるその牧草の播種適期に播きましょう。

また、永年生草地は、何年もかけて利用し続けるため、更新前の雑草対策が極めて重要です。通常除草剤で既存植生を枯らしますが、多くの雑草種に効果を示すグリホサート系の除草剤散布は、草地造成時（更新時）にしか利用できません。発芽後に散布すると発芽した牧草も枯らしてしまいます。また登録農薬として草地維持管理時に許可されていません（147ページの表4－5参照）。そのため、更新の際の耕起・播種前のタイミングでグリホサート系除草剤をまくことが重要となります。除草剤を造成前に2

簡易更新の作業

簡易草地更新機のシードマチックを使用する

草地にスジ状に溝を切り、同時に種子を落としていく

溝の底に落ちたペレニアルライグラスの種子

播いた種子が生長したところ

簡易更新の例

簡易更新でペレニアルライグラスの追播を行なった。事前の乳用種育成牛の日増体量は0.65kgであったのに対し、追播翌年は0.74kg/日に増加した。もともとの草地が雑草が少なく除草剤の必要もないことから、簡易更新で高栄養牧草の割合を増やす方法とした。合計11haの草地更新を行なったが、約1ha/時間で草地更新機を走らせ、3日足らずで作業が完了した (1) (2)

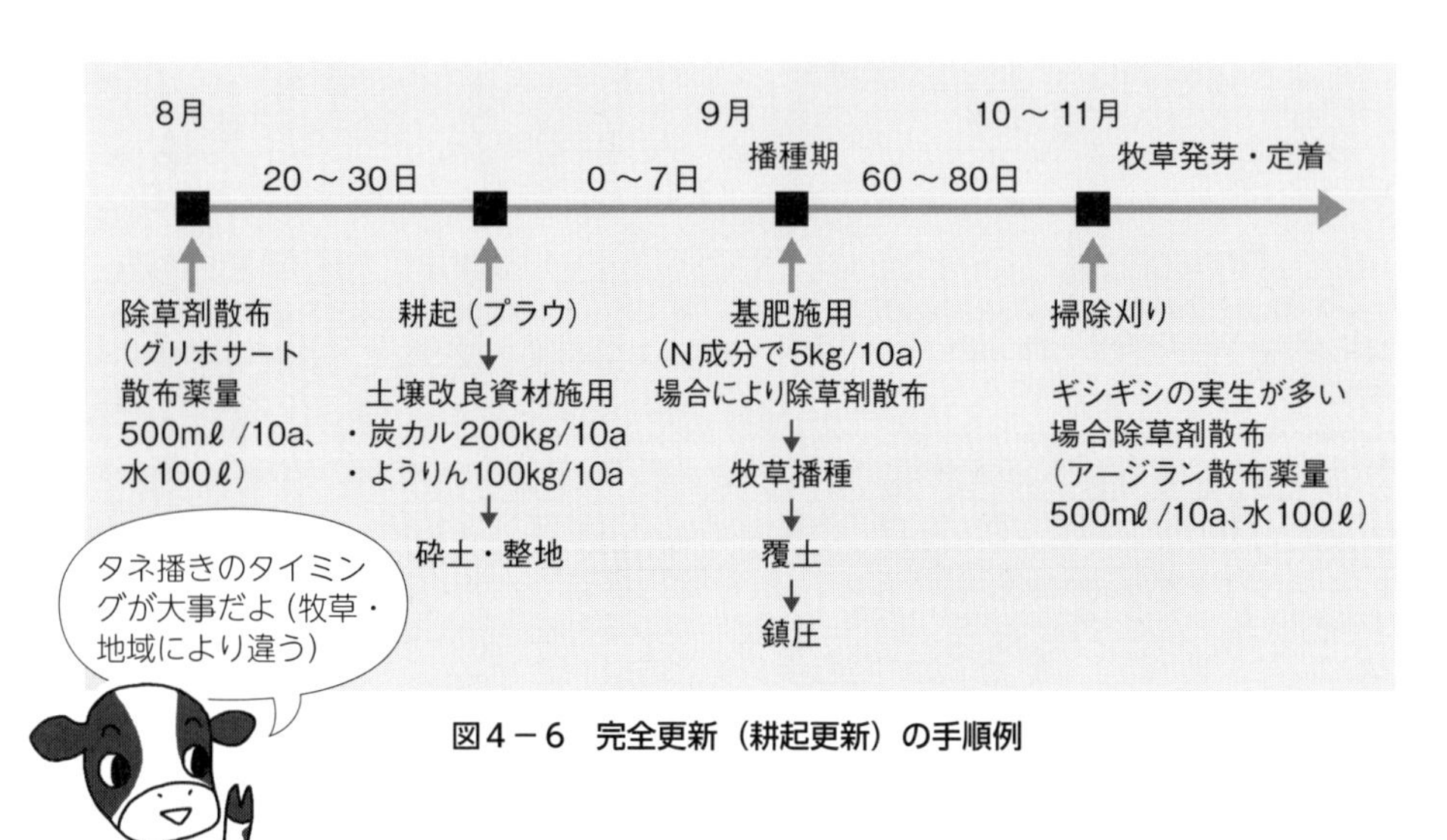

図4－6　完全更新（耕起更新）の手順例

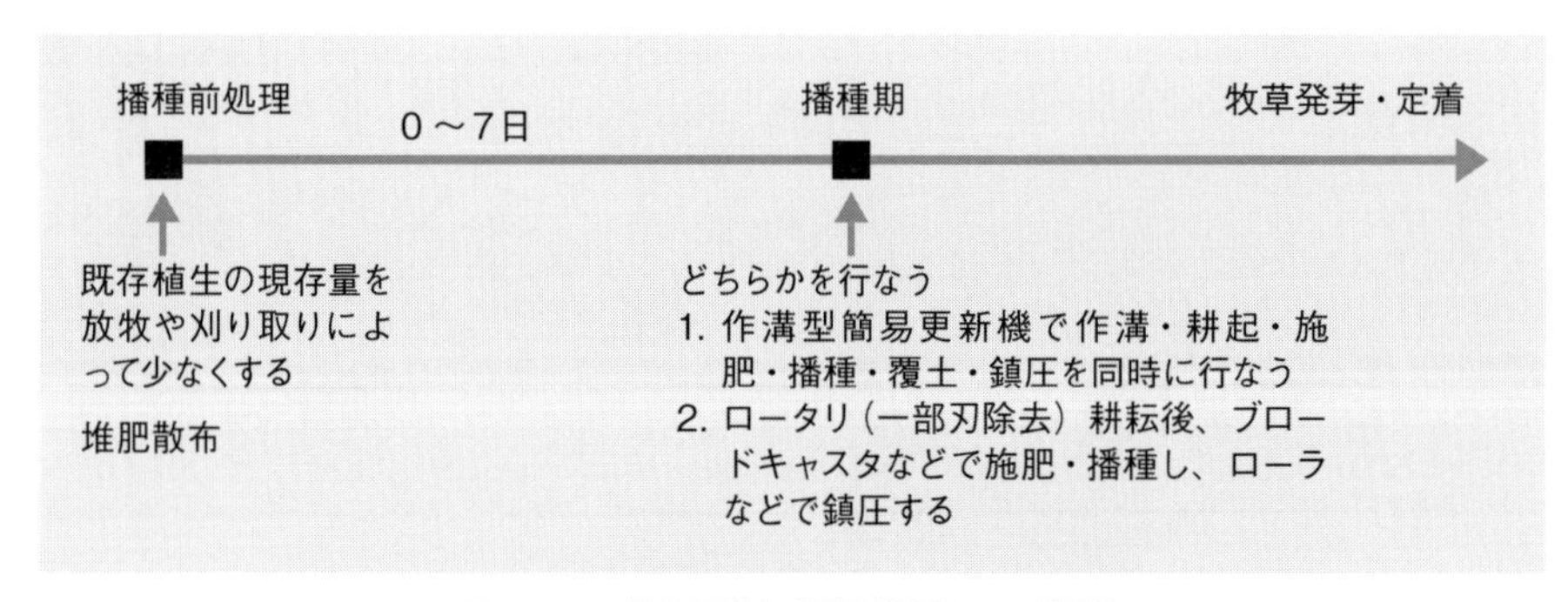

図4－7　簡易更新（部分耕起）の手順例

度散布し、良好な造成成果が得られた報告もあります。

また、土壌改良資材（堆肥や苦土石灰）をきちんと入れ、土壌の物理性・化学性の改善をすることも、牧草を長く利用する上で重要です。

簡易更新の注意点として、播種適期に種子を播くこと、種子が土に密着すること、出芽した幼植物が周りの植物に覆われないようにすることが重要となります。それを実施するための留意点は以下の通りです。

・可能な限り簡易草地更新機などを利用する（確実に出芽しやすい）
・播種前の草地はきちんと地際まで食べさせる（播種後に周りの植物が大きく生育して日陰になり追播牧草が出芽・生育できなくなるため）
・草地雑草が多い場合には、播種前にグリホサート系などの除草剤で前植生を抑える（これをやらないと雑草畑に戻る）
・播種後にローラーなどで土を鎮圧し、種子が土壌に密着するようにする（種子が土に密着していないと、種子が土壌中の水分を吸えず発芽できない。牛に踏ませる蹄耕法もある）
・可能であれば堆肥で覆土する（発芽促進、土壌改良）
・発芽した牧草が既存の植物の陰に隠れないように、生育状況に応じて放牧する（雑草も既存の牧草も、ある程度牛に食べさせて管理する）

6 シカに注意——獣害管理

草がないのはシカのせいかも？

近年、草地でもシカによる被害が増えています。シカは牛と同様に草を食べるため、草地の草の生育が思わしくない場合、草を見ただけではシカに食べられているのか、牧草の生育が悪いのか見分けられません。

下記の症状がある場合は、シカの被害がある可能性があります。

・春先のスプリングフラッシュがなくなった

・輪換放牧で特定の牧区を10日以上休牧させているにもかかわらず草がない（草地内の永年生牧草が衰退しノシバが増えることもある）

・肥料をやっても草の生産が増えない

・草地更新に失敗する（追播草種の出芽が秋に観察されても、春先にはすべてなくなる）

夕方に放牧地に侵入しているシカの群

シカの糞。黒くて小さな粒

こうした症状に思い当たることがある場合は、草地内に、黒くて小さなシカの糞が落ちていないか、確認しましょう。また、シカは昼間に放牧地に現われるとは限りません。夕方から夜間に現われることもあるので、こうした時間帯に放牧地を観察してもいいでしょう。

シカ被害の有無を確認する方法

従来、放牧の指導に関わる人が、草地の植生が悪い、草地の生産量が悪いと相談を受けたとき、教科

シカ被害の確認の仕方

ワイヤーメッシュ４枚で草地の一角を四角く囲む

ワイヤーメッシュの外側は草がシカに食べられてしまったことがわかる

書的には「植生が悪ければ草地更新をしましょう」「草の生産がよくなければ肥料をまきましょう」「牧草が少ないときには雑草対策をしましょう」という指導対応をするのが普通でした。

しかし現在ではそれらの前に、まずはシカ被害がないかを確認し、シカ対策すべきかを判断することが必要です。シカ被害がある場合、その対策をしていないと草地更新をしてもシカに食べられて失敗しますし[(3)(4)]、肥料をまいて牧草生産性を上げても、育った牧草はシカに食べられて牛の口に入りません。

シカに草を食べられているかどうかを確認する簡単な方法を紹介します。輪換放牧の場合、牧区Aの草を牛に短く食べさせて次の牧区に移動させた直後に、ワイヤーメッシュ（1m×2mの建設資材、ホームセンターなどで販売）を組み合わせて四角い枠を作り、牧区A内に設置します。

次に牧区Aに牛を入れる前に（枠設置から2週間前後）、ワイヤーメッシュ枠の中と外との草の生育の違いを比較します。周囲と比較し、明らかに枠内の草の生育がよい場合は、その量がシカに食べられていると判断してよいでしょう（シカはワイヤーメッシュ内の草を食べられないため）。

シカ被害の損害額を調べる方法

シカ対策には専用の電気牧柵を設置する必要があるためコストがかかります。対策すべきか否かを判断する材料として、「電気柵導入意思決定支援シート」（Excelを使用。206ページで紹介）が開発されています。

先ほど示したワイヤーメッシュのケージを牛の退牧後に10個程度設置し、設置から2週間後以降のケージの内外の草の高さを5カ所ほど計ります。その数値などをツールに入力すると、シカ被害による放牧地全体の損害額を概算してくれ、電気牧柵の設置総額とのコスト差を比較してくれます。設置コストより損害額が上回る場合は、シカ用の電気牧柵設置を検討されるとよいでしょう。

シカ対策の実際

シカ対策として、電気牧柵を用いた事例と、ワイヤーメッシュを用いた事例を紹介します。

①電気牧柵

もともと放牧地の外周を囲んでいた電気牧柵を、シカ対策用の多段型の電気牧柵に張り替えます。ある牧場では、電気牧柵の一番上の高さを1・6mとし、フェンシングワイヤーで均等間隔で5段張りにしました。

その結果、牧柵の外側に対し内側のシカの出現頭数は8・4%へと減少。採草放牧兼用草地での一番草の採草ロール数は前年の4倍以上に増え、対策前には失敗した草地更新も成功し、3年間ペレニアルライグラス草地を継続利用することができました。

このように、高さ1・6mでは、すべてのシカを防ぐことはできていませんが、草地造成は成功し、草地の草量を大幅に増やし、通常の放牧管理をすることができました。

電気牧柵によるシカ対策の効果（採草地）

シカ対策用の５段張りの電気牧柵。高さは1.6m

電気牧柵の内側は草が順調に生長。電気牧柵を張ることで、採草地のロールの個数が４倍になった

ワイヤーメッシュによるシカ害対策

支柱との結束部分

2m×1mのワイヤーメッシュを縦に並べ、高さ2mの柵を作る

針金で30cm間隔に結束

②ワイヤーメッシュ

ある牧場では、既存の有刺鉄線の外柵の支柱間にビニルハウスのパイプを渡して補強し、そこにワイヤーメッシュ（2m×1m、太さ5㎜）を縦に並べ、パイプと針金で結束して、高さ2mのワイヤーメッシュ柵を設置していました。

ワイヤーメッシュは電気牧柵よりも設置作業の労力がかかりますが、電気牧柵で必要となる漏電管理は不要なので、維持管理の労力はラクになります。

7 放牧地の雑草対策

草地に草があっても、牛が食べない草、食べても肥らない草がある場合があります。このような草種は、草地雑草に分類されます。特に、家畜の嗜好性が低い、何度刈り払っても再生してくる、たくさん種子をつけ牛を通じて広がる、生育が旺盛で根で広がるような雑草は、放牧地で広がり被害が甚大となるので、要注意です。

120ページで「草地の四つの状態」として示したうち、以下の二つは、雑草が関与する部分です。

②草があるのに牛が食べない
→牛が食べない雑草が多い
③草があり、食べるのに牛が育たない
→栄養価の低い牧草・雑草が多い

このうち、②の牛が食べない雑草は、家畜生産の妨げになりますので、必ず処理する必要がありま す。③については、黒毛和種の繁殖牛の放牧であれば、肥る必要がないのでそのまま利用できるのですが、育成牛や搾乳牛の放牧の場合は、栄養価の高い草地の利用が望ましいです。そこで、「④草があり、牛が草を食べて育つ」草地とする必要があります。

草地における雑草防除では、牧草の密度を高く維持し、雑草の侵入繁茂を防止・抑制することが重要です。

年間使用回数	農薬の名称（会社略称）
2回以内	ラウンドアップ（日産化学）、グリホエキス液剤（赤城物産）、サンフーロン液剤（大成農材）、エイトアップ液剤（シージーエス）、グリホス（ケミノバ）、ラムロード（日産化学）、マルガリータ（住商アグロインター）、ハイ-フウノン液剤（フウロン）、コンパカレール液剤（シーズ）、ハーブ・ニート液剤（フォワード）、モンサントラウンドアップ（日本モンサント）、カルナクス（協友アグリ）、草枯らしMIC（三井化学アグロ）、ホクサンクサトリキング（ホクサン）、CBCグリホス液剤（CBC）
2回以内	ラウンドアップハイロード、ブロンコ（日産化学）、モンサントラウンドアップハイロード（日本モンサント）
2回以内（ラウンドアップマックスロードのみ3回以内）	ラウンドアップマックスロード（日産化学）、タッチダウンiQ（シンジェンタ）
1回	サンダーボルト007（日本農薬）
1回	アージラン液剤（ユーピーエル）、石原アージラン液剤（石原産業）
1回	デュポンハーモニー75DF水和剤（デュポン）、ハーモニー75DF（エフエムシー・ケミカルズ）
1回	バンベルーD液剤（シンジェンタ）、日曹バンベルーD液剤（日本曹達）、ホクサンバンベルーD液剤（ホクサン）
1回 1回	アージラン液剤（ユーピーエル）、石原アージラン液剤（石原産業）
2回以内	ラウンドアップハイロード（日産化学）、モンサントラウンドアップハイロード（日本モンサント） ラウンドアップマックスロード（日産化学）

表4－5　草地で利用可能な登録農薬（除草剤）

利用時期	除草剤名	適用雑草	使用時期
草地造成・更新時	グリホサートイソプロピルアミン塩液剤	一年生および多年生雑草	更新・造成の播種当日以前
	グリホサートアンモニウム塩液剤	一年生および多年生雑草	更新・造成の播種当日以前
	グリホサートカリウム塩液剤	一年生および多年生雑草 リードカナリーグラス	更新・造成の播種当日以前
	グリホサートイソプロピルアミン塩・ピラフルフェンエチル水和剤	一年生および多年生雑草	更新・造成の10日前まで
	アシュラム液剤	ワラビ	ワラビ展葉期
草地維持管理時	チフェンスルフロンメチル水和剤	ギシギシ類、一年生広葉雑草	採草21日前まで 新播草地定着後（ただし、ギシギシ類草丈20cm以下）ただし、採草21日前まで
	MDBA液剤	ギシギシ	秋季最終刈り取り後30日以内
	アシュラム液剤	ギシギシ類およびキク科の雑草	全面散布：ギシギシ類の栄養生長期採草14日前まで、または最終採草後 局所散布：早春～秋季（1～11月）ギシギシ類の展葉時期
	グリホサート類 グリホサートアンモニウム塩液剤 グリホサートカリウム塩液剤	雑灌木	雑灌木生育期の伐採直後

本表は農林水産省の農薬登録情報提供システム（2021年4月7日登録反映分）に基づく

放牧地で使える除草剤は限られている

草地で使える除草剤は、草地の造成・更新時に使えるものと、草地の維持管理時に使えるものに二分されます。

草地の造成・更新時に使える除草剤は、グリホサート剤（非選択性で通常何にでも効く）とアシュラム液剤（ワラビに効く）があります。

草地の維持管理時には、チフェンスルフロンメチル水和剤（ギシギシ類、一年生広葉雑草）、MDBA液剤（ギシギシ）、アシュラム液剤（ギシギシ類、キク科の雑草）、木本利用限定のグリホサート剤が使えます。

このラインナップを見ればわかるように、草地の維持管理時に使える除草剤では、チカラシバ（157ページ）などのイネ科雑草やワルナスビ（ナス科）などさまざまな種類の侵入雑草に対応できません。そういった雑草が放牧地で広がってしまった場合は草地の完全更新が必要になります。そのため、雑草侵入を防ぐこと、雑草侵入初期に雑草を広げないような対策をとることが、生産性の高い草地を維持管理する上で重要となります。

雑草を侵入させない管理の基本

放牧地の中に草の生えていない裸地があると、そこが雑草が生育できるすき間（ニッチ）となります。雑草の侵入・繁茂を防ぐためには、こういったすき間がない良好な草地に維持する必要があります。そのためには、適切な放牧管理が必要です。

①遅すぎる入牧・早すぎる入牧で雑草が増える

新播草地で入牧が遅れたときの事例を紹介します。ある牧場では牧区Aでオーチャードグラスで草地更新を行なった後、適切な入牧のタイミングから2週間以上遅れて放牧が開始されました。複数ある牧区の最初の放牧開始時期が遅れ、そちらを食べつくすことができないため、利用開始が遅れたようです。草高40cmをはるかに超えた草地で放牧することになりました。

長い草を牛が踏みつけたり、牛が寝そべったり、糞を落としたりすると、そういった草の下敷きになった部分の草が枯れて腐る場合があります。枯れた場所は草の生えない裸地となってしまいます。こ

新播草地：草地の完全更新を行なった後や、草地造成を行なった場所など、新たに牧草の種子を播いた草地。

入牧が遅れて裸地ができてしまった例

前年の秋に草地造成した草地。これでも遅すぎるくらいだが、入牧するように指導

実際にはもっと入牧が遅れ、牛による踏み倒しが発生

真横から見るとよさそうに見えるが（左）、真上から見ると牛に踏み倒された部分が腐り始めている

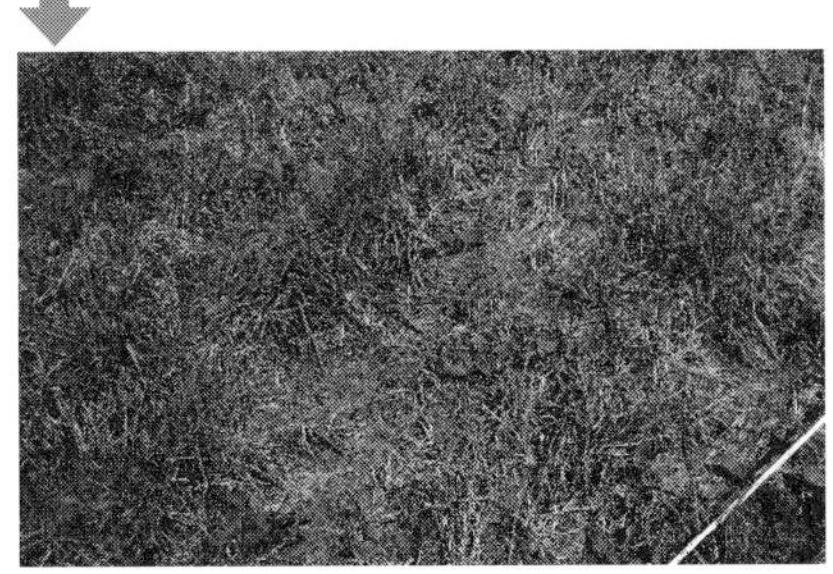

踏み倒されたところが腐り、株化。草の生産量が低下し、雑草が侵入する。このままでは元には戻らない

表4－6　草地に雑草を増やさないためのポイント

牧草の密度を高く維持し、裸地を作らない

・適期刈り・適切な放牧管理
・きちんと施肥する
・牧草の適期播種・適時追播

持ち込まない・侵入させない

・十分発酵させた堆肥・糞尿の使用（雑草混入を避ける）
・保証種子の使用（雑草混入を避ける）
・草地更新前の十分な雑草抑圧

広げない

・侵入初期の防除徹底（種子を落とさせない）
－掃除刈り（雑草の結実後は刈った草を持ち出す）
－除草剤散布

『草地管理指標―草地の維持管理編』（2006、日本草地畜産種子協会）p.90～101より

の牧区Aはわずか50日で、きれいな新播草地だったのが裸地だらけの草地となりました。

何年も利用している草地では、放牧開始時期は早いほうが問題を生じることは少ないのですが、初めて造成した新播草地では、放牧開始が早すぎることも、問題となる可能性があります。

右の写真は、新播草地から伸びた草を手で引っ張ったところです。牧草の地上部と根が一緒に抜け

播種後の放牧地での放牧開始の見極め方

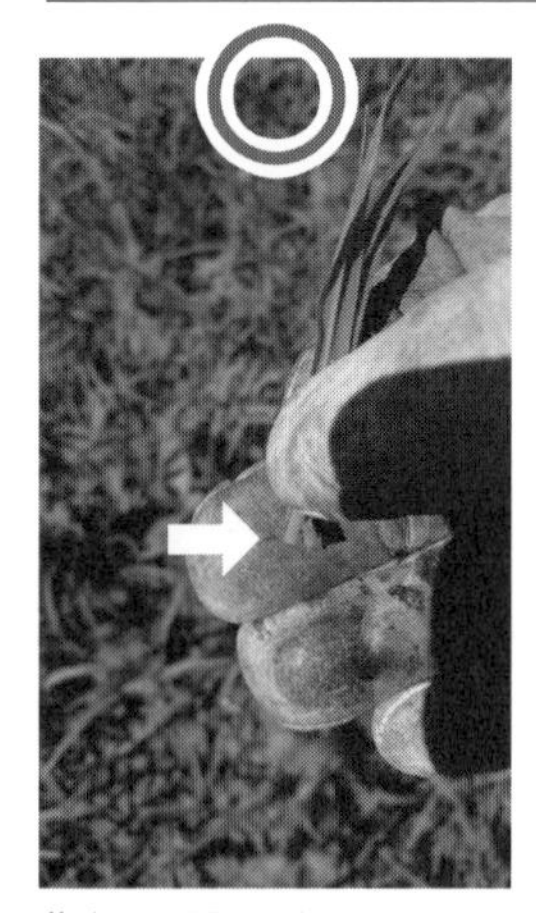

草を引っ張ると切れる。放牧しても根が残り、牧草が再生できる

草を引っ張ると根ごと抜ける。放牧しても牧草が再生できないので、もう少し待つ

●退牧時、草が高い場合

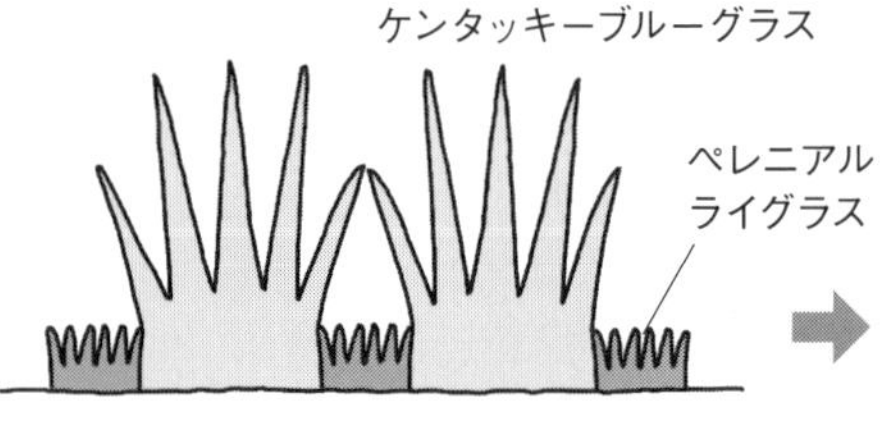

おいしいペレは短く、栄養価の低いケンタッキーが高く残る

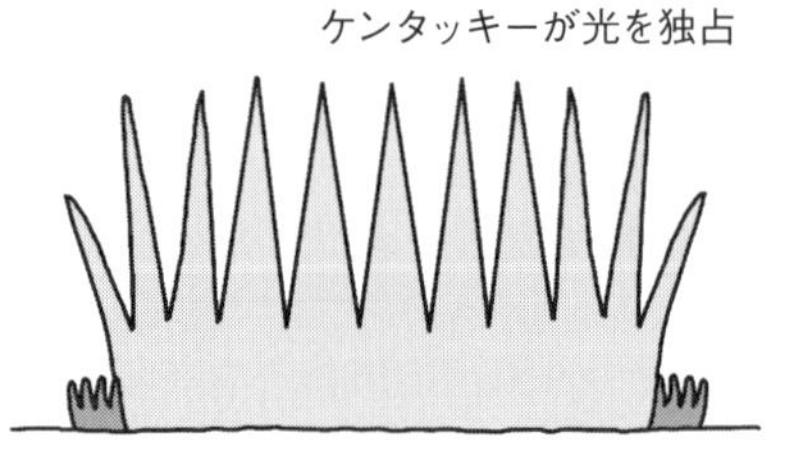

次の入牧時はケンタッキーばかりになる

●退牧時、草が低い場合

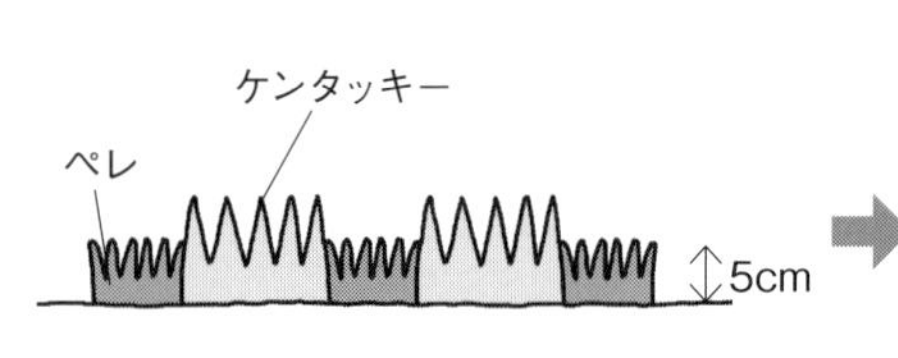

どちらの草も短くなるまで食べさせる

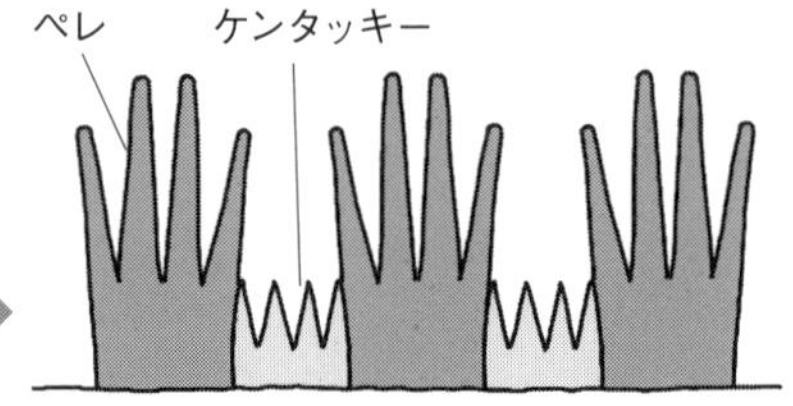

生長の早いペレがケンタッキーよりも優占する

退牧時の草高で草地はどう変わる？

てくる段階で放牧すると、牛が根ごと食べてしまうため牧草は再生できず、その部分は裸地となります。牧草の再生・雑草の侵入の双方の点からよくありません。牧草を引っ張っても根から抜けず、牧草の地上部が切れる状態であれば、放牧しても根は残り、牧草は再生し、雑草の侵入を抑えます。

牧草の根が引き抜けてしまうのは、新しく播いた牧草の根がまだ十分に張っていないことが原因です。そういう場合はもう少し放牧を遅らせて、根の生育を待ちます。また、根が引き抜かれない、根の生育のよい草地にするために草地の造成の際には、牛糞堆肥などを施用し土壌物理性を改善しておく、耕起深を15cm以上として根の生育できる範囲を広く確保しておくなど、草地造成作業を丁寧に行なうことが必要です。

②短草で放牧管理する

裸地を作らず雑草の侵入を防ぐには、基本的に放牧地を短草で維持管理することが必要です。特に、退牧時に草高を短くなるまで食べさせることが大切です。

高栄養の寒地型牧草は、牛が5cm程度まで短く食い込んでも、その後の休牧期間の再生力に優れるので、雑草やケンタッキーブルーグラスなどのシバ型草種より生育が勝ります（寒地型牧草は肥料への反応がよいので、きちんとした施肥管理が必要です）。牛を次の牧区に移動（退牧）するときの草高が全体的に5cm程度に短くなるように牛に食べさせることにより、高栄養の寒地型牧草の密度を高めることが可能です。逆に、退牧時にあちこち長い草が残る状態だと、ケンタッキーブルーグラスや雑草など、高栄養寒地型牧草よりおいしくない草が多く残ってし

牧草地全体を草丈5cmまで食べさせた際のエゾノギシギシ（ダイオウ）。出穂の前の幼植物の間は、放牧圧をきちんとかければ、地上部を牛が食べてくれる場合がある

まうため、それらの草種の密度を高めてしまいます（こういった草が放牧地でも残りやすい）。

　また、エゾノギシギシなどの雑草も、生育初期の小さいうちは、牛が食べてくれる場合があります。すべての雑草種を食べてくれるわけではありませんが、放牧圧をきちんとかけることにより、可能な範囲で雑草などを食べてもらう管理をしましょう。

③毎年肥料を散布する

　先述したように、高栄養の寒地型牧草は再生力が高いのですが、適切な肥料分がなければ、生育が旺盛にならず、雑草が生える隙を与えてしまいます。牧草の密度を高めるためにも、きちんとした施肥管理が必要です（施肥について詳しくは169ページ）。

④裸地を見つけたら牧草の種子を播く

　いろいろと対策が回らず、放牧地に部分的に裸地ができてしまうこともあります。放置しているとそこから雑草が侵入してしまうため、そこに牧草の種子を播いて、裸地を牧草地に戻す作業が必要です。

ペレニアルライグラス草地。左側は無施肥区、右側は施肥区。施肥をした草地は、牧草の生育に抑えられて雑草侵入が少ないが、無施肥区は多くの雑草が侵入している

放牧地の裸地部に背負式動噴で牧草種子を追播し、牛糞堆肥2t/10aで覆土。写真は発芽の様子

生長した牧草。牧草が裸地部を覆いつくすと、草地の生産性が向上するとともに、雑草侵入のリスクが少ない草地となる

表面追播だけでも出芽・定着のよい草種として、ペレニアルライグラスがあります[5]。

牧草種を草地の表面に散布する方法で播く場合（表面追播）は、各牧草の播種適期に作業しましょう。播種時期が早すぎると、夏季雑草に覆われ失敗します。播種時期が遅すぎると、十分生育ができない状態で霜に当たり、霜柱で根が浮くなどにより死滅します。播種後に堆肥を散布し種子を覆うことも、追播草種の出芽数を増やす上で有効です。

牛舎の牛糞は高温発酵させて雑草種子を死滅させる

牛の糞の中には、牛が食べた雑草の種子が含まれます。特に、海外からの輸入飼料の中には、日本に生息していない雑草種子が入っている場合があります。牛舎における牛糞は、きちんと堆肥化工程を経て、温度を高めることにより、雑草種子を死滅させることができます（図4－8）。このように高温で発酵させた堆肥を、草地には散布しましょう。堆肥化工程を経ていない牛糞の草地への散布は、雑草種子を散布するようなもので、手に負えない草地となる原因となります。

牛糞は、敷料などで水分を55～70％程度に調整して屋根のある堆肥場に積み上げ、1～2カ月ごとに切り返しを行なって酸素と水分状態を均一にして発酵させ、温度上昇させます。前半は切り返した際に

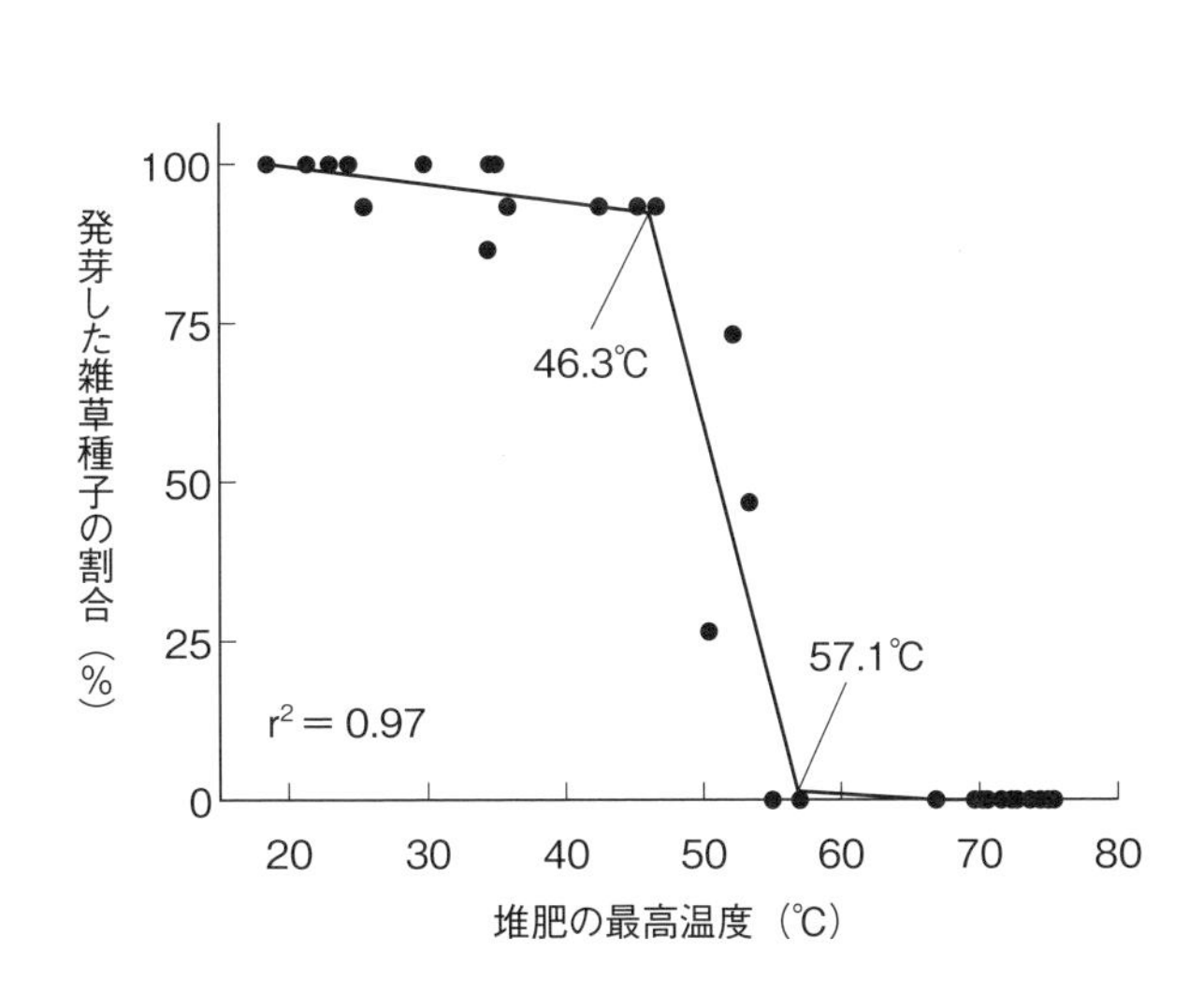

図4－8　堆肥の最高温度と雑草種子の発芽割合の関係
(Nishida, 2007)[6]

堆肥を57℃以上で発酵させると雑草種子は発芽しなくなる

湯気が立ち上るぐらいの温度が理想です。表面は温度が上がらず雑草種子が生き残る可能性があるので、数回切り返すことが肝要です。

堆肥の切り返し作業は通常ホイールローダを使いますが、水分調整に副資材を加えたり、地域の有機質資源を加えるときは、マニュアスプレッダを使うのも便利です。マニュアスプレッダに牛糞を積み込み、その上に副資材や有機質資源を積み込み、堆肥場に向かってマニュアスプレッダで散布する（トラクタは移動しない）と、ホイールローダで何回も切り返すより容易に細かく牛糞と副資材などを混和できます。

雑草侵入後の対策

以上のような裸地防止対策が基本ですが、草地で雑草を見つけてしまった（侵入が始まってしまった）場合には、初期に防除することが必要です。

①日々の見回りと雑草の持ち出し

放牧地は定期的に見回りを行ないます。その際、見たことのない草が食べられずに一個体あるのを見つけたら、この時点ですぐにその草を刈り払いましょう。これが基本です。

雑草を取り除く最終期限は、草種によって異なりますが、多くの一年生の雑草の場合は通常花が咲く時期までに処理するとよいでしょう。花が咲き、種子を付けてしまうと、それが牛に食べられるなどして、草地に雑草種子が散布されてしまいます。すると翌年は、無数の雑草に悩まされることになるのです。開花期以前の段階なら、雑草を刈り倒した後に、刈り草をその場に置いておくと、牛が食べて片付けてくれることもあります。

ワラビなどの毒草（資料を206ページで紹介）は、刈り払い後に草地外に持ち出しましょう。毒草については、普通に生えているときは牛が食べなくても、刈り払い後に毒草を草地に置いておくと、牛が食べてしまうことがあるからです。

②掃除刈り

掃除刈りは、牛の退牧直後に残草や雑草を処理す

掃除刈りが必要な草地。掃除刈りの前に、残った草をできるだけ牛に食べさせている

るため、草地の表面を機械できれいに刈り払う行為です。「掃除刈りを必要とする時点で、草地管理は失敗している」と、優秀な牧場管理者の方に言われたことがあります。

この言葉の意味としては、基本的に短草できちんと管理でき、退牧時に約5cm程度まで毎回食い込ませることができれば、残草は出ず、雑草もある程度食べさせることができることから、掃除刈りは必要ないということだと筆者は理解しています。牛にできることは、とことん牛にしてもらうことが適しているのは確かです。

しかしながら、最善を尽くしていたつもりでも、気づいたら雑草が増えていることもありえます。雑草の侵入初期だが、手で刈り取りはできない量であると判断した際には、開花期までに掃除刈りを行なうことで、雑草の広がりを抑えることができます。農業機械が入る草地での初期防除手段として掃除刈りは有効です。

掃除刈りの前に、その牧区の草をできるだけ牛にしっかり食べさせます。その後、フレールモアなどの除草機械を刈り高約20～30cm程度で走らせます。開花直前～開花期のオオアレチノギクなどは牛が食べないため、結実前に掃除刈りを行ないます。

雑草に結実した種子が付いてしまった場合、刈り払い後に種子が落ちないよう持ち出す必要があり、作業が大変面倒になるため、掃除刈りは開花・結実の前に行なうことが重要です。

なお、放牧草の残草が多い状態で掃除刈りをする場合、刈り草はできるだけ持ち出しましょう。刈り倒してそのままにしておくと、刈り草が牧草の株元を覆ってしまい、ムレと日照不足で牧草が衰退する原因となります。

③除草剤散布

維持管理時の除草剤は、先に示したように種類は少ないのですが、エゾノギシギシについては、ハーモニーなどの除草剤で対応が可能です。146ページの除草剤の表4－5を確認し、容量や使用時期、年間利用回数を守って行ないます。なお、牛の放牧中に除草剤をまいてはいけません。必ず牛を別の放牧地に移動させてから使用します。

④草地更新

初期防除では対応できず、手遅れになった場合には、草地更新を行ないます。雑草の繁茂がひどい場合には、除草剤を2回用いるなどの草地更新法もあります。

要注意雑草の例

①ワルナスビ
——除草剤が効かない

最もやっかいな雑草で、見つけたらすぐに抜いてもらうようにお願いしています。ナス科の多年草の外来種で、現在では北海道から沖縄まで広く分布しています。

ワルナスビには鋭いトゲがあって牛は食べないのですが、最もやっかいな問題は、広く深く根を張るため、ほとんどの植物に効果を示す除草剤（ラウンドアップなどのグリホサート剤）が効かないことです。

ワルナスビが一面に広がった草地

ワルナスビの根は横に広がり、切れてもよく再生する

ワルナスビの姿

スーダングラスの栽培でワルナスビを衰退させる

3年のスーダン栽培でワルナスビが消え、オーチャードグラスの栽培が成功

スーダングラスに日光を遮られ衰退したワルナスビ

草地造成してスーダングラスを栽培

草地更新前にグリホサート剤を散布すれば、ほとんどの雑草は根まですべて枯れるのですが、ワルナスビは地上部と根の一部しか枯れず、深く広く張った根が生きています。その後のロータリ耕などにより生き残った根が切れて広がり、そこから出芽するため、草地更新作業によりワルナスビが広がります。

対処法としては、スーダングラスにより弱らせる方法があります。草地を耕起し、スーダングラスを播種して2回程度採草利用します。通常除草剤散布は必要ありません。これを3年間行なうと、ワルナスビの密度が大きく減少します。ただ、スーダングラスの栽培は乗用機械による草地造成や採草作業が必要なので、機械が入らない傾斜放牧地では栽培できません。早期除去対応が望まれます。

②チカラシバ——種子が牛の体について広がる

日本全国に分布するイネ科の多年草です。ブラシ状の穂が8月末頃からでき、この種子が牛にひっついて広がります。一度出穂してしまうと牛は食べません。鋭い穂（総苞毛）が放牧牛の眼や鼻を痛めることもあります。

出穂した穂は、刈り取り、袋に入れて放牧地の外

穂の一部が牛の体に付着して広がるため、出穂した際は、穂を刈り取り放牧地の外に持ち出す

チカラシバ。大きな株を作る

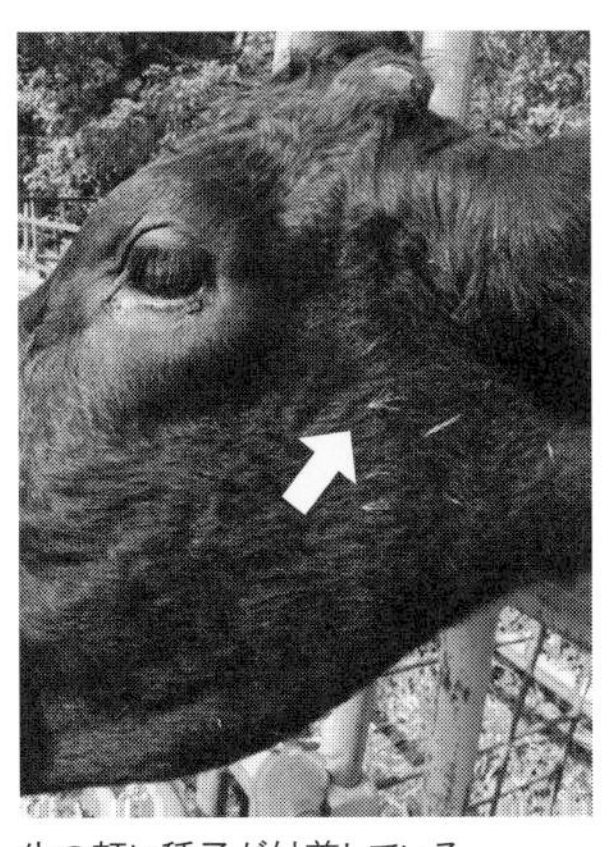
牛の顔に種子が付着している

特徴的な大きな穂。トゲが鋭い

に出します。量が増えるようなら、そのエリアをグリホサート剤（ラウンドアップなど）を用いた草地更新をします。穂が株当たり2本ぐらい見られたときに、地上5cmで刈り払うと多く減らすことができます。

草は硬いですが、放牧圧を高めると牛に食べてもらうことができ、黒毛和種繁殖牛には8月頃までは食べさせることができます。

③アメリカオニアザミ——刈り取っても開花する

寒冷地でおもに見られる巨大なアザミです（キク科二年草）。トゲが痛くて牛は食べません。根元から刈り取り、放牧地の中に放置すると、体内の養分で開花・結実して種子が放牧地内に落ちることがあります。そのため、花が咲く頃までの期間に、フレールモアなどで細断する、または鎌で数段に分けて細かく切るなど、種子を放牧地に落とさせない対策が必要です。

④ワラビ

ワラビは牛にとって有害な中毒成分プタキロサイトが含まれています。通常、放牧地の中に生えていても牛は食べませんが、刈り払ったり、エサがなくなると牛が食べ始めるので注意が必要です。ワラビは、アシュラムなどの除草剤で対応可能です。経験的には、年3回フレールモアによる細断を2年間で抑制できた事例もあります。

人の背丈と同じくらい大きく育ったアメリカオニアザミ

特徴的な刻みの深い葉の形

⑤シバムギ

北海道などで見られる地下茎で増える牧草です。出穂前の外見がチモシーに少し似ているのですが、茎の基部（土を少し掘った茎から根が出る周辺）に丸い球茎がチモシーにはあり、シバムギにはないことが、比較的簡単に見分けるポイントになります。シバムギは草丈約40～50cmでグリホサート剤を散布し、地下茎まできちんと殺して、完全更新します。

コラム10

牧草と雑草、両方で名前が出てくる草種

牧草・雑草双方で名前が出てくる草種があります。北海道におけるリードカナリーグラス、レッドトップ、ケンタッキーブルーグラスです。

リードカナリーグラスは、昔はアルカロイドが含まれて牛の嗜好性がよくありませんでしたが、現在は低アルカロイド品種があり採草利用されるケースもあります。また、レッドトップ、ケンタッキーブルーグラスは、シバ型草地として利用するケースもあります。

しかしながら、栄養価の高いエサを要求する乳牛のために、栄養価と生産量の高い寒地型牧草の草地を利用しようと考えるときに、これら3草種は地下茎で増え栄養価・生産量共に低いことから、雑草として対応する場合があります。これら草種の雑草としての対策方法は、基本的にシバムギと同じとなります。

いっぽう、ケンタッキーブルーグラスは黒毛和種の繁殖雌牛の放牧飼養に適しますし、ケンタッキーブルーグラスにシロクローバを混播し短草で低地放牧することにより、乳用種去勢牛でDG0・95kg／日と良好な放牧成績を示すことも知られています。このような草種については、雑草としてではなく、牧草としてうまく利用する方法もあります。

8 短草利用のコツ

本書で繰り返し述べていますが、集約放牧で重要なことは、高栄養な短草状態の牧草を、牛に食べさせることにあります。そのための短草利用の方法と考慮すべき点について記載します。

草の伸びる勢いと、牛の食べる勢いとのバランスをとる

①春は放牧圧を高め、秋は放牧圧を下げる

牧草の生長は、地域・草種・品種・季節・退牧時草高・施肥量など、さまざまな要因により影響を受けます。安定的に短草利用するためには、牧草の生長と、放牧の強度のバランスをうまくとる必要があります。

放牧強度は、面積当たりの牛の頭数（体重500kgの牛換算）で表わされます（これをストッキングレートといいます。単位は「頭／ha」）。面積当たりの牛の頭数が多いほど、放牧強度は高まります（放

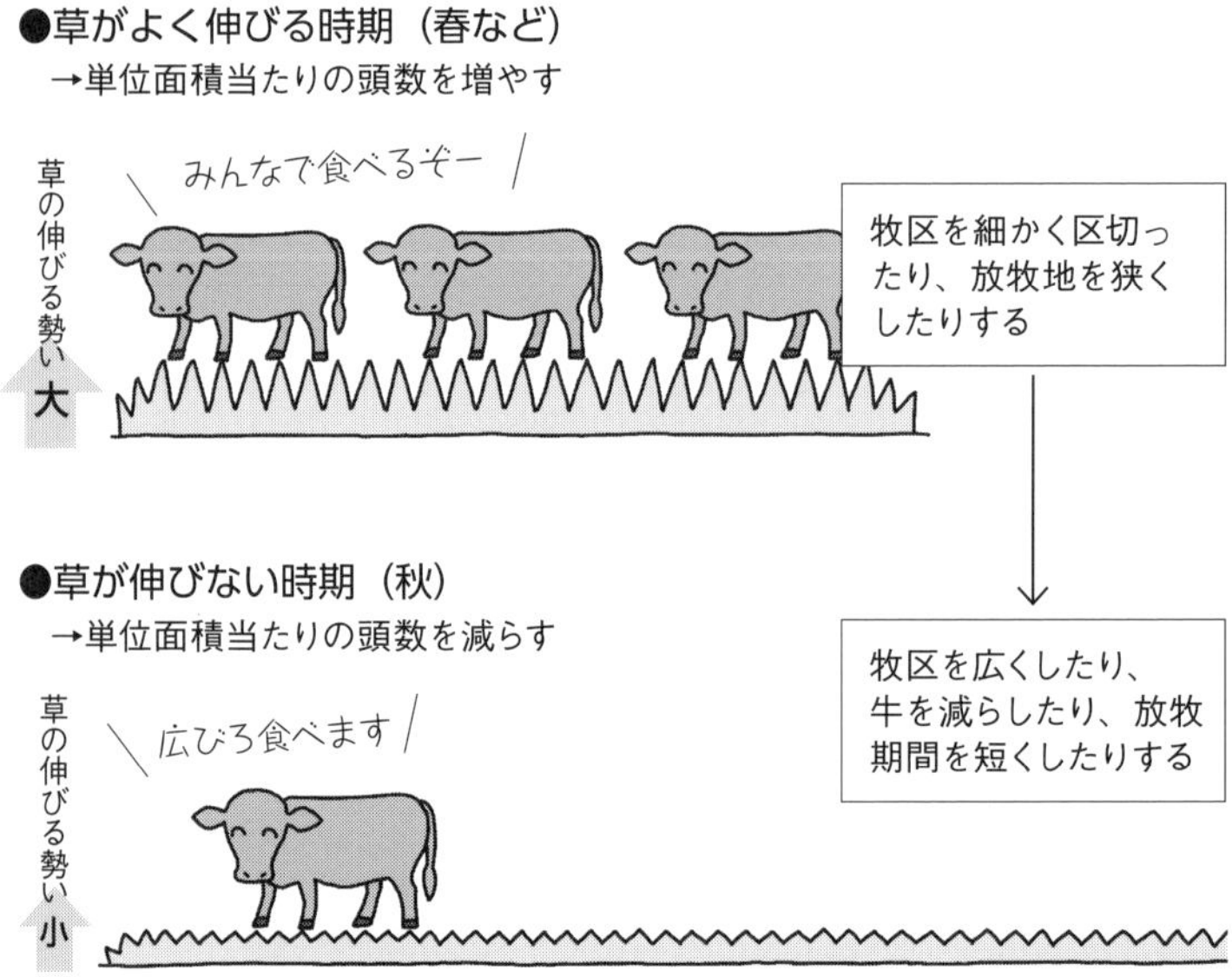

●草がよく伸びる時期（春など）
→単位面積当たりの頭数を増やす

●草が伸びない時期（秋）
→単位面積当たりの頭数を減らす

牧草の生長と放牧の強度を合わせる

牧圧が高いと表現される)。放牧圧が高いと、放牧地の草が均等に短く食べられます。

春など牧草の生長量が多いときには、牛を増やしたり一つの牧区を細かく区切ったり滞牧時間を長くしたりして、放牧強度を高めることが必要です(右図上)。いっぽう、牧草の生長量が少ない夏から秋にかけては、牛を減らしたり、一つの牧区を広くしたり、滞牧時間を短くしたりして、放牧強度を弱めることが必要です(前ページ下)。

もし、牧草の生長量が多いときに、それに見合った放牧強度に高めることができない場合には、草が長く伸びて押し倒され、押し倒された下の部分は枯れて裸地となり草地が衰退します。また、草が長く伸びると栄養価も低くなります。この二つの要因から、生産性が下がる結果となります。

逆に、秋など牧草の生長量が少ないときに、それに見合った放牧強度に弱めることができない場合には、草が不足して生産性が下がるとともに、草地衰退の原因となります。

②寒地型牧草と暖地型牧草でピークが違う

寒地型牧草は、春先にスプリングフラッシュと呼ばれる生産量が急激に増える時期があり、その後生産量は下がっていく傾向にあります(図4－9)。夏に暑くなる地域ほど、8月頃に生産量は低下します。寒地型牧草種にとって暑くなりすぎると、枯死

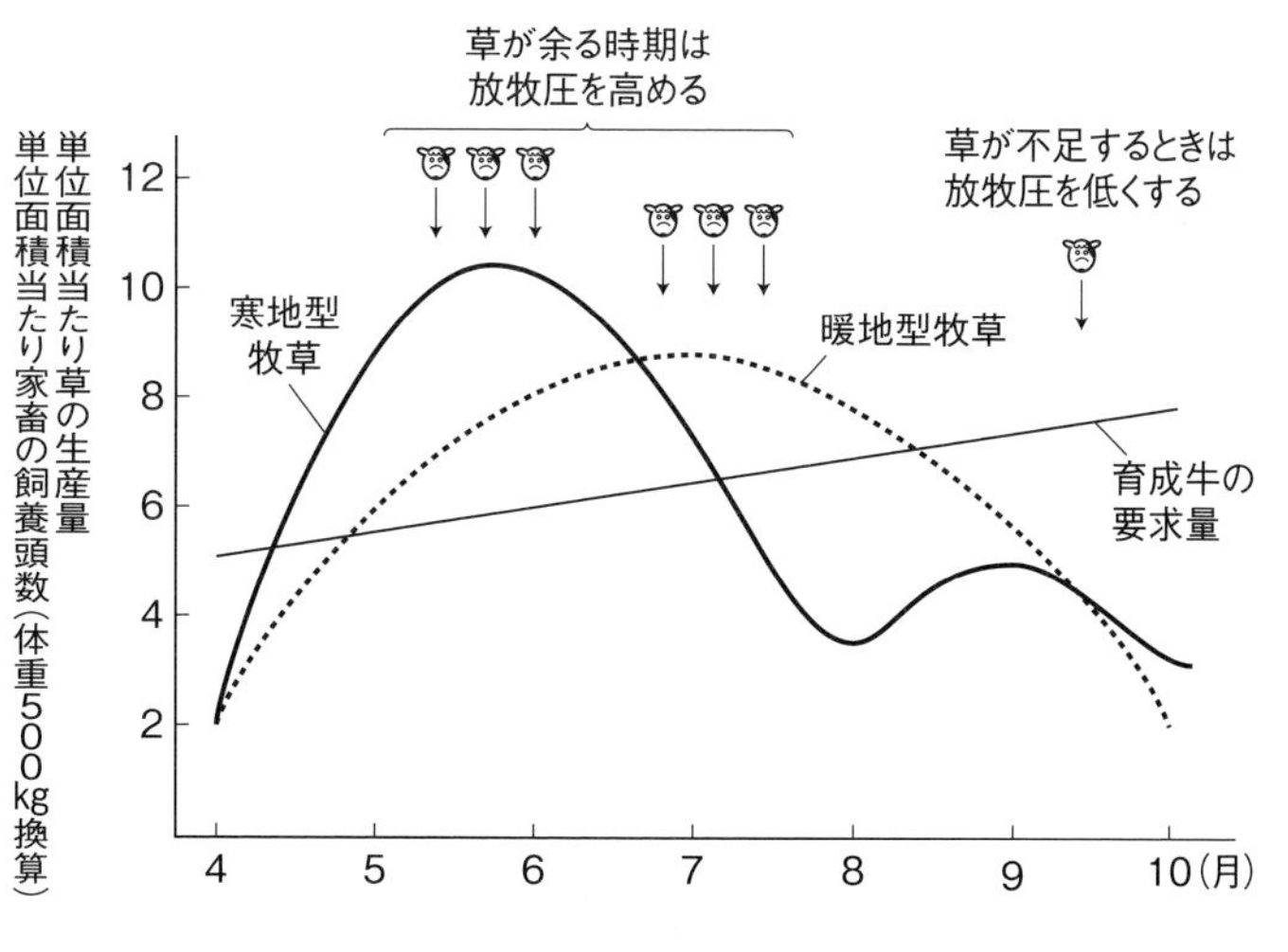

図4－9　牧草の季節生産性と牛の栄養要求量(イメージ)

して越夏できなくなることもあります。

暖地型牧草は逆に、夏の暑い時期に向かって生産量が伸びます。寒地型牧草よりもゆるやかなカーブです。暑くない春と秋の生産量は低くなります。

短草利用のメリット

①草の伸びがゆっくりで管理しやすい

植物はS字型の生長をします（図4―10）。草が短い間は植物はゆっくり生長し、その後植物体が大きくなるにつれて生育は旺盛となり、最後のほうはまた生長はゆっくりになります。

また、季節によりこのS字型の生長の程度は変化します。寒地型牧草では春の最初の伸び始めでは生長の程度は小さいのですが、その後のスプリングフラッシュ時には大きくなり、その後また小さくなる傾向にあります。

短草利用であれば、S字型の植物生長の最初のゆっくりしたところを使うので、生産の予測が容易で、安定的な生産量を維持できます。年によって季節ごとの温度の上下も変わりますが、短草利用ならその影響（草の生長の変動）も少ない傾向にあります。

草丈（cm）
50
40
30
20
10
長草利用は
ここを食べさせる
短草利用
では、ここを
食べさせる
草
はじめは
ゆっくり
急成長
止まる
日

図4－10　牧草の伸び方はS字曲線

短草利用ができている草地

6月中旬、寒地型牧草の草量が最も多くなる時期にこれくらい草丈が抑えられている（草丈40cm程度）と、7月には下の写真のようになる

7月下旬。緑の絨毯の上で食べているように見える

②栄養価が安定的に高い

草丈が短いほうが季節に限らず栄養価が安定して高いことも知られています。

③再生力の高い牧草が残りやすい

④雑草も短草なら食べてもらえることがある

長草利用のデメリット

①草の栄養価が低い

いっぽう、放牧地の草が長く伸びた状態で放牧することを基本とする（長草利用）と、S字型の植物生長の途中の生育の旺盛なところを利用します。これは一見、多くの草量を得ることができるように見えますが、実際には長草だと牧草の栄養価が低くなるため、家畜の生産性は下がります。

②硬めの草が残る

また、さまざまな草種が量もたくさんあると、柔らかく牛が好む草種（ペレニアルライグラスとシロクローバなど）は食べますが、硬めの草種（ケンタッキーブルーグラスやトールフェスク）は食べないで残り、6月時点で出穂・結実します。そのため、7月時点では、枯れたトールフェスクの結実種子が、

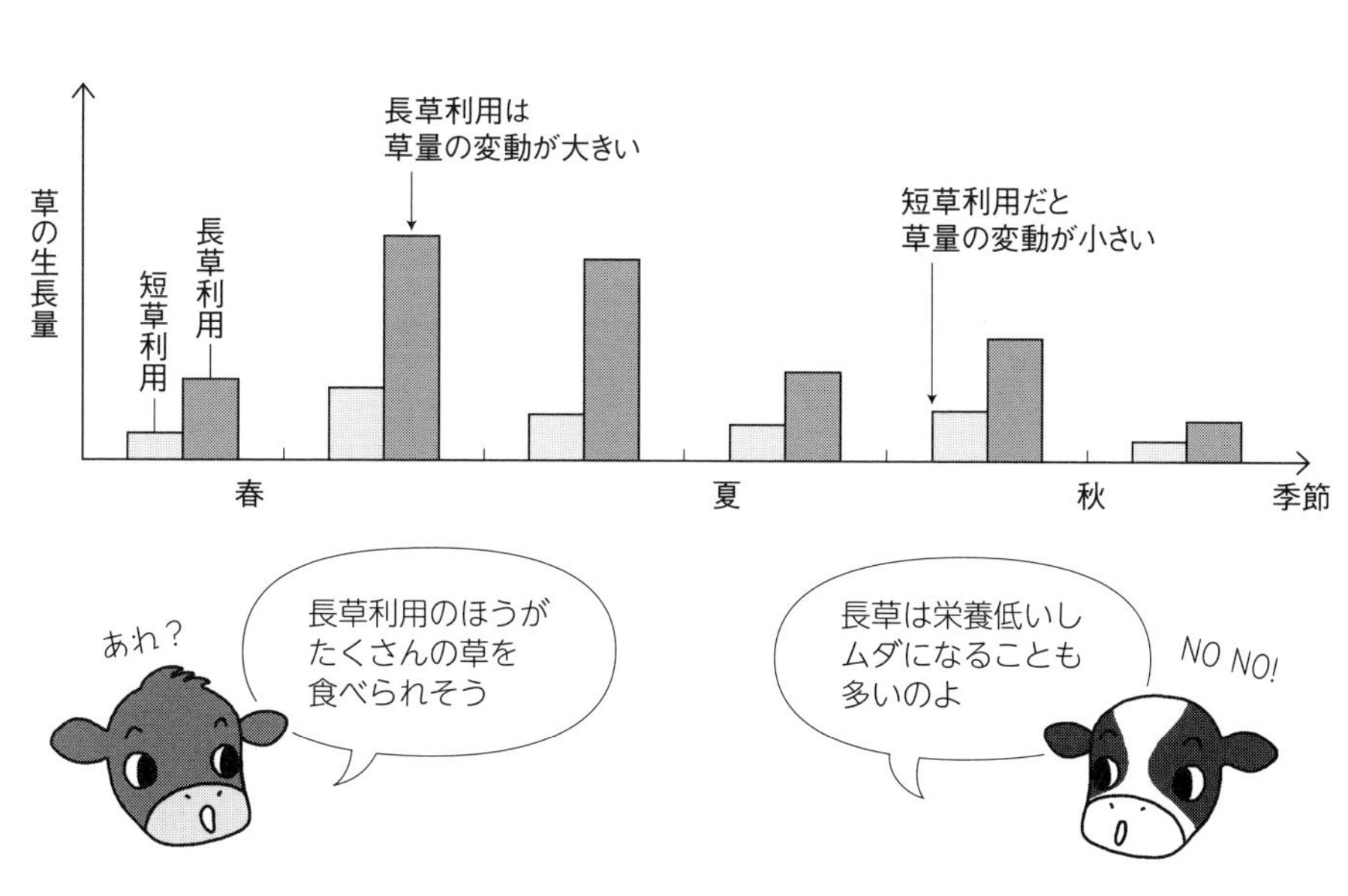

図4－11　季節ごとの短草利用・長草利用の草生産量の違い

適切な管理ができず、草を長くしすぎた草地1

6月中旬の段階で草丈約85cm。草の硬いトールフェスクが出穂している

トールフェスクの株間にシロクローバ、ペレニアルライグラスがあるが（矢印）こちらのほうがおいしいため先に採食される

7月下旬、牛が食べなかったトールフェスクが枯れてまだらに残る

適切な管理ができず、草を長くしすぎた草地2（栄養価の低い草地）

162ページの草地に比べて出穂・結実して枯れた草が多い。枯れた草は栄養価が低い

ケンタッキーブルーグラスも草丈が長いので栄養価が低い

この草地は一時期、草がとても高い状態で維持管理されたことから、栄養価の高いシロクローバがほとんどなくなった。残った草も栄養価の低いケンタッキーブルーグラスがメイン。この草地は栄養価が低いことから、育成牛や搾乳牛放牧には向かない（繁殖牛なら大丈夫）

まだらに草地に残されています。トールフェスクは出穂すると、その茎は硬くなり、牛はほとんど食べず、茶色く枯れていきます。このように食べ残しが多く発生し、おいしくない草の種子が広がってしまうこともあります。シロクローバなど日陰に弱い牧草は、長草利用だと衰退してしまうので、牧草の栄養価が下がってしまいます。

③草の量の変動幅が大きく管理が大変

しかも、長草利用だと季節ごとに草の量が大きく変動し、また栄養価も変わります（163ページの図4―11）。こういう中で家畜の安定した成長を担保するには、補助飼料の給与量・栄養価を季節に合わせて変えるという対応をとらなくてはなりませんが、現実的でない困難な作業です。

また、年ごとの季節の温度の変化に対し、草量の変動幅が多くなります。これは、ちょっとした季節温度の違いで、草の生長と放牧強度が合わなくなることを意味します（たとえば、昨年より早く春暖かくなったのに、昨年と同じタイミングで入牧した結果、入牧が遅すぎて草が伸びすぎるなど）。

こうならないためには、牛の放牧開始時期を少し早める、最初にすべての牧区を素早く食べさせる、放牧地の面積に対し牛が少ないときは、それに見合う頭数とするなどの対策が考えられます。

春先は早めに入牧し、早めに全牧区を一巡させる

牧場の全牧区の放牧地を短草利用する最初のポイントは、「草が萌芽し始めたら、放牧馴致を兼ねすぐに放牧を始め、早く放牧地全面に放牧を一巡させる[8]」ことです。草の少なさに不安があるなら、ライジングプレートメーター（180ページ参照）で草の量を推定するとともに、必要に応じて草架で乾草などを別途給与します。

これには、二つの効果があります。

①草が少ない春先の時期に、牛に草を多く食べさせることができる

春先の草量が少ないときに、草が十分生育している時期と同じ期間牧区に牛を滞在させると、牛が満足な量の草を食べられないため、牛の成長に影響を及ぼす可能性があります。

そのため最初は、隣り合った複数の牧区のゲート

シロクローバは短草利用で維持しよう

マメ科植物のシロクローバは、草高が低い牧草です。放牧地の短草利用が失敗し、イネ科牧草が1m近くになると、シロクローバはその陰になって太陽光を受けることができず、生長できません。この状態が長く続くと、衰退してしまいます。逆に、短草利用が成功すると、イネ科牧草とともにシロクローバにも太陽光が当たり、双方とも生育します。

シロクローバは、エネルギー（TDN含量）とタンパク質（CP含量）が高く（133ページ参照）、またカルシウム含量もイネ科牧草の2・6~5・2倍高く（図4－12）、空気中のチッソを植物が使える形で固定できることから、減肥にも繋がります（ただ、シロクローバが多すぎると、牛のお腹の中で分解が早すぎて胃の中でガスが発生し、鼓脹症の原因となるので注意してください。

イネ科牧草とシロクローバが共存した短草の草地が、家畜生産性の点からも優れます。

なお、牛は草などを通してカルシウムの摂取が不可欠ですが、放牧をすると日光浴で体内にビタミンDが作られるため、その効果でカルシウムの吸収がよくなると考えられます。

牧草	カルシウム含量（%）
チモシー	≈0.27
イタリアンライグラス	≈0.43
ペレニアルライグラス	≈0.58
トールフェスク	≈0.36
オーチャードグラス	≈0.37
メドウフェスク	≈0.55
シロクローバ	≈1.44

シロクローバ中のカルシウム含量は、イネ科牧草と比較し2.6 ～ 5.2倍多い

図4－12　牧草中のカルシウム含量

日本標準飼料成分表（農研機構、2009）より
イネ科牧草は一番草出穂期・シロクローバは開花期

を開くなどして、2~3牧区程度を一度に食べさせ、面積を増やすことにより飼料給与量を増やします[9]。このようにして、短期間で全牧区に牛を一度めぐらせます。2巡目以降には、特に寒地型牧草が主体の場合、スプリングフラッシュ開始の影響を受けるため、通常の回し方で十分な草が生育し、牛が採食できるようになります。

②牧区全体の短草利用ができる

春先の早めの入牧と早めの一巡をしないとき、春最初に牛を入れる牧区を短草で放牧できても、最後の牧区にたどり着く頃には約10日前後経過しているため、草が生長しすぎて牛が食べきれず退牧時に草が少し余剰する場合も多くあります。最初の1巡目はたいした残草量でなくても、輪換放牧を何回か繰り返す間に残草量が増えて長草となります。これが繰り返されると6月頃に出穂・開花する余剰草が多く観察できるようになり、7月以降には結実して枯れ草として草地に残るようになります。

「このような枯れ草も、夏以降に牛が食べるから問題ない」という方にもお会いしたことがあります。黒毛和種繁殖雌牛の放牧管理であれば、それでもいいかもしれません。ですが、丈の長い草、特に結実した草は栄養価が低く、このような草地の牧場で乳牛の育成牛が良好に育っている事例を筆者は見たことがありません。

春早く全牧区を一巡させる放牧管理は、新たな投資が不要で、簡単な方法です。7月以降に先の写真のように枯れた出穂茎が草地にある牧場では、ぜひ短草利用を試されることをおすすめします。

なお、各種放牧マニュアルの中には、春の入牧開始草高を20~30cm程度としている記述があります。この数値は、「最後に牛を入れる牧区」の入牧開始時の「最大草高」と捉えると、牧場全体の草高管理が破綻しにくいでしょう。牧場全体の牧区が、この高さを超えてはいけないという意味です。最初に入れる牧区は、もっと草が短い段階(草の生え始め)で入牧します。最初の牧区の草が20~30cmで入牧した場合、先にも記載したように、最後に牛を入れる牧区は入牧草高が30cmを大きく超え、草の栄養価は下がり、牛の日増体量は良好ではなくなります。

放牧強度を適切にする二つの方法

短草利用のポイントは、草の伸びと牛の採食のバランスをうまく保つことにあります。短草利用でも、スプリングフラッシュ時には草の生育が旺盛で、それ以外の時期の生育はゆっくりになる傾向にあります。この季節にともなう草の伸びの変動と、牛の放牧強度を適切にする二つの方法をここでは紹介します。

①頭数、放牧時間を変える

スプリングフラッシュの際には草の生長に勢いがあるため、それに見合うよう牛の頭数を増やして放牧圧を高め、スプリングフラッシュ後の草の生育が落ちてきたときには、牛の頭数を減らして放牧圧を弱めます。

搾乳牛放牧であれば、スプリングフラッシュの際には昼夜放牧として放牧時間を長くし放牧圧を高め、スプリングフラッシュ後は昼間放牧または夜間放牧のみとして放牧時間を短くするなど、一日に放牧する時間を変えることによっても、草と牛のバランスをとる対応が可能です。

5～7月
4頭/ha
放牧利用（1ha）
採草利用（1ha）
2haの草地

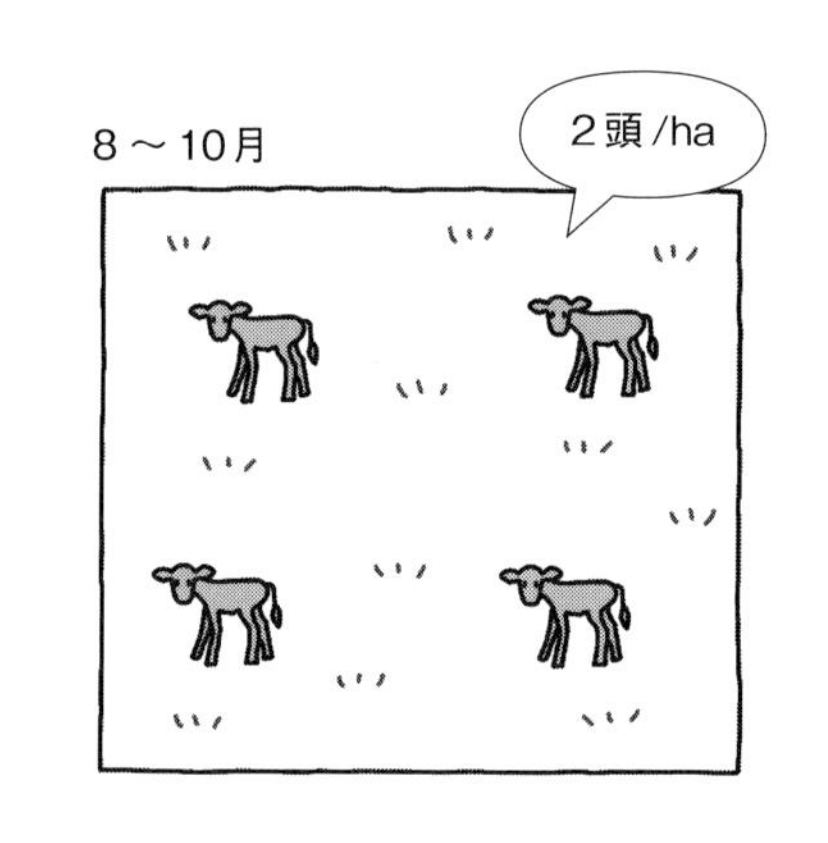

春の草の生長が大きい時期は、牧区の一部を採草地にすることで放牧面積を減らし、面積当たりの頭数を増やし、草と牛のバランスをとる。草の減る秋はすべてを放牧地にして、草不足にならないようにする

春は一部を採草地にして放牧圧を高める

②春は一部を採草地にし、夏以降は放牧地にする（兼用草地の活用）

草地の中に、比較的平らで乗用機械が入ることができ、採草・放牧の兼用草地として使える草地がある場合に活用できる方法です。草が急激に生長するスプリングフラッシュの時期には、兼用草地を採草地として利用することにより放牧地の面積を狭くし、放牧圧を高めて草が伸びすぎないように管理します。

夏以降は草の伸びが弱まるので、一番草を採草した後は、兼用草地を放牧地として利用して放牧面積を増やし、牛が放牧で草をたくさん食べられるようにします。

9 施肥管理の方法

高栄養牧草には肥料が不可欠

放牧草地の施肥管理は、野菜類ほど細かな管理は不要ですが、牛―草―家畜の循環に沿って牧草生育に必要な量の肥料を施用する必要があります。

特に、高栄養の牧草には、その栄養価や生産量に見合った施肥管理が必要となります。チッソ・リン酸・カリウムに加え、牛の体や牛乳生産に必要なカルシウムなども施用する必要があります（後述）。きちんと土壌中に養分を供給しない状態では、高栄養牧草は、十分な生長ができない状態で牛に食べられ続けるため、生産量が極端に少なくなったり、場合により草地から衰退してなくなっていきます。

逆に、栄養価や生産性の低い野草やシバ型草地では、施肥をしないか、極めて少なくても成り立つ場合があります。

地域ごとの施肥基準を基本に

施肥の基本としては、各都道府県の施肥基準がありますので、基本としてそれに従いましょう（資料を207ページで紹介）。

施肥のタイミングとポイント

施肥は、元肥（草地造成時）と追肥に分かれます。以下に岩手県の施肥基準を参考に、施肥のタイミングとポイントについて解説します。

①草地造成時の元肥

岩手県では、イネ科主体の牧草地において、元肥で10a当たり堆肥5t、チッソ7～10kg、リン酸10～15kg、カリウム4～7kg、石灰質肥料は100～150kg（pH6・5相当）となっています。

永年生寒地型牧草は、一度造成すると数年にわたり使いますので、牧草の根の環境を整えるため、元肥で多くの資材をきちんと入れます。土壌の化学性を整える化学肥料以外に、土壌の物理性や生物性を整える完熟の牛糞堆肥を多く入れます。手を抜くと、造成初年度は一見良好な草地ができますが、短期間に植生が衰退することもあります。

牛糞堆肥をきちんと入れると、土壌の肥料保持力や排水性もよくなります。ただし、多量施用は避けてください。牛糞を多量に散布すると、牛糞由来のチッソ過多で牧草中の硝酸態チッソ濃度が上がりすぎたり、牛糞由来のカリウム過多により牧草のミネラルバランスが崩れグラステタニー（174ページ）を引き起こす原因となります。

岩手県の基準で、「石灰質肥料はpH6・5相当」と記載されています。これは、土壌pHを1・0上昇させるための炭カルの量が土壌の質や腐植含量により異なるため、一律に○○kg投入するとは記載が難しいため、「草地開発整備事業計画設計基準（農林水産省生産局、2014年）」を確認するように記載されています。この点については、土壌診断をあらかじめ行ない、必要な苦土石灰の量を求めることが、他の肥料成分の設計も含めて容易な方法と筆者は考えます（後述）。

草地造成時には、耕起を深め（15cm程度）にしましょう。耕起が浅く（5cm程度）、土壌の表面近くのみに肥料が多い状態で牧草の種子を播くと、根が深く張らず、牛が草を食べるときに根ごと引き抜かれてしまったり、硝酸態チッソ濃度が高い牧草になりやすくなります。硝酸態チッソ過剰は、種付け成績の悪化などに繋がります。

牧草中の硝酸態チッソは1000ppm以下は安全、

1000～1500ppmは妊娠していなければ安全となっています（資料を207ページで紹介）。筆者は過去に「硝酸態チッソが多い草は、緑色が濃すぎまし、人がかじってみて苦み・えぐみを感じる」と教わったことがあります。繁殖牛では、少し草の緑色が薄く、人がかじって、苦み・えぐみを感じない程度を一つの目安にしつつ、可能なら飼料中の硝酸態チッソを分析して対応するとよいでしょう。

いっぽう、堆肥を施用した後にプラウで約30cm下に反転して埋め込む事例も見たことがありますが、これでは堆肥の効果を発揮できません（牧草の根が届かないため）。プラウ耕をする場合は、その後にマニュアスプレッダが入れる程度までパッカで整地してから堆肥散布をします。なお、堆肥散布と同時に苦土石灰も散布するとよいでしょう。その後パッカなどで土壌と混和させ、チッソを含む各種肥料を散布し、再度土壌と混和します。

チッソ肥料と苦土石灰を同時に施用すると、チッソ分が石灰と反応してアンモニアガスとして揮散してムダになることがありますので、注意しましょう。手順として、先に石灰を散布した後は土壌と一度混和させ、その後チッソ肥料などを施用しましょう。

②草地の追肥

岩手県の放牧地の施肥基準では、イネ科主体の放牧地において、追肥で10a当たりチッソ6kg、リン酸3kg、カリウム3kgを2回となっています。追肥のタイミングは、通常は春の牧草萌芽期と夏季（7月）。スプリングフラッシュを抑制したい場合は、初夏（6月中旬）と夏季（8月上旬）です。

ちなみに岩手県の採草地の施肥基準は、チッソ：リン酸：カリウムは、早春で10－5－10、刈り取り後は5－2・5－5です（単位はkg／10a）。放牧地は採草地より、早春のチッソ施肥量が少なく、全体としてカリウムの施肥量が少ない傾向にあります。採草地は、春先にチッソ肥料を効かせてスプリングフラッシュを大きくし、一番草収量を増やしますが、放牧地ではスプリングフラッシュを大きくしすぎないように注意したチッソ施肥量となっています。また、牛の糞尿にはカリウムが多く含まれるため、放牧地でのカリウム施用量は低くしています。

放牧地の通常の施肥基準のタイミングは牧草萌芽期です。これにより、スプリングフラッシュがある程度促進しますが、それに対応できる牛群管理ができることが前提です。いっぽう、スプリングフラッシュ抑制では、最初の施肥が6月中旬です。これにより、スプリングフラッシュ時にチッソ肥料成分が効かず、より季節生産性の変動の少ない牧草管理ができると考えられます。

追肥後は2～3週間程度草地を休ませ、植物体をある程度大きくし、硝酸態チッソを減らします。もし、施肥後に早めに放牧したいときは、施肥量を減らして施肥回数を増やしたり、コート肥料（175ページ）を使うなどの方法があります。

なお、岩手県の基準には記載がありませんが、可能であれば牛糞堆肥を年間2t／10a程度散布すると、土壌の物理性や生物性の改良の点や、家畜糞堆肥の草地への循環の点から適します。時期としては、雪解け後の施用が適するでしょう（冬に牛舎で飼養した牛の糞由来の堆肥が、春先には大量に在庫となる事例が多いため、この時期を例としてあげています）。その後の追肥については、春先に施用した堆肥の成分と施用量を鑑み、春以降の施肥量の減肥を試みるとよいでしょう。

土壌診断で適切な施肥管理を

これまでの間に、草地に十分量の堆肥が連用されていたり、過去に施用した肥料成分が残っていたり、草地の植生が悪化して昔から施されている肥料と草の必要量が合っていなかったりするなどして、土壌中に特定の肥料成分が十分量残っている場合があります。

このようなときに、余剰している肥料成分の施用をやめ、不足分の単味肥料のみを施すことにより、コストが削減できる場合があります。土壌診断を外部に依頼することにより、草地の肥料の残存量などの状態を把握することができ

〔3〕分析結果　（凡例：基準以下／基準以上）

	分析項目		今回分析値	養分状態 非常に低い	低い	適正	高い	非常に高い	基準値	前回分析値 分析No.
一般項目	pH（H2O）		4.8	★					5.5～6.5	
	有効態りん酸	mg/100g	160.5					★	20～50	
	交換性加里	mg/100g	26.1				★		9～12	
	交換性苦土	mg/100g	20.9			★			20～30	
	交換性石灰	mg/100g	86.4	★					397～556	
	苦土・加里比	当量比	1.9		★				2以上	
	石灰・苦土比	当量比	3.0			★			10以下	
	石灰飽和度	%	10.9	★					50～70	
	塩基飽和度	%	16.5	★					60～80	

図4－13　草地の土壌診断結果の例

ます（詳しい資料を207ページで紹介）。

①過剰な成分の施肥は不要

図4―13は、ある草地土壌の分析結果になります。植物の生長においては「チッソ」「リン酸」「カリウム」が肥料の3大要素といわれており、これらを複合した肥料がよく現場で使われます。この土壌分析結果からは、リン酸とカリウムは余剰であることがわかります。そこで次の施肥は、尿素などのチッソ肥料のみを施用すればよく、肥料代を抑えられることがわかります。

②カルシウムは非常に重要

いっぽう、この分析では石灰（カルシウム）が圧倒的に不足しています。残念ながら、カルシウムはチッソ、リン酸、カリウムに比べると、施肥してもすぐに植物の生長が目に見えてよくなるわけではないため、中には苦土石灰を一切まいていない牧場もあります。しかし、このカルシウム分は、草地にとって非常に重要な要素なのです。

植物が育つには、その植物にとって適切な土壌pH（pH7が中性でそれより低いと酸性、高いとアルカリ性）に調節することが必要です。放っておくと土壌は少しずつ酸性に傾いていくのですが、カルシウムやマグネシウムを施用することで、土壌pHを維持したり上げたりすることができます。牧草の生育は、土壌中のpHは6・5程度がよいとされており、この数値が下がっていくと通常牧草の生育は悪くなります。いっぽうで雑草は、pHが低くても旺盛な生育をするものがあるため、土壌pHが下がると雑草の生育に牧草の生育が負けるおそれがでてきます。その点でpH調整は重要です。

牧草、特にシロクローバなどマメ科牧草はカルシウムをよく吸収するので、牧草の生長にもカルシウムは欠かせません。

さらに、牛にとっても、カルシウム分の摂取は牛の成長や畜産物（肉・子牛・乳）生産に重要です。放牧で日光浴すると体内にビタミンDが生成されカルシウム吸収能力が高まるので、診断に基づき土壌にもカルシウム分を施用しましょう。苦土石灰を施用すると、カルシウムに加えマグネシウム（苦土）も含まれているので両得です（マグネシウムも牧草の生育には欠かせません）。苦土が土壌に十分に含まれている場合は炭酸カルシウムを利用します。また、家畜糞堆肥中にもカルシウムなどは含まれますので、先にも記したように、適量を草地に散布・還元することにより、苦土石灰や炭酸カルシウムなどの量を少なくすることができます。

以前「糞尿が草地に落ちるから、草地には肥料をやらなくてもよい」ということを言う人がいました。草地を構成する植物種により回答は異なりますが、高栄養の寒地型牧草を維持管理する上で、肥料の散布は必要です。

逆に、きちんと施肥管理をすることにより良好な草地管理ができた事例があります。高栄養寒地型牧草のペレニアルライグラスは、造成後4～5年で衰退するといわれることがあるのですが、岩手県盛岡市での試験では、きちんと肥料を5～10kgN／10a／年施用することにより、7年間ペレニアルライグラス優占草地を維持させることができています[10]。

「牛がなめる鉱塩にミネラルが入っているので、牛の糞尿でそのミネラルがまかれるから、ミネラルの草地土壌への施用はいらない」と言う人もいました。これも間違っています。鉱塩に含まれるミネラルのほとんどは塩化ナトリウム（食塩）ですし、糞尿だけで牧草に必要なミネラル（カルシウム、マグネシウム）は供給できません[11]。

グラステタニー（低マグネシウム血症）の予防

グラステタニーとは、放牧牛で注意すべき病気の一つです。牧草中のカリウム過剰・カルシウム・マグネシウム不足のバランスにより生じ、知覚過敏、皮膚・筋の反射亢進、全身の硬直、けいれんなどの症状を呈するとされています。カリウム／（カルシウム＋マグネシウム）の値が2・2以上で生じやすくなるといわれています[12]。筆者は近年放牧で本症状が発生した牧場を一度も聞いたことがないのですが、教科書的には注意する必要があります。

牛糞中にはカリウム含量が多いことから、放牧地には一定量のカリウムが還元されます。先の土壌診断に基づき、土壌中カリウム含量が多ければカリウムの施用を控えるとともに、分析値に基づき苦土石灰などの不足分をきちんと散布しましょう。

早春施肥を増減して、スプリングフラッシュをコントロールする

放牧地では、スプリングフラッシュ前の早春施肥（3～4月、萌芽前に行なう）を減らしたり省略することにより、スプリングフラッシュ時の草の勢いを抑制し、草の生産量の季節変動を少なくする方法もあります。いっぽう、採草地では早春施肥をきちんと施し、スプリングフラッシュを最大限利用して収量を増やすことが適しています（図4－14）。

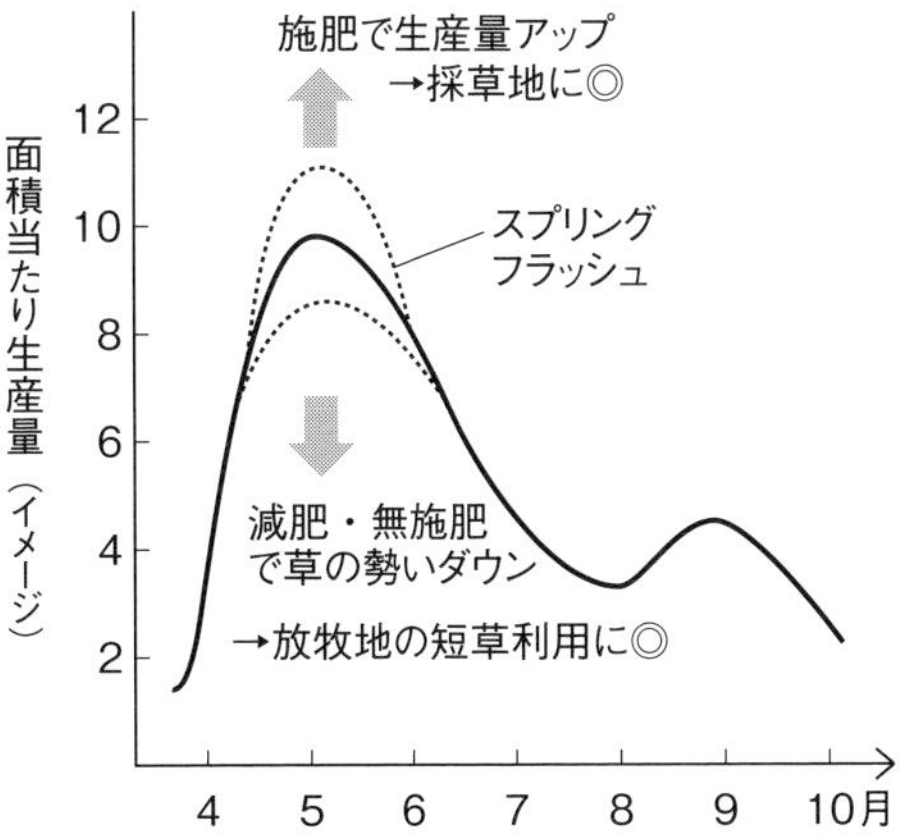

なお、経営内で兼用草地の面積が多く確保できるのであれば、一番草の採草地面積を多くし、面積が少なくなった放牧地に早春施肥をしてスプリングフラッシュの勢いを高め、多くの牛を放牧するという生産性の高い方法もあります。早春施肥の判断も、全体の草地面積（放牧地・採草地・兼用草地の各面積）と飼養頭数、保有機械・施設などの条件により変わってきます。

経営全体として、いかに自給飼料の利用割合を増やしつつ、購入飼料と手間を減らし、ラクして利益を増やせるかという視点で技術を組みたてることになるのではないかと、筆者は考えます。

図4－14　早春施肥の有無でスプリングフラッシュはどう変わる？（イメージ）

被覆肥料（コート肥料）は施肥回数を減らせる

化学肥料はふつう、施用したら土壌中の水分に溶けてすぐに効く速効性のものが多いのですが、コート肥料と呼ばれる、ゆっくりと肥料成分が出てくる肥料もあります（おもにチッソ肥料。詳しい資料を207ページで紹介）。コート肥料を利用して、施肥作

業の回数を年2回から年1回に減らした牧場もあります。

通常、施肥の後はしばらく牛に食べさせないように休牧管理する必要がありますが、コート肥料はゆっくりとした肥効のため、施肥直後でも放牧利用が可能です。

できれば施肥前に雑草対策を

肥料を施す際、草地に雑草が多く存在すると、牧草への肥料成分が雑草に盗られてしまいます。これにより、雑草の生長が牧草の生長より勝る状況になると、草地植生（持続的な草地の生産性）の維持・放牧家畜の生産性にとってよくありません。

施肥前にはできるだけ放牧圧をかけて放牧地全体の草を牛に食い込ませて雑草密度を減らします。必要であれば掃除刈りなどにより雑草対策するとよいでしょう。

ノシバなど、施肥しないシバ型草地もある

高栄養牧草の集約放牧から少し離れますが、シバ型草地を構成する草種のノシバやセンチピードグラスは、化学肥料などを施さなくても維持管理ができます（センチピードグラスは肥料を施したほうが生産量は増えます）。草地内のチッソ供給源としては、雨の中に含まれるチッソ分や、シロクローバなどのマメ科牧草などによるチッソ固定、糞尿などがあります。糞尿の量は放牧地の外から飼料が給与される（養分が入ってくる）量に影響を受けます。シバ型草地を構成する草種は栄養価も低いことから、基本として黒毛和種繁殖牛の放牧利用を行ないます[13]。

鶏糞利用でコスト削減——使い方のコツ

放牧は地域資源循環型農業ですが、地元産の鶏糞を放牧地に使うことで、地域の資源をさらに活用してコストも下げることができます（化学肥料の一部を鶏糞に置き換えることが可能です[14]～[18]）。ここでは、鶏糞を実際に利用する際の注意点について記載します。

鶏糞のおよその肥料成分は、チッソ約4％、リン酸約5％、カリウム約3％、カルシウム10～15％程

肥効率：化学肥料と比べて堆肥の肥効が現われる（植物に利用される）割合。堆肥中のチッソは微生物に分解されないと効かないので、含まれる成分が植物に全部利用されるわけではない。

度です（後述のように農場により増減が大きくあります）。牛糞堆肥よりチッソ含量が多く、化学肥料の代替として適します。また、リン酸が多めでカリウムが少ないので、リン酸が少なくカリウムが多い牛糞堆肥とのバランスもよいです。しかも、牧草の生育や牛の健康に不可欠なカルシウムも豊富など、放牧地にとってメリットの多い肥料です。

養鶏場によっては、鶏糞を運搬・散布してくれるサービスもあります。なお、ペレット化された鶏糞は、広域流通に適するとともに、ブロードキャスタなどによる均一な散布に適します。

鶏糞を利用する際には、以下の点に気をつけてください。

①牛糞より肥料分が濃いので、散布しすぎに注意

たとえば、チッソ成分で10a当たり5kgを草地に施す場合、チッソ成分4％、チッソ**肥効率**70％の鶏糞だと、179kg必要です。草地造成前に牛糞堆肥を10a当たり2t程度散布することが多いのですが、その量と比べると10分の1程度となります。

業者さんに初めて鶏糞の散布をお願いしたとき、

コラム12　牛糞堆肥の連用で、豪雨後に早く水が引く草地になった

過去に放牧草地で牛糞堆肥の連用試験を行なっていた際に、圃場一面が一時水没するほど短時間の大雨に遭い、牧草生育に悪影響を受けました。その際、牛糞堆肥を連用した試験区では、牛糞を入れていない対照区と比較し、土壌の透水性に優れ、水が早く引いていきました。その後も対照区に比べ牧草（ギニアグラス）の被度が高く、牧草が良好に育ちました。

教科書的な土壌診断と対応では、肥料成分の不足や過剰に注目し、不足する成分を化学肥料で補うといったことが中心になります。そこでは堆肥のような肥料成分の少ないものは軽視されがちなのですが、適切な牛糞堆肥の連用は、土壌の物理的特性の改善に繋がり、牧草の生育をも良好にしてくれます[19]。

これまで牛糞をまいてきた量と比較してあまりにも少なかったので、業者さんが気を利かせて多くまいてくれたことがありました。結果、その牧草は硝酸態チッソが多すぎて全量使い物にならなくなりました。同じ家畜糞堆肥でも、牛糞とはまったく違いますので、ご注意ください。

②重いので機械に積み過ぎない

乾燥鶏糞は牛糞堆肥と比較し、同じ容積でも重い傾向にあるため、散布機械(マニュアスプレッダ)へ積み込みすぎないよう、注意する必要があります。牛糞堆肥と同じ容量を積み込むと、重すぎて機械への負担がかかりすぎます。

③養鶏場ごとの肥料成分を確かめて量を設計する

養鶏場ごとに、鶏の違い(肉用か卵用か)や鶏糞の加工過程の違いがあり、チッソ分や肥効率も異なります。卵用鶏のエサにはカルシウムが多い(卵の殻にカルシウムが必要なため)ので、肉用鶏の糞よりもカルシウム分が多いです。また、鶏糞の堆肥化・乾燥の工程によっても、鶏糞の成分の濃度が増減します。養鶏場によっては鶏糞の肥料成分を教えていただけるので、あらかじめ確認し、施肥基準に合わせて量を決めましょう。

④縦・横2回散布でムラなく

鶏糞散布作業時に、作業機のマニュアスプレッダが後方に堆肥を落とすため、1回で全面に散布すると、鶏糞が帯状に散布され、生育に大きなムラが生じることがあります。1回の散布量を半量にして、縦方向と横方向の合計2回、施用するとよいでしょう。

⑤最初は少なめに使ってみる

鶏糞の化学肥料の置き換えは、少なめから試していくとよいでしょう。利用する鶏糞の特性、散布機械の特性、植生、気象や放牧利用方法により、土壌に施用される鶏糞の肥料成分の量が異なる可能性があります。最初は、一部の面積で、代替率を守り、草や牛の様子を見ながら行ない、必要に応じて次回から散布量を増やすほうが無難です。鶏糞散布量が少なければ、追加すればよい(取り返しがつく)のですが、多量の場合は、硝酸態チッソ過剰で放牧家畜に影響が出るおそれがあり、取り返しがつかないからです。

10 草と牛のバランスがとれているか、調べてみよう

牛はどれだけ草を食べている？

放牧をすると、牛が草をどれだけ食べているかわからない、牛と草のバランスがとれているかわからない、などという疑問を聞いたことがあります。特に、放牧地の短草利用では、牛がちゃんと食べられているか心配する方もいらっしゃるようです。また、シカ対策の効果はあったのか、簡易更新などの効果はどの程度か、施肥管理は適切かなどは、草地と牛を目で見ただけではわからない場合も多いです（牛の体重測定を日々行なうことができれば、栄養の過不足はわかりますが）。

このようなときに、輪換放牧では各牧区の入牧前・退牧後に牧草の生産量を測定することにより、どの程度の草を食べたのか、次の放牧までどの程度草が再生しているのか、評価することができます。

牧草の生産量を評価する方法として、①移動ケージを用いた牧草の刈り取りと、②草量計（ライジングプレートメーター）を用いた方法があります。

①では、牧区の入牧前に移動ケージを数カ所置き、退牧後にケージの内側と外側のそれぞれ数カ所、一定の面積（1m²など）ずつ草を刈り取ります。その草を乾燥させて重さを測定すると、草の乾物量がわかります。ケージの内側の草量から外側の草量を引けば、牛がどれくらいの草（乾物量）を食べたのかがわかります。

研究調査ではこの方法は多くとられますが、放牧地の日々の管理としては大変手間がかかります。そのため、もう少し簡単に調査できる②のライジングプレートメーターを用いた方法をおすすめします。

移動ケージで牧草の生産量を調べる

ライジングプレートメーターの使い方

ライジングプレートメーターは、放牧地の草の量を比較的簡単に推定できる道具です。草の量に応じてプレート部（平らな面）がシャフト部（棒状の部分）に沿って自由に動く仕組みです。集約放牧が盛んなニュージーランドでよく利用されています。

プレート部はシャフト部の先端に付いていますが、ライジングプレートメーターを草地に突き立てると、シャフト部の先は地面に着き、プレート部は草の高さによって上に移動し、草を圧縮した高さで止まります。プレート部が上に移動した量がカウンターに記載されます（カウンターには草の高さと、1ha当たりの草の乾物量の推定値が表示されます）。草の量が多いほど、プレート部の位置は高くなり、カウンター量は増えます（図4－15）。これを、草地の中を歩きながら50回程度繰り返し、牧区全体の現存量を推定します。

ライジングプレートメーター法は刈り取り法に比

ライジングプレートメーターで草の量を推定する

シャフト
積算カウンター
プレート
0000
0123
0234

①ライジングプレートメーターを草地に置きます（図は横から見たところ）
②シャフトは地面まで届き、プレートは草の量だけ上がり、積算カウンターがその上がり幅を記録します
③草量が多いとプレートが上がる幅が増え、積算カウンターに反映されます

図4－15　ライジングプレートメーターの原理

べ、迅速かつ容易に草量を推定することができます。ある放牧地に牛が入る前に草量を測り、牛が食べつくして移動した直後にまた草量を測ります。すると、その差から、牛の採食量がわかります。

また逆に、牛が移動した直後の草量と、次に入る直前の草量の差から、草の生産量が数字としてわかります。牛が入る直前の草量は、短草利用がうまくいっているかを知ることができるとともに、短くてもきちんと食べられる草があることが具体的にわかります。集約放牧がうまくできない人の中には、短草利用は牛が食べるエサがない状態で放牧しているのではないかと思い、恐ろしくてできない方もいると聞きますが、具体的な草量を数値で知ると、安心して取り組むことができます。

牧区ごとの平均草量を測り、多い牧区から放牧する——フィードウェッジ

同じ牧場の放牧地でも、牧区により牧草の生産性が異なることがあります。要因として、牧区面積の違い、植生、施肥管理などがあげられます。

たとえば、放牧に用いる牧区の面積がすべて同じであればよいのですが、実際には地形の都合などで牧区ごとに面積が異なる場合が多々あります。

また、植生の違い、施肥管理によっても、草地の生産性は牧区ごとに異なります。たとえば、草地更新した牧区は翌年生産量が増えるので、他の牧区より利用頻度を高めないと草が余ってしまい、長草を踏み倒され、真っ先に草地がダメになります。

牧区による生育ムラと長草化を避けるために、おもにスプリングフラッシュ時にフィードウェッジ（グレージングウェッジ）と呼ばれる調査・対応をする方法があります。

この方法は、約10日ごとに全牧区をライジングプレートメーターで草量測定します。その数値をもとに、牧区ごとの草量（ライジングプレートメーターの値×面積）を計算します。そして、牧区草量の多い順番に放牧をしていきます。これにより、知らないうちに特定の牧区が伸びすぎてしまうことを防ぎ、平均的に管理することができます。勘や経験による牧区の回し方ではなく、具体的数値により対応できます。

また、これで放牧地の草量がどうにも多いときに

は、次年度は放牧地面積を減らし、兼用草地での一番草採草量を増やす際、どの程度の面積（どの牧区）を変更すればよいかなどの対応が可能となります。

草地の植生を診断する方法

①理想の草地とは

集約放牧で目標とするのは、「栄養価が高く、放牧牛が草を食べて育つ草地」です。そうした草地になっているかどうかを診断するために、放牧地の植生（草の種類やそれぞれの割合）を詳しく調べる方法があります。

理想的な草地は、

・地表面を牧草が覆っている（裸地が少ない）
・牧草が多い（雑草が少ない）
・マメ科牧草（シロクローバ）が適度にある

逆に悪い草地は、裸地が多く（生産性が低い）、雑草の割合が多い（栄養価が低い）草地です。シロクローバが多すぎるのも、放牧牛の鼓脹症を招くためよくありません。

②植生の調査方法

１ｍ×１ｍの枠（コドラート）を草地に置き、その中のイネ科牧草、マメ科牧草、雑草、裸地の割合を求めて、評価します。コドラートは鉄の枠で作った専用品で行なう場合もありますが、水道用の塩ビパイプなどで作ってもいいでしょう。それぞれの割合を判断する際は、イラストのように、頭の中で（もしくは簡単な図で）、草種ごとの塊にした場合、どれくらいの面積になるか並べ替えてみるとよいでしょう。

③植生診断の例

下の写真は植生調査の一例です。草地の３カ所で、１ｍ四方の中の植物の比率を調べています。

次ページ写真Ａの良好な草地では、表面がほぼ草に覆われ、地面がほとんど見えません（裸地は３％）。また、雑草種も少なく被度は（地面を覆っている割合）７％となっています。

牧草も、イネ科牧草被度は65％、マメ科牧草被度は25％であり、全牧草の合計被度は90％でマメ科が多すぎることもない状態です。

植生調査の風景。草地に１ｍ四方の枠を置き、その中の植物の比率を記録している

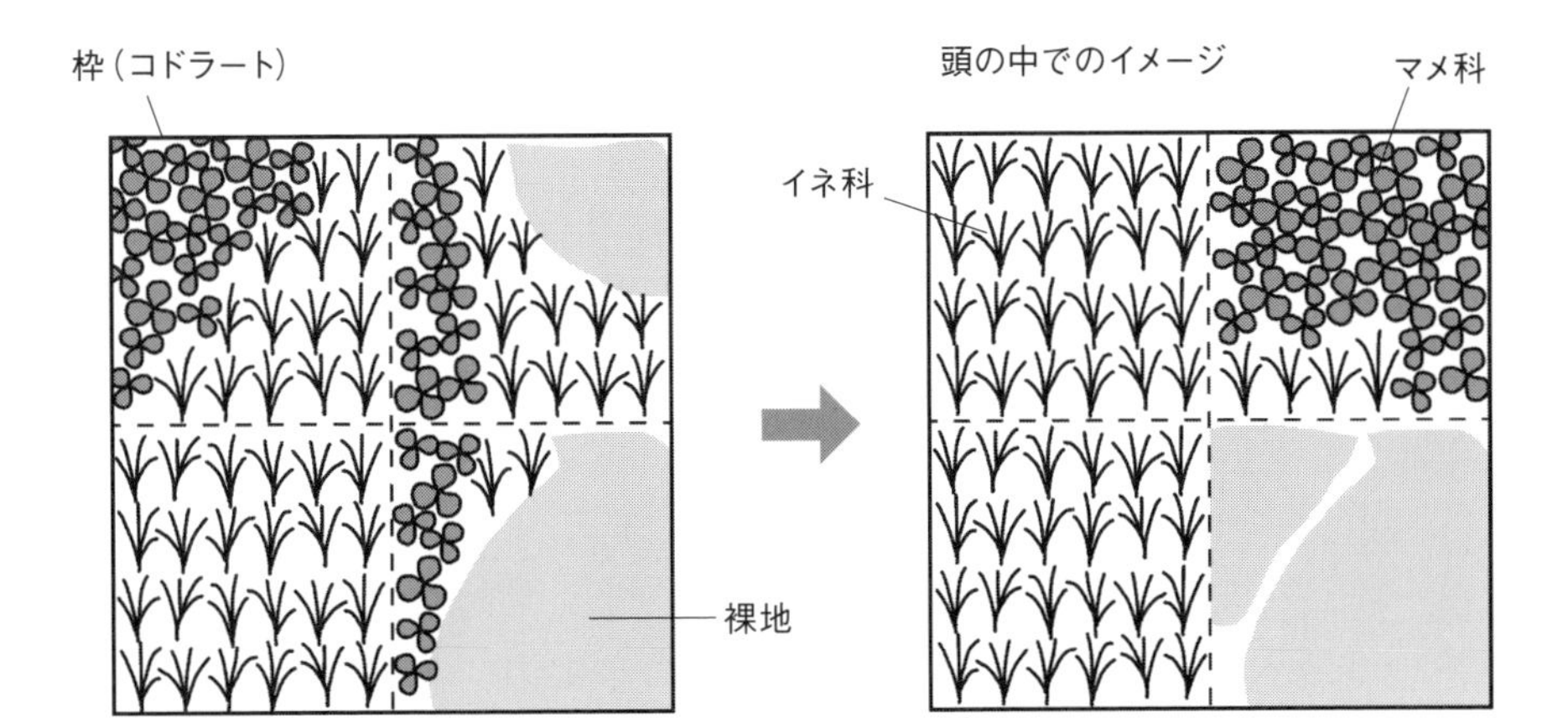

1. イネ科、マメ科、裸地をそれぞれ頭の中で、1カ所に寄せてみる。
2. 裸地の被度を決める（裸地25%）。残り（75%）が植被率になる。
3. 植被率の中で、被度がわかりやすいものから、引いていく。
（例：マメ科20%なので、イネ科は75－20＝55%。雑草は0%）

草の種類ごとの割合の決め方

悪い草地（栄養価の低い雑草が多く、裸地も多い）

よい草地（栄養価の高い牧草が主体で、裸地がない）

草地の状態（担当者の主観で）：良 5

植生:概要

	春(5月)			
調査年月日	2011/5/17			
調査者	平野			
調査場所	1	2	3	平均
植被率(%)	80	85	90	85
群落高(cm)	40	35	40	38
被度				
イネ科牧草(%)	15	20	25	20
マメ科牧草(%)	20	25	20	22
雑草(%)	40	40	45	42
裸地(%)	25	15	10	17

植生:概要

	春(5月)			
調査年月日	2011/5/17			
調査者	平野			
調査場所	1	2	3	平均
植被率(%)	100	95	95	97
群落高(cm)	30	25	25	27
被度				
イネ科牧草(%)	70	65	60	65
マメ科牧草(%)	25	20	30	25
雑草(%)	5	10	5	7
裸地(%)	0	5	5	3

植生診断の例

いっぽう、Bの雑草が多い草地では、表面が草に覆われているのは8割程度で、地面が2割程度見えます（裸地は17％）。また、雑草種が多く被度は42％となっています。牧草もイネ科牧草被度は20％、マメ科牧草被度は22％であり、全牧草の合計被度は42％です。

これを、図4－16の植生診断基準に照らし合わせます。

Aの草地は、全牧草の被度は90％、マメ科牧草は25％、雑草被度7％であり、植生診断基準の「良好」の範囲となります（全牧草被度80％以上、うちマメ科牧草40％以下、雑草被度10％未満）。

いっぽうBの草地は、全牧草の被度は42％、マメ科牧草は22％、雑草被度42％であり、植生診断基準の「要更新」の範囲となります（全牧草被度50％未満、雑草被度30％以上）。

「草地診断」とは？

放牧草地が適切であるか診断する方法として、草地診断があります。またそれをサポートするツールとして草地カルテシートがあります。

<table>
<tr><th colspan="2" rowspan="3">項目</th><th colspan="4">全牧草被度</th></tr>
<tr><th colspan="2">80%以上</th><th rowspan="2">50～80%</th><th rowspan="2">50%未満</th></tr>
<tr><th>マメ科40%以下</th><th>マメ科40%以上</th></tr>
<tr><th rowspan="3">雑草被度</th><td>10%未満</td><td>良好</td><td>要更新</td><td>更新検討</td><td>要更新</td></tr>
<tr><td>10～30%</td><td>更新検討</td><td>要更新</td><td>要更新</td><td>要更新</td></tr>
<tr><td>30%以上</td><td></td><td></td><td>要更新</td><td>要更新</td></tr>
</table>

図4－16　放牧草地の植生診断基準
「草地診断の手引き」（日本草地畜産種子協会、1996）より

草地診断がなぜ必要かを説明します。放牧草地の状況が、高栄養な牧草種が多いのか、低栄養なシバ型草地になっているのか、それとも雑草の多い草地になっているのかをまず知らなければ、その後の適切な対応策を得ることができません。たとえば、高栄養な牧草種が多ければ育成牛や乳牛飼養が、低栄

養なシバ型草地であれば繁殖牛の飼養がそれぞれ適切となりますが、低栄養な草地で育成牛を飼養するとよい増体成績は見込めません。

また、ライジングプレートメーターで草量を経時的にモニタリングすることにより、草の生産量に対し放牧できる牛の頭数が適切か（もっと牛を放牧できるのか、できないのか）、もし育成牛の増体が悪ければ何が原因か（短草での放牧利用ができているか否か）の判断をサポートできます。

また、高栄養で生産性の高い牧草主体か、低栄養の生産性の低い牧草主体かで、施肥量も異なりますし、草量モニタリングと併せて施肥タイミングと量

コラム13 山地酪農と牛の品種

これまで、おもに高栄養牧草による放牧（搾乳牛、育成牛向け）について触れましたが、低栄養の草種による搾乳牛放牧も日本では一部で行なわれ、その一つが「山地酪農」という放牧体系です。急峻な山間地を放牧で生かす方法で、無施肥で管理できるシバなどにより傾斜地の土壌を保全しつつ牛の放牧を行ないます。大型で高泌乳の品種を放牧すると栄養不足になるので、その土地と草種に適した品種の牛を飼養しています。

岩手県の「田野畑山地酪農牛乳」（映画「山懐に抱かれて」の舞台）は、ホルスタイン種を利用していますが、年間泌乳量が全国平均より少ない牛群を飼養されています。岩手県の中洞牧場ではジャージー種を、島根県の木次乳業ではブラウンスイス種といった、乳量は少ないものの小柄で放牧に適した牛種を飼養しています。

岩手県での山地酪農の様子

放牧で牛乳や牛肉の機能性がアップ

放牧により、畜産物の機能性が増すことが知られています。

牛乳

放牧牛乳は一般牛乳に比べ、抗酸化作用と抗ガン作用のある共役リノール酸が1・5倍、βカロテンが2倍、それぞれ多く含まれているという報告があります。[20]

牛肉

放牧牛は、慣行牛（舎飼い牛）と比較し、ユビキノン（代謝促進）、カルニチン（脂肪燃焼）、クレアチン（筋肉機能）、カルノシン（抗酸化性）が高いという報告があります。[21]

放牧による飼養方法は多種多様にわたることから、放牧による畜産物すべてに上記のような機能性が担保されるかは保証しかねますが、放牧による畜産物は、環境やアニマルウェルフェアに配慮し、国産自給飼料に立脚した資源循環型の畜産物であると同時に、多くの場合、このような牛の体にとってもよい機能性物質を多く含む畜産物であると考えられます。

が適正か判断する上で草地診断は役立ちます。

基本的に、五つの診断要素（植生、収量、草地管理・利用法、土壌、牧草栄養（飼料成分））から草地の状態を確認し、農家の意向や気象・地形・土壌をもとに、対応策（利用改善、施肥改善、雑草防除、草地更新（簡易更新、完全更新））を提示します。詳しくは、『草地診断の手引き』（日本草地畜産種子協会、1996）に記載されています。

また、五つの草地の診断要素から、化学分析を必要としない3項目を中心に記録・活用するための「草地カルテ」があります。これにより、草地診断に関する項目の、専門家への問い合わせ・情報の共有蓄積、後継者への情報伝達などがサポートできます。

放牧Q＆A

放牧を始めたい方や、始めたばかりの方から よくいただく質問にお答えしました。

Q1 地域の人から、放牧するとニオイが出たり、地下水が汚染されたりするのではと言われました。実際どうなのでしょうか?

A きちんと放牧している限り、問題はありません。

通常の放牧地で草のみを食べている繁殖牛の糞は、ニオイはほとんどありません。過去に放牧地でアンモニア臭気を測定した報告では、生糞が触れる程度で1ppm（かろうじてニオイを感じられる程度）、生糞から10cm離れた状態で0ppmでした（よくわかる移動放牧Q＆A参照）。一度、放牧を行なっている現場へ行き、ニオイを嗅いでみると一番納得できると思います。わずかにする糞のニオイも、鼻につくアンモニア臭ではなく、草の香りを含んだニオイです。

しかしそれがなぜかは筆者はわかりません。仮説としては、放牧地の糞の密度が牛舎と比較して圧倒的に少ないこと、放牧地では糞と尿がほとんど別々のところでされるので固液分離ができていること、生草を主食にした場合の軟らかい糞は数日で乾燥してにおわなくなること、糞虫や微生物が放牧地の糞を素早く分解してくれること、などが想定されます。

放牧では、牛由来の糞尿を、植物が肥料として利用可能になるまでの期間が、舎飼いで糞尿を堆肥化し圃場へ運搬・散布するより短いことも特徴です。ただ、ニオイとの関連は検

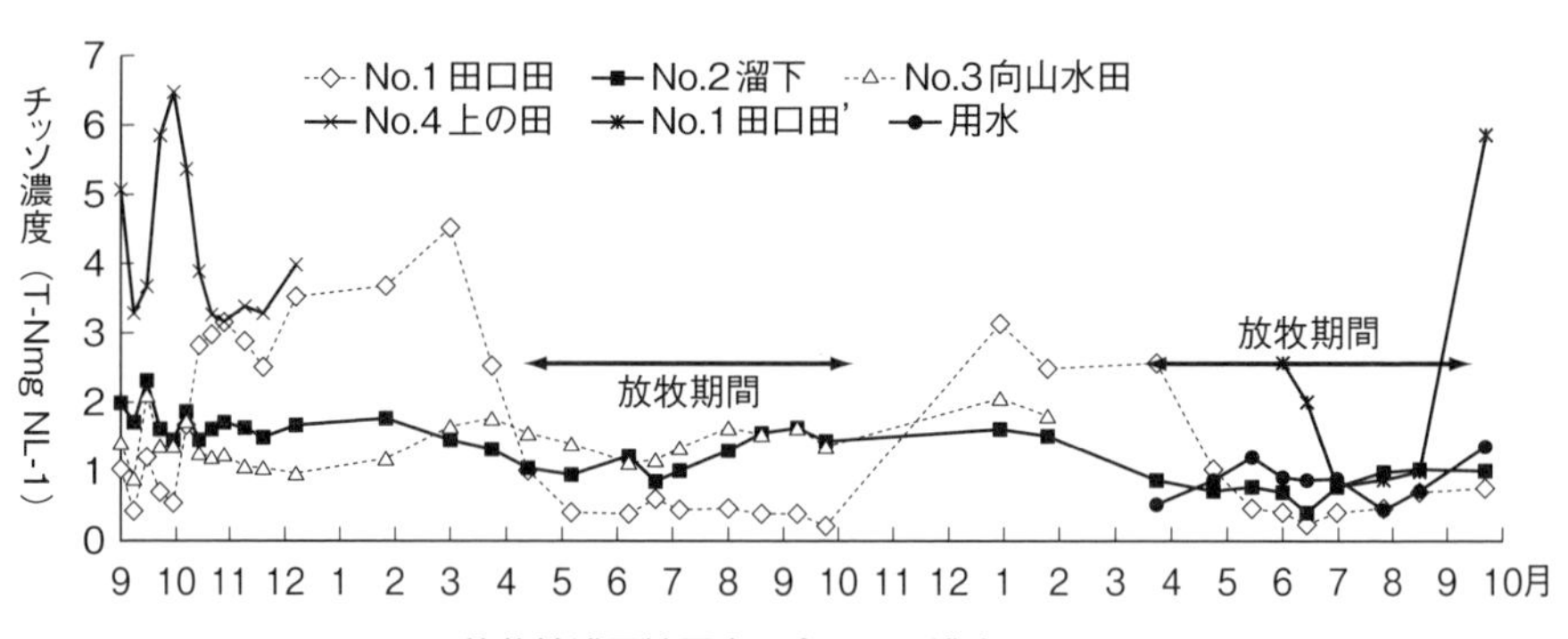

図５－１　放牧地浅層地下水の全チッソ濃度（寶示戸雅之 未発表）
放牧期間中に地下水の濃度の上昇は認められない

証されていません。

　地下水の汚染については、図５―１をご覧ください。ある放牧地の地下水のチッソ濃度を調べたところ、放牧期間中にチッソ濃度は上がりませんでした。気象条件や植生にもよりますが、通常の放牧をしている限り地下水は汚染されません。

　このように、本書で紹介したような通常の放牧をしている限り、ニオイや地下水汚染の心配はいりません。なお、糞尿は草にとって大切な養分なので、冬に放牧する際は、牛を一部の区画に集めず、放牧地全体を広く歩き回ることができるようにし、糞尿を草地全面に散布してもらうと、翌年の牧草生育が優れます。

　なお、狭いパドック（または特定の一部の区画）に多くの牛を押し込め、牛のエサを外部から大量に給与し、パドック内の糞尿の処理を行なわず、パドック内に草も生えない、生えても牛がその草を食べないような飼養管理方法は、放牧とはいえません。

　また、河川の汚染がないよう、牛が川に自由に出入りできることのないように配慮する必要があります。

Q2　まったくゼロから牛飼いを始めます。牛をどうやって入手したらよいでしょうか？また、公的機関への申請や許可は必要ですか？

A　都道府県や市町村、農協とよく相談しながら進めましょう。

①牛の入手方法

　ゼロから牛飼いを始めるためには、通常は事前に牛飼いの技術習得のために畜産農家などで研修することになるでしょう。牛の入手方法や各種手続きの方法は、その時点でわかります。

牛は基本的に家畜市場から購入しますが、放牧経験牛（可能なら牛群のリーダーになりそうな月齢）を最低1頭以上レンタルまたは購入できることが望ましいです。市場から牛を購入した場合、放牧経験の有無がわからないため、電気牧柵やスタンチョンなど、各種馴致を行なうことが必要です（66ページ参照）。

②牛を入手したら届出を

日本で飼育される牛については、「牛の個体識別のための情報の管理及び伝達に関する特別措置法」（牛トレサ法）に基づき、10桁の個体識別番号（牛の耳につけられている黄色の耳標に記載）がすべての牛に付けられ、出生から生産・流通・消費まで追跡・遡及が可能となっています[1]。この運用を独立行政法人家畜改良センターが実施しており、牛の出産・移動は、届出ウェブシステムなどから手続きをすることになっています。地域により農家から農協などへ届出を提出し、そこから手続きしてくれるケースもあるようです。各地域の方法に従ってください。

③公的機関のサポート

牛飼いになる際には、事前に都道府県の農業改良普及センターや、市町村の農業担当、農協などへ連絡をしましょう。

放牧技術全般に関する指導については、日本草地畜産種子協会に放牧アドバイザーを派遣していただく制度があるので、依頼してみるとよいでしょう。日本草地畜産種子協会のウェブページ「協会からのお知らせ」から放牧アドバイザーの派遣について探し、申し込むことができます。

④事前の情報収集

中央畜産会の「畜産担い手ポータルサイト」を見ると、牛飼いの日々の作業や牛を飼う上での基本的な部分の理解に役立ちます（肉牛、乳牛両方あります。資料を207ページで紹介）。

新規就農に関しては、執筆時点では、全国農業会議所の「全国新規就農相談センター」のウェブページが、相談、体験、支援、求人、適性評価などに加え、他機関（JAや県）の相談窓口も含めてリンクがあり、まとまっています。

⑤生活に必要な家畜の飼養頭数と放牧地の面積の検討

牛の頭数と面積を、具体的に検討しましょう。肉牛の繁殖経営であれば、「周年親子放牧導入支援システム」と、「新技術解説編1　周年親子放牧導入マニュアル　新技術解説編2　牧草作付け計画支援システム」が検討に役に立ちます。

生活を成り立たせる上で、何頭の牛を飼う必要があるのかは、各自のライフステージなどによっても変わります。たとえば、牛飼い以外に他の仕事や年金などの収入が十分あれば、飼養頭数は数頭から十数頭規模で生活が成り立つかもしれませんが、牛飼い専業で、かつ子育て中など人生の中でお金が必要な時期であれば、より多くの牛を飼う必要があり、相応の土地も必要となります。検討するときの畜産物の販売先としては、まずは通常の販売・流通経路で生活が成り立つ経営計画がよいと筆者は考えます。放牧による特色ある畜産物が、最初から全量高値で売れると仮定して経営計画を立てることはリスクが大きすぎるので避けたほうがよいと筆者は考えます。

⑥資金について

個人的な見解をもとに、ゼロから牛飼いを始めようとする人を少し脅します。新規就農は、技術、資金（特に畜産は他の作目より通常は多く必要。放牧は通常コストを下げられる）、農地（通常の畜産より放牧は多く必要）、家族の同意と理解、覚悟など、さまざまな準備が必要となります。

特に牛は365日、朝夕2回食事をさせ、搾乳牛は乳を搾る必要があるので、自ら休むためにはヘルパーさんなどにお願いするなどコストが必要になります。また、和牛の繁殖経営や肥育経営などは、牛の導入から販売までの期間が長いため、その間の運転資金と生活資金も必要です。

牛飼いは素晴らしい仕事で、放牧は優れた家畜飼養技術ですが、すべての人にすすめられるものではありません。新規就農して、うまくいっている人もいれば、うまくいかず離農した人もいます。それでも放牧を活用した牛飼いになりたい人に、少しでも本著が役立てば幸いです。

⑦ストックマンシップを身に付ける

「ストックマンシップ」は、広義には家畜生産に関わる能力・力量全般を意味し、狭義としては「家畜との絆を形成する能力」とされています。日本において、執筆時点ではストックマンシップに関する教育訓練プログラムはありませんが、研修時などに意識の片隅において学ばれるとよいでしょう（参考資料を207ページで紹介）。

Q3 牛をどうやって動かしたらいいんですか？

A 牛に対してどこに立つのが適切か知りましょう。

牛のバランスポイントとフライトゾーンを知り、牛の移動に役立ててください。

牛を前に動かすときに、牛に頭絡などをつけ、人が前に立って頭絡を引くだけで一緒に歩いてくれることが理想ですが、動かない牛もいます。その際、単に牛の前に立ち、力

フライトゾーン

- フライトゾーンに人が侵入すると、牛はその場から動き出す
- フライトゾーンの端で人が動いているときが、最も効率よく牛を動かすことができる
  Bの位置で牛が動き出す・Aの位置で牛の動きへの影響が止まる
- フライトゾーンの端と牛までの距離（フライトディスタンス）は、牛ごとに異なる

バランスポイント

- 人がフライトゾーンに侵入したとき、牛の進行方向を決定するポイントとなる位置関係。通常牛の肩の部分
- 牛を前に動かす：バランスポイントの後ろに立つ
- 牛を後ろに動かす：バランスポイントの前に立つ

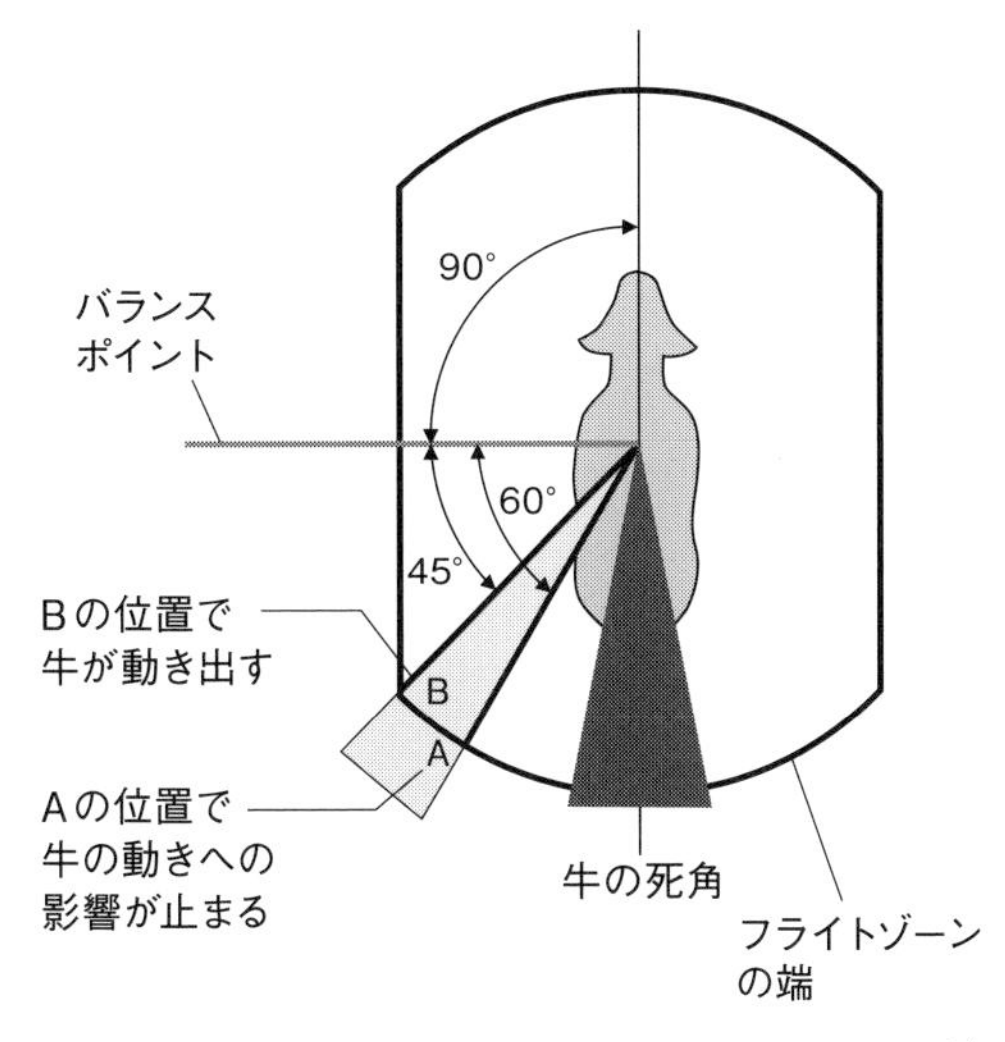

Grandin T.（2019）を参考に作図[2]

図5－2　牛のフライトゾーンとバランスポイント

まかせに引っ張ればよいわけではなく、図5－2のBの位置（牛から見て後ろ斜め45度～60度の場所）に人が立つことにより、牛が動き出すことがあります。また、その位置で牛をなでたり、優しい声をかけたりすると、動き出すこともあります。

以下は、筆者がこれまでに教えていただいた方法ですが、どうにも牛が動かないときには、ヒモで牛を引っ張る場合があります。そのとき、前から引っ張るだけではなく、後ろからも押す場合もあります。その際、牛の後ろ蹴りが届く範囲には基本立たないようにします（基本であり、例外はあります）。牛の後ろは牛の死角なので、声を出して人がいることを知らせながら近寄る人もいます。

また、追い込み場所などで、牛が密になっている場合には、まず自分の安全を最大限注意してください（牛の横に人が立つときに、施設と牛のわずかなすき間に立つと、牛と施設の間に挟まれ、大けがのもとになります）。また、このような牛が密になっている場所では、牛に足を踏まれるおそれがあるので、必ず安全靴を履くなど装備も安全対策をしてください。また、引っ張るときのヒモは、鼻環のみにくくりつけるのではなく、頭の後ろ側までロープを回す必要があります。

治療で注射を打つなど、牛にとっていやなことをした直後

は、優しい言葉で声がけしながら、濃厚飼料などを一つかみ給与する、優しくなでるなど、可能な範囲で信頼関係の回復を心がけてください（治療作業などがいやなこととして刷り込まれると、枠場に入ろうとしないなど次の治療作業が困難になる場合があります）。

Q4 うっそうとした放棄地にいきなり牛を放してもいいですか？ 牛はケガしませんか？

A 全頭が放牧経験牛であれば、通常問題ありません。

放牧経験牛に対しても、事前の十分な放牧馴致と牛群編成は必要です。牛どうしが仲良くなってから、放棄地に牛群を入れるとよいでしょう。また、傾斜地が含まれる土地には、傾斜地での放牧経験のある牛を入れましょう。入れる牛は可能であれば繁殖牛（親牛）に限定するとよいでしょう。

密生して牛が入れないアズマネザサの藪を、無線トラクタ+ハンマーナイフモアで細断

なお、年数の経った放棄地で木と草が混在しているところは問題ありませんが、アズマネザサ（シノ・シノダケ）のみの場合、牛が中に入ることができないレベルで密生するケースがあります。このような植生のところへ牛を放牧すると、牛が食べられるところは群落の外周表面だけで限定的となり、アズマネザサも衰退しません。

この場合、ブッシュチョッパーやハンマーナイフモアなどの機械でアズマネザサを潰し、草地更新すると、その後の草地の生産性、ひいては放牧家畜の生産性が向上します。

Q5 放牧を経験している牛がいないときはどうしたらいいですか？

A レンタカウの制度があれば利用し、ないときは牛を十分に馴致しましょう。

まずは、都道府県の農業改良普及センターなどに相談して情報収集するとよいでしょう。県によっては放牧経験牛の貸し出し（レンタカウ）がありますので、その制度を使うとよいでしょう。放牧を取り入れて牛を飼養している方の情報なども聞けるかもしれません。

放牧を取り入れた経営が近くになくレンタカウなどが利用

できない場合もあります。その場合、十分な事前馴致（牧柵、青草、人、スタンチョン）の徹底と、放牧直後の観察をきちんとすることが重要です。仲の良い穏やかな牛2頭から放牧を開始するとよいでしょう。水、草、鉱塩を好きなだけ自由に食べられる状態とします。牛舎で電気牧柵に十分馴致し、放牧に出すときにも、草で電牧が見えなくなることのない状態で放牧を開始しましょう。もし牛舎があれば、隣接した場所で放牧するなど、なにかあればすぐ牛を戻すことができるようになっているとよいでしょう。

Q6 水田に放牧したらアゼが崩れて、二度とコメが作れなくなるのでは？

A アゼを保護しておけば、水田に戻せます。

水田放牧開始時に、アゼをシバ型草地を構成する草種（124ページ）で覆い保護して活用し、後に水田放牧から水田に戻した事例があります。水田に戻す可能性があるのであれば、放牧利用と同時にアゼを保護するとよいでしょう。

具体的には、水田放牧を開始する際、アゼにシバ型草種のセンチピードグラスを播種・造成し、アゼ全体をセンチピードグラスで守ります。センチピードグラスが全体を覆うまで（1～3年）は、ポリワイヤーとピッグテールポールなどでアゼの上に電気牧柵を1本張り、牛がアゼに乗れないがアゼの草は十分食べられるようにするとよいでしょう。

なお、水田によっては、一部に水はけが悪くて泥濘化しやすいところや、山から水が入ってくるところがあります。そのような場所は、大雨の直後に水田に行くとわかります。水が溜まりやすいところに対しては、水を抜くための溝（明渠）を掘り、水を圃場の外へ出すとよいでしょう。明渠を作るにあたり、場合によりアゼに排水の穴を開けるなど、必要に応じてアゼの一部に加工などを必要とする場合があります。

長年水田放牧に利用していたところを圃場に戻した直後。アゼは崩れていない。放牧利用開始初期に、アゼにセンチピードグラスを植え付けたため、アゼが保護された

Q7 放牧したら下痢をすると聞いたのですが？

A 軟便であれば下痢ではなく、問題ありません。

放牧で下痢になることは、経験上ほとんどありません。ただし、栄養価が高い放牧草を食べていると、便は軟らかくなります。

『ＣＯＷ ＳＩＧＮＡＬＳ』[3]という本では、マニュアスコア（糞性状スコア）の２「やわらかいプリンのような糞、床面に落ちたとき広く飛び散る」は、「放牧されている若牛」と明示されています。実際に、栄養価の高い放牧草を食べた育成牛は、軟便でもすくすく増体します。また、放牧牛体重計測システムなどで体重を定期的に測定すると、「下痢しているのではないか」という心配は解消できます。

なお、放牧で下痢が一切起こらないとは限りません。放牧前に生草への馴致を一切しないで放牧地に突然牛を出す場合や、草が切り換わるときは、下痢に限らず牛をよく観察してください。目の下がくぼんでいないか、うなだれていないか、1頭だけ群から離れていないかなどに注意します（これら牛を注意して見るポイントや考え方も『ＣＯＷ ＳＩＧＮＡＬＳ』には記載があります）。

5月のペレニアルライグラス草地放牧牛の糞。上は排糞直後、下は数日後。軟らかい糞は薄く広がり、数日で薄焼きせんべいのようにカリカリに乾燥する。乾燥が早いため、ハエも発生しにくい。本当の下痢便は、固形物の混ざった茶色の水のような便のことが多い

Q8 もし牛が脱柵してしまったら、どうしたらいいですか？

A 脱柵が起こらないように放牧地を管理するのが原則です。

まずは毎日、牧柵電圧は十分か、草が十分あり牛が採食できているか、水は清潔で自由に飲めるかを確認するのが大原則です。これらの管理が十分にできていないときに脱柵のリスクが高まります。特にエサ不足には注意します（74ページ参照）。また、短い作業のときでもゲートを開けっぱなしに

釣り竿とロープで捕まえる

牛の頭の上に釣り竿で輪の部分を持っていく

釣り竿を下ろして牛の首に輪をかける

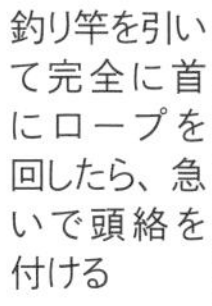

釣り竿を引いて完全に首にロープを回したら、急いで頭絡を付ける

釣り竿の糸を通すところから洗濯バサミを吊るし、ロープを挟む。前方に垂らした輪を牛の首にかけて捕まえる仕組み

ロープ（直径1.5cm）の先に輪を作る

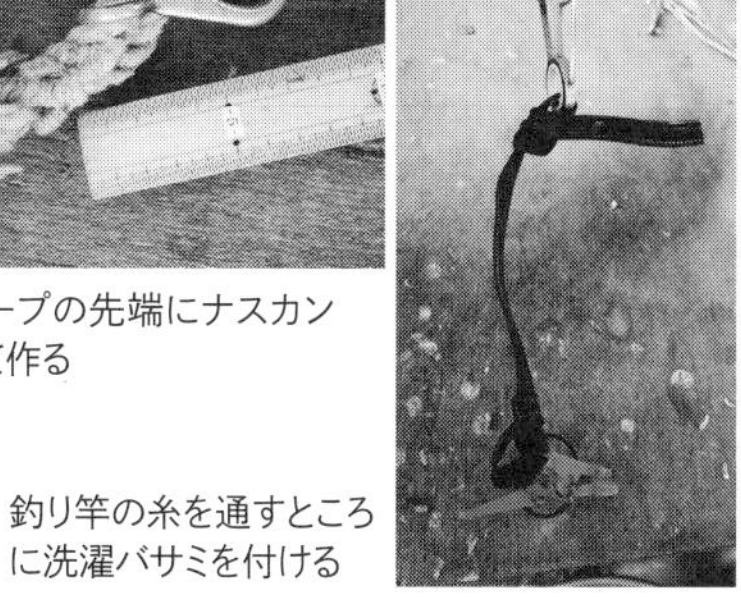

輪はロープの先端にナスカンを付けて作る

釣り竿の糸を通すところに洗濯バサミを付ける

針金を引っかけて捕まえる

針金（直径4mm）の先は5cm折り曲げ、先端部分は牛を傷つけないようにヤスリで丸くする

1.2mの針金。矢印部分を鼻環に引っかけて捕まえる仕組み

しない、作業の帰りがけには電気牧柵の電源を確認するなどミス防止にも気を付けましょう。

万が一、外へ脱柵してしまったときには、牛を捕獲するか、放牧地内へ誘導して戻し、迷惑をかけた人がいる場合には謝って回ることになります。

脱柵した牛が放牧地の近くにいた場合は、牛が入れるように近くのゲートを開け、そちらへ誘導するように電牧を張って道を作り（61ページ参照。または人を呼んで誘導してもらう）、牛を放牧地内に追い込みます。

放牧地から離れたところにいた場合は、牛を捕まえて運搬車などで移動する必要があります。この際、日頃からエサなどでよく牛を馴らし、畜主が行くと牛が自ら寄ってきて、触らせてくれるくらいの関係であれば、牛を誘導するのは容易です。いっぽう、畜主が行くと牛が逆方向に走って逃げていくような関係で脱柵されると、捕まえるのは相当困難であると想像します。いざというときのためにも、日頃からの人と牛の信頼関係の構築が大切です。

牛の捕まえ方は、釣り竿を使って首にロープをかけた後に頭絡を付ける方法や、鼻環があるときは道具で鼻環を引っかけて捕まえる方法などがあります（前ページ写真）。

牛と人の良好な関係を築く

生後数カ月馴致できなかった子牛。人が近寄ると逃げ回るため、網で捕まえた

子牛を枠場に追い込んで保定し、1日1回優しくなでる（馴致）。その後、知らない人にも近寄っていくほどに人馴れした

Q9 積雪地帯でも冬の放牧はできますか？

A どこでもできるとはいえませんが、北海道や東北でも、冬の放牧（屋外飼養）事例があります。

肉牛の周年親子放牧では北海道の春日牧場、岩手県の柏木牧場で、搾乳牛放牧では北海道の出田牧場で、それぞれ積雪地帯での冬季の放牧が行なわれています。いずれの牧場も、牛が皆穏やかで、飼い主が牛をよく見ているように筆者は思います。また、各農家がいろいろな工夫をされています。

座標から推定した積雪深は、北海道春日牧場が54cm程度、

積雪時の冬季搾乳牛放牧試験の風景（栃木県）。20cm程度の積雪であれば、牛は雪を除いて下の草を食べることができる

表5－1　乳牛の限界温度

	下限	上限
子牛	13℃	26℃
育成牛	－5℃	26℃
乾乳牛	－14℃	25℃
乳量ピークの泌乳牛	－25℃	25℃

『生産獣医療システム 乳牛編1（全国家畜畜産物衛生指導協会、1998、農文協）』より

1月の北海道の春日牧場。水飲み場でお湯（30℃）を用意し、厳冬でも牛のお腹の微生物がよい状態になるよう心がけている。エサは草架で良質な粗飼料を給与

岩手県柏木牧場が51cm程度なので、約55cmの積雪深が冬季放牧をする上限の一つの目安と執筆時点で筆者は考えています。

なお、先輩研究者が冬季放牧をする際、電気牧柵のポリワイヤーは黄色を使っていました。白色では積雪により見えなくなるのではないかという理由でした。また、電牧について下の段と上の段は簡易に別系統で流せるようにし、下の段が雪に埋まり漏電しても、上の段は電気が流せるようにしている方もいました。

また、牛の低温の限界温度について、乳量ピークの泌乳牛はマイナス25℃ですが、育成牛はマイナス5℃、子牛は13℃と、小さくなるにつれ低温に弱くなります（表5－1）。積雪下や最低気温が下がる際に、子牛や育成牛の管理は注意する必要があります。

Q10 放牧で牛の肥育はできますか？

A　サシは少なくなりますが、特徴ある牛肉として販売している事例もあります。

放牧で全期間肥育をすると、ビタミンAの制御ができないため、サシが少なく赤身の多い牛肉となり、格付け評価は低

くなります。通常の市場では価格が下がるため、特徴のある農産物としての売り方や売り先が必要となります。

以下に、放牧肥育を実践している牧場の例を紹介します（他にもさまざまな取り組みがあります）。放牧肥育技術も研究されているので、208ページを参照してください。

・草うし（褐毛和種、熊本県・上田尻牧野組合）
・北里八雲牛（日本短角種とサレール種の交雑、北海道・北里大学八雲牧場　有機ＪＡＳ認証　放牧畜産基準認証）
・ジビーフ（黒毛和種とアンガス種の交雑、北海道・駒谷牧場　有機ＪＡＳ認証）
・放牧敬産牛肉（黒毛和種、兵庫県・田中畜産）
・放牧ジャージー牛肉（ジャージー種、群馬県・神津牧場　放牧畜産基準認証）

Q11 シバ型の草地の放牧で、草は足りているのでしょうか？

A　ノシバやセンチピードグラス草地での放牧は、牛が短い草をなめるように食べるのが普通です。

私がセンチピードグラスで放牧試験をしていた際、あまりに草が短いので先輩研究者から「おまえの牛がいつ倒れるか、毎日心配している」と言われたことがありました。60ａで黒毛和種繁殖雌牛2頭を放牧していましたが、結果的には尾枕（肥った牛に見られる、お尻の周りの脂肪のコブ）が付く程度にきちんと増体していました。

シバ型草地の草種は、高さ10㎝以下の管理がよいとされています。これを守ると、牧草の密度が極めて高くなり、緑の絨毯を牛がなめるように食べることになります。牛のルーメンフィルスコアをはじめ、行動を見ていると、満たされていることがわかります（自動体重計測装置があれば、より安心です）。

Q12 公共牧場に肉牛は預けられないのですか？

A　肉牛の繁殖経営でも公共牧場などを活用できます。

第1章で乳牛の育成牛を公共牧場に委託して放牧してもらえる話を紹介しましたが（29ページ参照）、じつは肉牛の繁殖経営でも活用できます。育成牛を生後9カ月程度から23カ月程度（初産分娩前）まで預かって放牧する方法の他、出産後、種付けと妊娠確認が終わってから分娩前までの約３００

日放牧する場合もあります。都道府県などを通じて、近隣の公共牧場に問い合わせてみてもよいでしょう。

また、茨城県大子町にはキャトルブリーディングステーション（CBS）というものがあります。子牛が生まれてすぐ（産後15日程度）に親牛を預け、そこで種付け・妊娠確認を行ないます。その後、隣接する公共牧場へ出産1カ月前まで200日程度放牧され、飼い主に戻ります。飼い主のところに繁殖牛がいる期間は、年間約45日（出産前30日・出産後15日）と短く、省力的かつ効率的に増頭ができる仕組みになっています。

商用電源のない放牧地でのIoT機器利用の注意点

今後もさまざまなIoT機器が開発・販売されていくと予想されます。商用電源のない放牧地でIoT機器を動かす際、1～2カ月程度なら問題なくても、長期間にわたる運用では思いがけない問題が生じる場合があります。その注意事項について、個人的経験をもとに記します。

①モバイルルータは、1日1回再起動設定が可能なものを使う

IoT機器を運用する際、IoT機器自体が通信キャリア（ドコモ、au、ソフトバンクなど）との通信機能を内蔵しているものは別ですが、別途モバイルルータを必要とする機器については、そのモバイルルータとIoT機器との間に相性問題が生じる場合があります。

問題がIoT機器側にある場合は、電源との間にタイマー（パナソニック社製TB2012Kなど）を入れ強制的に電源をオン・オフすることにより再起動を実施し対応できる場合があります。問題がモバイルルータ側にある場合には、モバイルルータの再起動をしないとIoT機器との通信が復帰しない事例がありました。

IoT機器とモバイルルータとの相性問題が生じるか否かは運用してみないとわからないので、最初から定期的に再起動設定が可能なタイプのモバイルルータを購入するとよいでしょう。また、可能であればIoT機器とモバイルルータはLANケーブルなどで有線接続させましょう（NEC社製PA－MS05LNなど）。またモバイルルータの通信キャリアを選ぶ際には、事前にその運用場所で該当キャリアの電波が届くか（該当キャリアの携帯で通話できるか・アンテナが立つか）確認しましょう。

②サルフェーション除去機能付きのバッテリーの充電器を利用

放牧地で電子機器や電気牧柵を稼動させる際に、ソーラーパネルと自動車用バッテリーなどを組み合わせて電源とすることが多いのですが、バッテリーは消耗品として数年で買い替えが必要になります。サルフェーション除去機能付きのバッテリー充電器（ACDelco社製AD2002など）を利用すると、通常の充電をしても利用できなくなったバッテリーが復活し、バッテリーの寿命が延びる場合があります（復活できない場合もあります）。

太陽光発電とバッテリーによる自動体重計システム。牛が水を飲みに来ると、自動的に体重が測定されデータがサーバに送られる

③牛の口が届く範囲にケーブルなどを取り回す際は、PF管などで防御

エサ場周りに電源やLANケーブルを這わせる必要がある場合、ケーブルが浮いていると、牛に遊ばれて引っ張られたり、食いちぎられたりする場合があります。

可能であれば、PF管などでケーブルを防御することが最も確実です。次善の策として、ケーブルをコルゲートチューブに入れて防御しつつ、ケーブルを施設に沿わせたるみを持たせないようにする方法も、過去に一定の効果がありました（ケーブルがたるんでいると牛に口でくわえられます）。牛の口が届かない場所は、これでもよいかもしれません。

④機器の下に防草シートを張る

ソーラーパネルや機器の設置場所には防草シートを張って雑草対策をするとよいでしょう。草刈機で設置場所周辺の草を刈り払う際に、各種ケーブルが一緒に刈り払われる事故を防ぐことができます。ソーラーパネルが雑草で埋まることも防げます。

おわりに

本書執筆にあたり、農文協の松久章子氏に、多大なるご協力をいただきました。また、現地実証試験などでお世話になった多くの農家・牧場および関係者の方々、農研機構畜産研究部門の那須塩原事業場・御代田事業場（元農林水産省草地試験場）および九州沖縄農業研究センターなどでお世話になった先輩・同僚・後輩の方々、さまざまなプロジェクト研究・学会活動・静岡大学での学生時代で、お世話になった方々に感謝します。

特に現地実証試験遂行にあたり、栃木県瀬尾ファームの瀬尾亮氏、群馬県神津牧場の須山哲男氏と職員の皆様、山梨県立八ヶ岳牧場職員の皆様と山梨県畜産酪農技術センターの保倉勝巳氏、山梨県日野春牧場の韮澤靖氏、農研機構の山本嘉人氏、井出保行氏、中尾誠司氏、下田勝久氏、進藤和政氏、中神弘詞氏、北川美弥氏には、多大なるご協力とご指導を賜りました。全員書き切れませんが筆者が農研機構で研究を進める上で、梨木守氏、栂村恭子氏、的場和弘氏、手島茂樹氏、喜田環樹氏、山田大吾氏、渋谷岳氏、東山雅一氏、池田堅太郎氏、堤道生氏、阪谷美樹氏、野中和久氏、恒川磯雄氏、杉戸克裕氏、塚田英晴氏、深澤充氏、石崎宏氏、芳賀聡氏、中野美和氏、浅野桂吾氏、土井和也氏、渡邉さとみ氏、鈴木博子氏、業務科の職員・臨時職員の皆様にご助言とご協力をいただきました。本書執筆にあたり、須藤賢司氏、三枝俊哉氏、寳示戸雅之氏、鈴木智之氏、金子真氏、中村良徳氏、森田聡一郎氏から情報をいただきました。そして妻子、亡父、母、姉、お世話になった出身地域の方々に御礼申し上げます。

そして、本書を手に取り読んでいただいた方に、心から御礼申し上げます。皆様の地域の農業を、地に足のついた形で発展させていく手段の一つとして、放牧が役立てば幸いです。

２０２１年５月　　平野 清

＊本研究は農研機構生物系特定産業技術研究支援センター「革新的技術開発・緊急展開事業（うち人工知能未来農業創造プロジェクト）」の支援を受けて行ないました。

おすすめ資料リスト

ここでは、各章の個々の内容がさらに詳しくわかる、おすすめの資料を紹介します。インターネットの情報は、URL（アドレス）が変更になったり情報公開が停止されることがあるので、必要なファイルはダウンロード保存するなどして手元に保管することをおすすめします。

＊出版物については『　』、それ以外の資料は「　」でくくっています。
＊HPの記載があるものは、資料がウェブで公開されています。

ここに掲載されている資料のウェブページは、農文協「とれたて便」の『イチからわかる 牛の放牧入門』コーナーでURLを紹介。

第1章

●日本の畜産・飼料・放牧の状況や荒廃農地対策など（本文15ページ）

・「畜産・酪農に関する基本的な事項」（農林水産省）HP
・「畜産・酪農をめぐる情勢」（農林水産省）HP
・「飼料をめぐる情勢」（農林水産省）HP
・「公共牧場・放牧をめぐる情勢」（農林水産省）HP
・「荒廃農地の現状と対策について」（農林水産省）HP

●放牧による草原の植生と生態系の維持（本文16ページ）

・「放牧で草原を維持する―半自然草地の草とチョウ」（農研機構、2007）HP
・「全国草原再生ネットワーク」HP
全国の草原の情報や本・文献のリストなど。
・「阿蘇草原再生プロジェクト」HP
阿蘇の草原に関する環境学習情報などが充実している。
・「草地の生態と保全―家畜生産と生物多様性の調和に向けて」（日本草地学会、2010、学会出版センター）
・『草原と人々の営み―自然とのバランスを求めて』（大滝典雄、1998、一の宮町）
・『草地と日本人［増補版］―縄文人からつづく草地利用と生態系』（須賀丈ら、2019、築地書館）
・『草地農業の多面的機能とアニマルウェルフェア』（矢部光保、2014、筑波書房）

●アニマルウェルフェア（本文18ページ）

・「アニマルウェルフェアに配慮した飼養管理指針」（農林水産省）HP

・『最新農業技術　畜産　Vol.5　特集　アニマルウェルフェア』（農文協、2012）

●放牧に適した牛の品種（本文32ページ）

・「ブラウンスイス種の特性と飼養管理技術」（家畜改良センター、2016）HP

第2章

●耕作放棄地を含む水田・里山での放牧（本文50ページ）

小規模移動放牧をはじめとした、水田・里山などにおける放牧の参考マニュアル。

・「小規模移動放牧マニュアル　―放牧による肉生産と既耕地の再利用のために―」基礎・開牧編（農研機構、2002）HP

小規模移動放牧を始める際の基礎的なマニュアル。

・「小規模移動放牧マニュアル」（農研機構、2006）HP

より実践的な記述や事例も含めた小規模移動放牧のマニュアル。

・「小規模移動放牧技術汎用化マニュアル（Q&A）身近な草資源を放牧地としてもっと活用しよう！　―耕作放棄地解消に向けた放牧活用術―」（農研機構、2011）HP

当時の最新事例も踏まえ、水田跡地から里地まで幅広く対応したマニュアル。

・「中国中山間地域を活かす里地の放牧利用―遊休農林地活用型肉牛営農システムの手引き」（農研機構、2003）HP

西日本農研の作成した、中山間地の放牧マニュアル。

・「よくわかる移動放牧Q&A」（農研機構、2009）HP

放牧牛の栄養管理、脱柵や水質汚染に対する回答など、Q&A方式で解説したマニュアル。

・「水田放牧の手引き―水田飼料資源の効率的活用と畜産経営の発展に向けて―」（農研機構、2013）HP

水田地域における放牧に関するマニュアル、リスクや環境への配慮についても記載。

・「水田里山の放牧利用による高収益和牛繁殖経営モデル」（農研機構、2020）HP

西日本における各種取り組みと最新の試算について記載されている。

・「山口型放牧マニュアル　農家普及編」（山口県、2004）

・「山口型移動放牧マニュアル　放牧技術編」（山口県、2004）

移動式スタンチョン作製マニュアル、放牧事前チェック項目、放牧施設設置チェック項目など参考になる（入手希望の方は農文協編集局へ連絡ください）。

●電気牧柵の整備と費用試算（本文57ページ）

・「周年親子放牧導入マニュアル　新技術解説編3　牧柵整備計画支援ツール・新技術解説編4　家畜飲水システム」（農研機構）HP

牧柵資材選定と費用計算・水飲み場の設計に役立つ。

●牛の放牧馴致（本文66ページ）

・「集約放牧導入マニュアル」（農研機構、2008）HP

乳牛の馴致について詳細に記載。

- 「牧場管理効率化マニュアル―放牧馴致とマダニ対策編」（農研機構、2017）HP

牛を運搬車に乗せるための馴致について詳しく紹介。

●放牧牛の害虫・病気対策（本文72ページ）

- 「放牧における家畜の衛生管理」（農研機構 寺田裕、2014）HP
- 「牧場管理効率化マニュアル　アブトラップの利用」p138―148 HP

アブの生態やアブトラップの設置の注意点などを詳細に記載。

- 「アブ捕殺用トラップ」（農研機構 中央農業研究センター 白石昭彦）HP

ボックストラップの作り方を紹介。

●放牧地での補助飼料の給与（本文75ページ）

- 「ほ場で飼料ロールベールを牛に無駄なく給餌できる可搬給餌装置を開発」HP

「らくらくきゅうじくん」の詳細や問い合わせ先を掲載。

- 「山口型移動放牧マニュアル　放牧技術編」（前述）

移動式スタンチョンの作り方を記載。

●牛の捕獲、頭絡作成、保定（本文79ページ）

- 『牛の結び方 増補版　畜産に関わるロープワーク集』（青木真理、2015、酪農学園大学エクステンションセンター）

●ムギ類による放牧延長（本文90ページ）

- 「耕作放棄地放牧実施圃場におけるライムギを用いた放牧延長」（農研機構 平野清ら、2018）HP

●シバ型草地の作り方（本文94ページ）

- 「耕作放棄地放牧等における省力・低コストなシバ型草地化技術マニュアル」（農研機構、2015）HP
- 「シバ型草地の造成と利用マニュアル」（日本草地畜産種子協会、2005）HP

播種と放牧でシバ型草地を作る方法などを記載。シバ型草地を構成する草種によって水田のアゼを保護する技術も記載。

●周年親子放牧（本文96ページ）

- 「周年親子放牧導入マニュアル」（農研機構 畜産研究部門、2021）

「入門編」

家畜の放牧が持つ社会的意義や生産手段としての特徴を説明。「周年親子放牧」の魅力を紹介。「周年親子放牧」の有効性を子牛の生産面と営農面から解説。

「基本技術導入編」

「周年親子放牧」の技術導入にかかる計画立案から放牧開始までの流れと、その後の管理について一括して紹介。

「新技術解説編1　周年親子放牧導入支援システム」

経年的な経営内容を簡便に提示する営農計画策定のツールの解説。家畜導入頭数といくつかの前提条件の入力で約10年間の家畜飼養頭数と経営収支の推移状況を試算可能に。

「新技術解説編2　牧草作付け計画支援システム」

農地などに牧草を導入するとき、農家ごとに異なる土地の面積と条件・飼養頭数・草種ごとの生育環境適性と生産コストの違いを考慮して、最適な牧草種を選択するための意思決定支援するツールの解説。

「新技術解説編3　牧柵整備計画支援ツール」
電気牧柵の資材やコスト算定のためのツールの解説。放牧地に電気牧柵を整備するにあたり必要となる資材の種類や特徴・価格を求めることができる。

「新技術解説編4　家畜飲水システム」
周年の家畜飲水管理を省力化する技術の解説。冬季の飲水管理省力化のための飲水凍結抑制システムも解説。

「新技術解説編5　放牧牛体重計測システム」
放牧牛の体重計測を自動的に行ない、体重測定作業を省力化するシステムの解説。

「新技術解説編6　個体識別遠隔自動給餌システム」
放牧地に設置する放牧牛への補助飼料の自動給餌システムの解説。

「新技術解説編7　周年親子放牧管理システム」
放牧牛の飼養管理作業を省力化するためのシステム。

「新技術解説編8　親子放牧子牛の効率的馴致法」
子牛を取り扱いやすくするために、人に馴らすための馴致方法の説明。わかりやすい解説動画もある。

「新技術解説編9　クラフトパルプ活用マニュアル」
新規飼料クラフトパルプの特性と給与効果の解説。

「新技術解説編10　クリープ草地を利用した親子放牧子牛の効率的育成法」
高栄養牧草の草地と電気牧柵による親子分離（クリープ）柵を用いて、子牛にだけ高栄養牧草を採食させる親子放牧方法の解説。

●周年親子放牧の事例（本文98ページ）

・「肉用牛の周年親子放牧の勧め」（日本草地畜産種子協会、2018）HP
・「日本型放牧の普及に向けて」（日本草地畜産種子協会、2018）HP

第3章

●牛のボディコンディションスコア（BCS）（本文104ページ）

〈肉牛〉
・「アニマルウェルフェアの考え方に対応した肉用牛の飼養管理指針」付録Ⅱ（畜産技術協会）HP
黒毛和牛用の方法が記載されている（9段階）。
・「よくわかる移動放牧Q&A」p104―105（農研機構、2009）HP
黒毛和種雌牛用の簡易な方法が記載されている（5段階）。

〈乳牛〉
・『生産獣医療システム　乳牛編3』p9（全国家畜畜産物衛生指導協会、2001、農文協）
・「簡易ボディコンディションスコア（BCS）」の比較（家畜改良事業団）HP

●ルーメンフィルスコア（本文105ページ）

・『日本語版　カウシグナルズチェックブック』（Jan Hulsen、2013、デーリィマン社）

・『ＣＯＷ ＳＩＧＮＡＬＳ―乳牛の健康管理のための実践ガイド』（Jan Hulsen、２００８、デーリィマン社）

・「よくわかる移動放牧Ｑ＆Ａ」（農研機構、２００９）HP

●**排卵同期化**（本文109ページ）

・「牧場管理効率化マニュアル」（農研機構、２０１６）

●**リハビリ放牧**（本文110ページ）

・「長期不受胎供卵牛におけるリハビリ放牧の取り組み」（奈良県畜産研究センター研究報告36：9―14（２０１１）、37：8―12（２０１２）、38：8―14（２０１３）、39：13―18（２０１４））HP

奈良県の行なったリハビリ放牧に関する試験結果。

第４章

●**草地造成のやり方**（本文136ページ）

・「草地開発整備事業計画設計基準」（農林水産省生産局、２０１４）

基本的な草地の造成手順の教科書。山間地の大規模な造成方法（ブルドーザーで山を削り、谷を埋めて土地をなだらかにする山成工法）なども記載。

・「牧草播種晩限日計算プログラムおよび利用マニュアル」（農研機構 北海道農業研究センター、２０１７）HP

北海道における牧草の播種晩限日の計算プログラム

●**草地更新のやり方**（本文137ページ）

・「牧場管理効率化マニュアル」（農研機構、２０１６）HP

草地更新機シードマチックを用いて草地更新した際の試験を掲載。

・「採草地における植生改善マニュアル」（北海道自給飼料改善協議会、２０１３）HP

北海道における植生改善に関するマニュアル。草地更新失敗事例があり、大変参考になる。

・「簡易更新マニュアル」（北海道道立農業・畜産試験場、２００５）HP

北海道での各種追播機械を使った草地更新のマニュアル。

・「強害雑草防除マニュアル２０１６（北海道版）」（日本草地畜産種子協会、２０１６）HP

・「草地難防除雑草駆除対策事例優良事例集」（日本草地畜産種子協会、２０１８―２０２０）HP

雑草が増えた草地を更新した際の手順や具体的な事例を見ることができる。

●**シカ対策**（本文143ページ）

・「電気柵導入意思決定支援シート」（農研機構）HP

●**雑草・毒草**（本文43、86、154ページ）

・「写真で見る家畜の有害植物と中毒」（農研機構 動物衛生研究部門）HP

・「牧草・毒草・雑草図鑑」（清水矩宏ら、２００５、畜産技術協会）

・「よくわかる移動放牧Ｑ＆Ａ」（ｐ14―15）（農研機構、２００９）

放牧で牛が食べ残した野草に毒がないか確認するのに利用できる。

●各都道府県の施肥基準（本文169ページ）
・「都道府県施肥基準等」（農林水産省、2019）HP
・「環境に配慮した酪農のためのふん尿利用計画支援ソフト AMAFE」（北海道地域が対象）HP

●牧草中の硝酸態窒素の評価と対策（本文170ページ）
・『粗飼料の品質評価ガイドブック』（自給飼料品質評価研究会編、2009、日本草地畜産種子協会）

●土壌診断と施肥管理（本文172ページ）
・『だれにもできる土壌診断の読み方と肥料計算』（JA全農肥料事業部編、2010、農文協）

土壌診断をもとにした施肥管理がわかりやすく書かれている。土壌診断に基づき、地域の安価に入手・散布可能な家畜糞堆肥資源（牛糞、鶏糞など）を施用しつつ、不足分の肥料のみを施用することにより施肥コストの削減が可能となる。

●被覆肥料（本文175ページ）
・「牧場管理効率化マニュアル」（農研機構、2016）HP

●放牧草地に関する、基本的な教科書
・『草地管理指標―草地の維持管理編―』（日本草地畜産種子協会、2006）
・『草地管理指標―草地の放牧利用編・放牧牛の管理編―』（同、2011）
・『草地管理指標―草地の土壌管理および施肥編―』（同、2007）
・『草地管理指標―草地の管理作業及び草地の採草利用編―』（同、2018）
・『草地管理指標―草地の多面的機能編―』（同、2009）
・『草地開発整備事業計画設計基準』（同、2014）

筆者が放牧技術の問い合わせに対応する際は、基本的にこれらの書物を参考にしている。中には少し古い記載があり、注意して補正する必要がある。たとえば、近年の温暖化で牧草利用範囲が少し変化しているなど。日本草地畜産種子協会のウェブページから購入できる。

●牛の飼料給与や草の飼料成分について
・『日本飼養標準・肉用牛（2008年版）』（農研機構、2009）
・『日本飼養標準・乳牛（2017年版）』（農研機構、2017）
・『日本標準飼料成分表（2009年版）』（農研機構、2010）

牛の飼養管理に必要となる各種栄養価と、草や飼料の各種栄養価に関する書物。

放牧Q&A

●牛の新規就農についての情報（本文189ページ）
・「畜産担い手ポータルサイト」（中央畜産会）HP
・「チクサンデハタラク」（中央畜産会）HP
・「管理者に必要なストックマンシップ」（深澤充、放牧活用型畜産に関する情報交換会、2018）HP

●牛の動かし方（本文190ページ）

・『最新農業技術　畜産Vol.6　特集 肉牛の行動制御（ハンドリング）―飼養管理・環境の改善、省力化』（農文協、2013）

・「周年親子放牧導入マニュアル 新技術解説編8 親子放牧子牛の効率的馴致法」（農研機構）HP

●放牧肥育の技術（本文198ページ）

・「周年放牧肥育〜実践の手引き〜【九州低標高地版】」（農研機構、2016）HP

トウモロコシサイレージなどの補助飼料を給与しながら、出荷まで放牧する。十分な増体が見込め、肉は赤味中心。国産100%の飼養も可能。

・「放牧を活用した黒毛和種経産牛肉の高付加価値化技術」（農研機構、2008）HP

黒毛和種経産牛（繁殖雌牛に10産程度子牛を産んでいただいた後の牛）の放牧仕上げ肥育では、CLA（共役リノール酸）などの成分が増えるなどの報告事例がある。

その他

●公共牧場での集約放牧に関する資料（本文29ページ）

・「公共牧場　機能強化マニュアル」（日本草地畜産種子協会、2011）HP

Q&A方式で記載された公共牧場管理に関するマニュアル。

・「牧場管理効率化マニュアル」（農研機構、2016）HP

・「牧場管理効率化マニュアル―放牧馴致とマダニ対策編」（農研機構、2017）HP

公共牧場管理に関する、比較的新しい知見を中心に記述されている。

・「公共牧場の新たな活用方法に関する報告書」（日本草地畜産種子協会、2019）HP

公共牧場に関する、最新の統計情報や優良事例、管理に関するエッセンスが記載されている。

●放牧酪農に関するマニュアル・事例・参考資料（本文30ページ）

本著であまり触れられなかった、搾乳牛の集約放牧に関するおもなマニュアルや、搾乳牛放牧に関する情報をいくつか紹介。

・「集約放牧導入マニュアル」（農研機構、2008）HP

北海道での搾乳牛の集約放牧に関するマニュアル。既存の放牧から集約放牧へ切り替えることを見据えており、集約放牧に関する草と牛双方の管理について詳細が記載されている。北海道の放牧農家は多様性に富むため、これが放牧酪農のすべてではないが、優れた教科書の一つ。

・「集約放牧マニュアル」（集約放牧マニュアル策定委員会、1995）

北海道での搾乳牛の集約放牧に関するマニュアル。前記マニュアルより13年過去の文献だが、導入マニュアルより詳しく書かれている部分もある。

・「都府県型搾乳牛放牧の手引き」（日本草地畜産種子協会、2014）HP

府県での搾乳牛放牧の導入と、当時の個別事例について記載されている。

・「放牧の手引き―集約放牧を中心として―」（農林水産省草地試験場、1999）

少し古い文献だが、府県での集約放牧に関する基礎的な研究成果について記載されている。

・「天北・放牧の手引き」（北海道 宗谷支庁、2002）HP

北海道におけるマニュアルの一つ。丁寧に作成されており、他の地域でも参考になる記述が多い。放牧依存率（度）の算出法などにも言及されている。

・「日本型放牧の普及に向けて」（日本草地畜産種子協会、2018）HP

乳牛の集約放牧のメリットと、乳牛の集約放牧事例が記載されている。

・『放牧のすすめ―未来を拓く酪農経営』（落合一彦、1997、酪農総合研究所）

搾乳牛の集約放牧に関する代表的な教科書の一つ。乳量水準ごとの牛群飼養や、搾乳牛一頭当たりの土地面積の区分での管理についても触れられている。

・「連載・ニュージーランドの酪農産業の強さの理由」（酪農ジャーナル 1999年1〜6月号）

・「ニュージーランドに見るゆとりを生み出す酪農経営　技術戦略」（北海道家畜管理研究会報34、1998）

北海道足寄町「ありがとう牧場」の吉川友二さんが、ニュージーランドから日本に戻ってきた頃の文章。国や県とは違った視点から、ニュージーランドの放牧技術が記載されており、経営全体のコスト・利益と個別技術の関係や、ストッキングレートの考え方など、参考になる。

・『よみがえる酪農のまち　足寄町放牧酪農物語』（荒木和秋、2020、筑波書房）

酪農学園大名誉教授の荒木先生による著書。農家どうし・農家を支える多くの人が、放牧酪農の取り組みにあたり、どのように協力し、新規就農者が増えていき、地域が再生していったのか、その過程について経営資料とともに記述されている。放牧酪農導入による地方創生、重労働からの解放、農家所得増加などについて学ぶことができる。

・『マイペース酪農―風土に生かされた適正規模の実現』（三友盛行、2000、農文協）

放牧依存度を高めた一つの到達点としての酪農体系とその思想を学ぶことができる。北海道は、他にも斉藤晶牧場をはじめ、多種多様な放牧酪農に関する取り組みがある。全国を見渡すと山地酪農をはじめとする特色のある取り組みがある。

●放射線対策技術 関連資料

・「東日本大震災への対応」（農研機構 畜産研究部門、2011―2017）HP

放牧実施にあたり、福島県を含む一部の区域では放射線の除染作業などが必要な場合がある。また、傾斜地における無線トラクタを利用した草地更新法や、カリウムの施肥など、放牧利用などを行なう上で留意すべき研究成果が記載されている。

参考文献一覧

＊末尾に HP のある資料は、ウェブ上で公開されています。

はじめに

2ページ（1）「principles of plant breeding, 1st edition」（Allard RW, 1960, Wiley）
3ページ（2）『昭和農業技術史への証言 第十集』（西尾敏彦編、2012、農文協）
3ページ（3）「土地利用型畜産の総合研究」（寺島一男、2013、日本農学アカデミー会報19：3－14）HP

第1章

14ページ（1）「飼料をめぐる情勢」（農林水産省、2021）HP
17ページ（2）「栃木県内の酪農農場への集約放牧導入事例」（的場和弘ら、2011、日本草地学会誌56：278－283）
17ページ（3）「北海道北部草地酪農地域における放牧および非放牧乳牛の疾病発生率の違い」（高橋誠ら、2005、日本家畜管理学会誌40：155－160）
17ページ（4）「北海道東部・北部草地酪農地域における放牧および舎飼い乳牛の疾病治療記録の解析」（三谷朋弘ら、2007、日本家畜管理学会誌42：48－49）
17ページ（5）「長期不受胎供卵牛におけるリハビリ放牧の取り組み」（藤原朋子ら、2011、奈良県畜産技術センター研究報告36：9－14）
17ページ（6）「放牧利用技術（その1）酪農経営の生産実態と放牧の有利性」（須藤純一、2018、畜産技術763：21－27）
18ページ（7）「アニマルウェルフェアってなに？」（畜産技術協会、2019）HP
18ページ（8）「アニマルウェルフェアに関する勧告」（OIE）HP
20ページ（9）「荒廃農地の現状と対策について」（農林水産省、2018）HP
22ページ（10）「耕作放棄水田の復田コストからみた農地保全対策」（有田博之ら、2003、農業土木学会論文集225：381－388）HP
23ページ（11）「公共牧場・放牧をめぐる情勢」（農林水産省 生産局畜産部、2018）HP
23ページ（12）「放牧方式等の相違による肉用牛繁殖経営の収益性比較」（千田雅之、2016、農業経営研究54：91－96）HP
24ページ（13）「耕作放棄地への放牧導入が主要構成植物およびイノシシ掘削痕の動態に及ぼす効果」（井出保行ら、2003、日本草地

学会誌49（別）：214―215）
24ページ⑭「畜産・酪農に関する基本的な事項」（農林水産省、2021）HP
26ページ⑮「乳用牛検定成績のまとめ―令和元年度―」（家畜改良事業団、2021）HP
26ページ⑯「肉用牛の繁殖成績について」（相原光夫、2013、LIAJ News 140：2―6）HP
29ページ⑰「公共牧場・放牧をめぐる情勢」（農林水産省、2021）HP
45ページ⑱「家畜ふん堆肥を活用する牧草生産による温室効果ガス削減」（森昭憲、2016、畜産環境情報62：15―24）HP
45ページ⑲「環境に配慮した草地管理に係る調査事業報告書」（日本草地畜産種子協会、2007）HP
47ページ⑳2018年畜産物生産費（去勢若齢肥育牛生体重の全国平均値795kgに、「肉用牛産肉能力検定成績2006」の枝肉歩留の60・9％から算出）
47ページ㉑「乳用牛能力検定成績のまとめ―令和元年度―」（家畜改良事業団、2010）HP 検定日乳量（都府県）の令和元年値29・3kgより

第2章

52ページ①「周年親子放牧の普及に向けた活動方向と課題」（山本嘉人、2020、日本草地学会誌66：184―189）
66ページ②「放牧前馴致の放牧馴致と呼吸器病などの疾病や日増体量との関係」（農研機構畜産草地研究所 成果情報、2003）HP
73ページ③「牛体寄生のアブ、サシバエ類に対するフルメトリン1％製剤のポアオン法による接触致死効果試験」（早川博文、1990、動薬研究42：16―18）HP
84ページ④「耕作放棄地の再生技術の開発およびナタネの安定生産」（薬師堂謙一、2012、農林水産技術研究ジャーナル35（7）：33―37）

第3章

104ページ①「肉用繁殖牛の放牧中の栄養管理について」（青木真理、2008、牧草と園芸56（5）：8―12）HP
111ページ②「太陽光発電を活用した放牧地における牛舎用分娩監視装置の運用」（平野清ら、2021、日本草地学会誌67（別）：49

第4章

140ページ（1）「公共牧場におけるペレニアルライグラス（*Lolium perenne* L.）追播による植生改善が育成牛増体に及ぼす影響」（平野清ら、2016、日本草地学会誌62（別）：32）

140ページ（2）「荒廃牧草地へのペレニアルライグラス（*Lolium perenne* L.）等の追播が植生と放牧牛の日増体量に及ぼす改善効果」（平野清ら、2014、日本草地学会誌60（別）：45）

143ページ（3）「シカによる牧草被害が多い牧場では草地更新時に獣害対策が必要」（平野清ら、2015、日本草地学会誌61（別）：43）

143ページ（4）「シカ獣害対策下でのペレニアルライグラス草地造成と永続性の現地評価」（平野清ら、2020、日本草地学会誌66（別）：26）

153ページ（5）「夏ごしペレ栽培マニュアル（寒冷地暫定版）」（農研機構、2020）HP

153ページ（6）「Studies on the Invasion Processes of Horsenettle (*Solanum carolinense* L.) via Seeds in Pastures」（Nishida T., 2007, Bulletin of National Institute of Livestock and Grassland Science 7:53-93）

159ページ（7）「ケンタッキーブルーグラスで省力放牧」（北海道農業研究センター、2005、技術紹介パンフレット）HP

165ページ（8）「公共牧場の新たな活用方法に関する報告書」（日本草地畜産種子協会、2019）HP

167ページ（9）『放牧のすすめ』（落合一彦、1997、酪農総合研究所）

174ページ（10）「放牧草地の永続性に及ぼす草種と施肥量の影響」（東山雅一、2019、日本草地学会誌65（別）：70）

174ページ（11）「本邦草地の無機栄養および牧草の無機品質に関する諸問題 1 概況および窒素、りん酸、カリについて」（高橋達児、1977、日本草地学会誌23：259－266）

174ページ（12）「Grass tetany in grazing milking cows」（Kemp Aら, 1957, Netherlands Journal of Agricultural Science 5:4-17）

176ページ（13）「耕作放棄地放牧等における省力・低コストなシバ型草地化技術マニュアル」（農研機構、2015）HP

176ページ（14）「有機畜産へ向けた草地管理利用技術の開発Ⅰ　ギニアグラス草地造成初年度における有機質肥料の生産性におよぼす影響」（平野清ら、2003、日本草地学会誌49（別）：102－103）

176ページ（15）「有機畜産へ向けた草地管理利用技術の開発Ⅱ　有機質肥料連用3年目におけるギニアグラス放牧草地の生産性と育成牛の増体」（平野清ら、2005、日本草地学会誌51（別）：42－43）

176ページ（16）「有機畜産へ向けた草地管理利用技術の開発Ⅲ　冬季イタリアンライグラス放牧草地における牛糞および鶏糞堆肥の施用効果」（平野清ら、2005、日本草地学会誌51（別）：44－45）

176ページ（17）「有機畜産へ向けた草地管理利用技術の開発Ⅳ　冬季イタリアンライグラス（エース）放牧草地の生産性」（平野清ら、2006、日本草地学会誌52（別2）：24—25）
176ページ（18）「有機畜産へ向けた草地管理利用技術の開発Ⅵ　高栄養牧草を用いた周年放牧による育成から肥育中期の飼養」（平野清ら、2008、日本草地学会誌54（別）：94—95）
177ページ（19）「有機質肥料の連用はギニアグラス草地の大雨による冠水被害を軽減させる」（平野清ら、2008、有機農業研究年報8：135—144）
186ページ（20）「放牧牛乳の認証方法の検討とマーケティング調査」（農研機構畜産草地研究所・日本ミルクコミュニティ株式会社、2009）
186ページ（21）「放牧牛の半棘筋における機能性成分と遊離アミノ酸の含有量」（常石英作ら、2006、西日本畜産学会報49：103—105）

放牧Q&A

189ページ（1）「牛・牛肉のトレーサビリティ」（農林水産省）HP
191ページ（2）「Understanding Flight Zone and Point of Balance for Low Stress Handling of Cattle, Sheep, and Pigs」（Grandin T, 2019, https://www.grandin.com/behaviour/principles/flight.zone.html）
194ページ（3）『COW SIGNALS—乳牛の健康管理のための実践ガイド』（Jan Hulsen、2008、デーリィマン社）

資料：各地域における放牧草の播種時期と放牧利用期間の目安（東北、関東、九州）

一年生牧草について（乗用農機が利用できる農地）

- ムギ類は早く播種し、かつ放牧開始時期を遅らせると生育期間が長くなり、収量が増える（逆に播種が遅れると収量が大幅に減る）。そのため、ここでは通常より可能な範囲で早めの播種日を提示
- 東北地域などではライムギ・イタリアンライグラスで放牧延長できる期間が他の地域より短くなる（積雪のため）
- イタリアンライグラス極早生品種は、寒冷地は耐雪性に優れたクワトロＴＫ－５、温暖地ではイモチ病抵抗性のkyusyu-1、ヤヨイワセなどを用いる
- イタリアンライグラス極晩生品種は、アキアオバ３などを用いる
- 水はけの悪い水田跡では、耐湿性草種のイタリアンライグラス・栽培ヒエを用いる

永年生牧草について（乗用農機が利用できる農地）

- 冷涼な地域ではペレニアルライグラスの作付けが適する（嗜好性や栄養価が優れるため）。ただし、入牧が遅れたり、施肥量が少ないと早期に衰退する
- 温暖な地域ではトールフェスクを作付ける。梅雨明けから8月末頃までは強放牧で衰退しやすいため、放牧圧を強くしない（草高20cm以下にならないように、休牧する際には雑草に隠れないように注意）
- 耐暑性はトールフェスク＞オーチャードグラス＞ペレニアルライグラス

シバ型草地について（乗用農機の入らない傾斜地）

- ケンタッキーブルーグラスは、ほふく茎で横に広がるので、ここではシバ型草地に分類したが、播種時期と利用期間から寒地型牧草としての側面もある。他の永年生寒地型牧草より生産量が低いが、永続性は高い
- 野草が多い場合は播種前に放牧し、上から地表面の土壌が見える程度（草高20cm以下）まで食べさせる（出芽には、播種した種子が地面に密着する必要があるため）。播種直後は放牧し、牛に種子をよく踏ませる（蹄耕法）
- 初期生育が遅いため、播種直後は雑草繁茂を抑える意味での放牧とする（これをしないと、光が幼植物まで届かない。シバ・センチピードグラスは10cm以下の管理が適する）
- バヒアグラス品種のペンサコラのほうが利用期間が長いが、ナンオウのほうが栄養価が高い
- バヒアグラスは茨城県常総市以南で生育できる（栃木県茂木町以北は越冬できない）
- センチピードグラスは最低気温-10℃より温暖な地域が適する

全体について

- 草種を選ぶ際は、牧草の生育期間に加え、季節生産性、草地面積、飼養頭数、種子代・肥料代なども加味する
- 草種と放牧頭数のバランスなどによっては、牧草の余剰分を活用し、放牧期間を伸ばせる場合がある
- 播種適期を守り、最新の育成品種を用いる
- シカが多い地域では獣害対策が必要な場合がある

「牧草作付け支援システム」で地域に合った作付け計画を立てられます→

（▲：播種時期 ○：放牧利用開始時期 ●：放牧利用終了時期の目安　点線：利用に注意が必要、または放牧できない時期）

東北地方（岩手県）

利用形態	草種	3月	4月	5月	6月	7月	8月	9月	10月	11月	12月	1月	2月
一年生牧草	ライムギ（ライ太郎）						▲		○		●		
	イタリアンライグラス（極早生品種）				●		▲		○				
	イタリアンライグラス（極晩生品種）					●	▲		○				
	栽培ヒエ			▲	○			●					
永年生牧草	ペレニアルライグラス（夏ごしペレ，ヤツユメ） オーチャードグラス（まきばたろう） トールフェスク（kyusyu15、ウシブエ）						▲						
	2年目以降			○					●				
シバ型草地	ケンタッキーブルーグラス（ラトー）						▲						
	2年目以降			○					●				
	ノシバ（たねぞう）			▲	○				●				
	2年目以降			○					●				

関東地方（栃木県）

利用形態	草種	3月	4月	5月	6月	7月	8月	9月	10月	11月	12月	1月	2月
一年生牧草	エンバク（アーリーキング：温暖地）							▲	○			●	
	ライムギ（ライ太郎：寒冷地）							▲	○			●	
	イタリアンライグラス（極早生品種）			●				▲	○				
	イタリアンライグラス（極晩生品種）					●		▲	○				
	栽培ヒエ			▲	○			●					
永年生牧草	トールフェスク（kyusyu15、ウシブエ） ペレニアルライグラス（夏ごしペレ，ヤツユメ） オーチャードグラス（まきばたろう）							▲					
	2年目以降			○					●				
シバ型草地	センチピードグラス（ティフブレア）			▲	○				●				
	ノシバ（たねぞう）2年目以降								●				
	ケンタッキーブルーグラス（ラトー）							▲					
	2年目以降			○					●				

九州地方（大分県）

利用形態	草種	3月	4月	5月	6月	7月	8月	9月	10月	11月	12月	1月	2月
一年生牧草	エンバク（アーリーキング）							▲	○			●	
	イタリアンライグラス（極早生品種）			●				▲	○				
	イタリアンライグラス（極晩生品種）					●		▲	○				
	栽培ヒエ		▲	○				●					
永年生牧草	トールフェスク（kyusyu15、ウシブエ）							▲					
	2年目以降	○								●			
シバ型草地	バヒアグラス（ペンサコラ）			▲○						●			
	2年目以降			○						●			
	バヒアグラス（ナンオウ）2年目以降				○					●			
	センチピードグラス（ティフブレア）			▲○						●			
	ノシバ（たねぞう）2年目以降			○						●			

＊この播種時期と利用期間は一例であり、該当地域においても温暖な地域から冷涼な地域があるので、播種時期などは各県の指導に従うこと

＊播種後は出芽し、定着するまでは基本的に放牧しない

著者略歴

平野　清（ひらの　きよし）

1972年、愛知県生まれ。岐阜大学大学院連合農学研究科（静岡大学農学部育種学研究室）卒業、農学博士。国立研究開発法人農研機構九州沖縄農業研究センター、農研機構畜産研究部門を経て、現在農研機構西日本農業研究センター所属。

牛の放牧草地の造成・維持管理の研究を中心に、繁殖牛放牧による耕作放棄地解消・粗放的維持管理や、公共牧場の草地植生改善による家畜生産性向上などの研究に携わる。

イチからわかる　牛の放牧入門

2021年5月25日　第1刷発行

著　者●平野　清

発行所●一般社団法人 農山漁村文化協会
〒107-8668　東京都港区赤坂7丁目6-1
電　話●03（3585）1142（営業）　03（3585）1147（編集）
FAX●03（3585）3668　振　替●00120-3-144478
URL●http://www.ruralnet.or.jp/

DTP製作／㈱農文協プロダクション
印刷・製本／凸版印刷㈱

ISBN978-4-540-20112-7